LIBRARY 工学基礎 & 高専TEXT

T1

基礎数学 [第2版]

河東泰之 監修

佐々木良勝／鈴木香織／竹縄知之 共編著

数理工学社

LIBRARY 工学基礎 & 高専 TEXT について

LIBRARY 工学基礎 & 高専 TEXT は 2012 年から 2015 年にかけて『基礎数学』，『線形代数』，『微分積分』，『応用数学』を刊行した．そして，このたび改訂の第 1 弾として，『基礎数学 [第 2 版]』を出版することとなった．この後，『線形代数 [第 2 版]』（2022 年秋），『微分積分 [第 2 版]』（2023 年秋），『応用数学 [第 2 版]』および新たに『確率統計』（2024 年秋）と刊行を続けていく予定であり，また『応用数学』を除いた教科書には，それぞれに対応した問題集（の第 2 版）も別に出版される．

数学があらゆる科学技術の基礎であるということはよく言われる．しかし，小学校低学年で習う算数が日常生活で必要なことは誰の目にも明らかなのに対し，より進んだ数学が，どのように実社会で有用なのかは，残念ながらそれほどわかりやすくはない．だが実際に数学，特に本ライブラリが対象としているような数学は日常生活のあらゆる面で（多くの場合表面からは直接見えない形で）使われているのである．これらの数学がなければ，携帯電話はつながらないし，飛行機も飛ばないし，AI ソフトも動かないし，病気治療の有効性も判定できないのである．もし数学という手段を持っていなかったとしたら，我々は今でも江戸時代と変わりないような生活をしていることであろう．

コンピュータ技術の爆発的な進展に伴い，数学的な考え方の重要性もまた飛躍的に高まっている．最近社会的インパクトが盛んに強調されるデータサイエンスの基礎も数学の塊である．世界の人類は今もさまざまな危機にさらされているが，社会の構成員がどれだけのレベルの数学的理解を持っているかどうかに，我々の未来はかかっているのである．

そこで本ライブラリは，そのような未来を切り開く数学の力を身につける大きな手助けとなるようにと書かれたものである．最も基礎的なところから始め，丁寧な解説を加えて一歩ずつ進んでいくことを心がけた．これによって，単なる目先の試験だけではなく，一生使っていける数学の深い知識が身につくようになることを目指したものである．数学を理解するという深い楽しみと喜びを味わってもらえるように願っている．

2021 年秋

監修者　河東　泰之

第2版まえがき

我々は，学習者が数学を理解・修得する際の障壁をできるだけ低くし，手助けをできるだけ手厚くすることを第一義に掲げた教科書として初版を作成した．一見教科書らしからぬ教科書となることをも厭わず，式変形の際の行間の注記や，初学者が混乱・誤解しやすい点についての説明など，実際に教室で学生たちがつまずく点について配慮した記述をし，また，説明の重複を必ずしも厭わず，同じことを異なる箇所で復習できるような記述を心がけた．

本ライブラリで，例えば三角関数の加法定理など，一つの数学的事実をいくつもの視点から見る体験をしたり，公式をその導出過程も含めて理解することで暗記に頼らない数学のよさを体験できるであろう．数学が得意な人たちは暗記に頼らない．数学が得意になりたい人もまた，そのように学ぶべきであろう．

改訂にあたり，基本方針は堅持しつつ，より見やすい構成になるよう全面的に見直した．また，国際化が進む時勢に鑑み，索引には英語の綴りを入れた．さらに，例題，問題の難易度を見直し，基本的な問題を充実させた．

本巻基礎数学は，中学校数学を土台に数学的な考え方や技術を身につけ，高度な内容に備えることを目指す．自主学習は，解説を読む，問題を解く，ノートを用いるなど様々な方法や繰返しが重要と思える．公式や解き方を覚えて問題の正解を出す以外にも，可能なら内容の理解（分かること）に努めてもらいたい．

扱う内容は，紀元前 6 世紀に三平方の定理が証明されてから 17 世紀に座標平面が考案され発展した時代までに，無数の試行錯誤で得られた数学上の発明・発見を現代風にまとめたものである（ユークリッド幾何は中学校で初歩を学んでいるため含まない）．それらを習得することは，重要な知的財産を得ることにつながる．今回の改訂に当たり，第 1 章にあった背理法の解説を第 2 章に移し，第 2 章にあった組み立て除法を第 1 章に移した．また初版の使用者からお寄せ頂いた御意見・御感想をもとに，全体にわたり検討を行い改善に努めた．

また，青い文字のメモやマーキングを用いたり，幾分高度な証明や内容には♣を付して読者の理解の手助けになるように配慮した．

この出版計画に際してお声をお掛けくださり，またご監修いただいた東京大学の河東泰之先生に，この場を借りて敬愛と感謝の念を表したい．

2021 年秋　　　　編著者・執筆者一同

目　　次

ギリシア文字一覧

大文字	小文字	読み	大文字	小文字	読み
A	α	アルファ	N	ν	ニュー
B	β	ベータ	Ξ	ξ	グザイ（クシィ）
Γ	γ	ガンマ	O	o	オミクロン
Δ	δ	デルタ	Π	π	パイ
E	ϵ, ε	イプシロン	P	ρ	ロー
Z	ζ	ゼータ（ツェータ）	Σ	σ	シグマ
H	η	イータ（エータ）	T	τ	タウ
Θ	θ	シータ	Υ	υ	ウプシロン
I	ι	イオタ	Φ	φ, ϕ	ファイ
K	κ	カッパ	X	χ	カイ
Λ	λ	ラムダ	Ψ	ψ, ψ	プサイ（プシィ）
M	μ	ミュー	Ω	ω	オメガ

1　数　と　式

この章では本書全般の基礎となる「数と式」について学ぶ．1.1 節では a, b, c, x, y, z などの記号の表記を用いた整式の計算について学ぶ．1.2 節では，数直線上の数や平方根について詳しく学んだ上で，前節の内容の続きとして分数式について学ぶ．いずれの内容も中学校で学んだ数学を土台として，それを発展させたものである．

文字式が多く出てくるが，計算練習を通して馴染んでもらいたい．

1.1　整式の計算

整式の加法・減法　いくつかの数と文字の積で表される式を**単項式**《たんこうしき》という．例えば次のような式は単項式である．

$$3x^2, \quad abc^2, \quad \frac{1}{6}x^2y^3$$

単項式について数の部分を**係数**《けいすう》といい，掛け合わせた文字の個数を**次数**《じすう》という．

例 1.1　上の単項式の係数はそれぞれ 3, 1, $\frac{1}{6}$，次数はそれぞれ 2, 4, 5. ■

$6, -\frac{2}{3}, 0$ などの数も文字を含まない単項式である．0 以外の数の次数は 0 とし，単項式 0 については次数を定めない．

単項式をある特定の文字だけに着目して係数，次数を考えることがある．

例 1.2　単項式 $\frac{1}{6}x^2y^3$ について，文字 y だけに着目すると，係数は $\frac{1}{6}x^2$ で，次数は 3 となる．また文字 x だけに着目すると，係数は $\frac{1}{6}y^3$ で，次数は 2 となる． ■

$5x^2-3x+7$, $a^3-8a^2b^3+b^4-b^2$ などのように，いくつかの単項式の和や差の形で表される式を**多項式**《たこうしき》といい，その各単項式をその多項式の**項**《こう》という．例えば，多項式 $5x^2-3x+7$ において単項式 $5x^2$, $-3x$, 7 はその多項式の項であり，これらを順に第 1 項，第 2 項，第 3 項とよぶ．

単項式と多項式を合わせて**整式**《せいしき》（あるいは単に**多項式**《たこうしき》）という．1 つの整式を構成する項の次数のうち最大のものを整式の**次数**《じすう》といい，次数が n の整式を **n 次式**《じしき》という．また（着目している）文字を含まない項をその整式の**定数項**《ていすうこう》という．

例 1.3

(1) 整式 $5x^2-3x+7$ は 2 次式であり，定数項は 7 である．

(2) 整式 $a^3-8a^2b^3+b^4-b^2$ は最高次数の項が $-8a^2b^3$ より 5 次式であり，定数項を含まない，しかし

文字 a については 3 次式であり，定数項は b^4-b^2 となる．

文字 b については 4 次式であり，定数項は a^3 となる．■

$5x^3y^2$ と $-\dfrac{3}{4}x^3y^2$ のように文字の部分が同じ項を互いに**同類項**《どうるいこう》であるという．

整式の同類項を 1 つの項にまとめることを同類項を**整理**《せいり》するという．さらに整式の項を次数の高いもの順に整理することを**降**《こう》**べきの順**《じゅん》に整理するといい，次数の低いもの順に整理することを**昇**《しょう》**べきの順**《じゅん》に整理するという．

例 1.4

(1) $5x^2y^3-6x^3y^2+3x^2y^3+4x^3y^2$

$=(5+3)x^2y^3+(-6+4)x^3y^2=8x^2y^3-2x^3y^2$ 　同類項の整理

(2) 多項式 $6x+5x^2+7x^2+4x-1$ は，降べきの順に整理すると $12x^2+10x-1$ となり，昇べきの順に整理すると $-1+10x+12x^2$ となる．

(3) 多項式 $2xy-x^2y+3xy^2$ を，文字 x について降べきの順に整理すると $(-y)x^2+(3y^2+2y)x$ となり，文字 y について降べきの順に整理すると $(3x)y^2+(-x^2+2x)y$ となる．■

整式の加法と減法は，同類項をまとめることによって計算することができる．

例題 1.1　$A=-10x+x^2+8$, $B=8+2x^2+7x$, $C=3x^3+1-9x^2+6x$ について，次の整式を計算して降べきの順に整理せよ．

(1)　$3A+B-C$　　(2)　$2(2A+2B+3C)-3(A+B+2C)$

解く前に　前もってそれぞれの式を降べきの順に整理しておくと計算間違いが少なくなる．

解　(1)　$A=x^2-10x+8$,　$B=2x^2+7x+8$,　$C=3x^3-9x^2+6x+1$

$$\begin{aligned}&3A+B-C\\ &=3(x^2-10x+8)+(2x^2+7x+8)-(3x^3-9x^2+6x+1)\\ &=(3x^2-30x+24)+(2x^2+7x+8)+(-3x^3+9x^2-6x-1)\\ &=-3x^3+(3+2+9)x^2+(-30+7-6)x+(24+8-1)\\ &=-3x^3+14x^2-29x+31\end{aligned}$$

(2)　$2(2A+2B+3C)-3(A+B+2C)$　⟵ 代入する前に式を整理しておく

$$\begin{aligned}&=(4A+4B+6C)-(3A+3B+6C)\\ &=A+B\\ &=(x^2-10x+8)+(2x^2+7x+8)\\ &=3x^2-3x+16\end{aligned}$$

■

■注意　例えば (1) は，式計算の途中で筆算により整式を足し算してもよい．

$$\begin{array}{rrrrr} & 3x^2 & -30x & +24 \\ & 2x^2 & +7x & +8 \\ +)\ -3x^3 & +9x^2 & -6x & -1 \\ \hline -3x^3 & +14x^2 & -29x & +31 \end{array}$$

上の例題における整式の計算は数の場合と同様に次の法則を基礎に行われている.

1.1 交換法則・結合法則・分配法則

(1) $A+B=B+A,\quad AB=BA$ (**交換法則**)

(2) $(A+B)+C=A+(B+C),\quad (AB)C=A(BC)$ (**結合法則**)

(3) $A(B+C)=AB+AC,\quad (A+B)C=AC+BC$ (**分配法則**)

Let's TRY

問 1.1 $A=-2x^3+4x^2+5$, $B=3x^3+5x^2+6x+4$, $C=-5x+x^2+5$ について,次の整式を計算して降べきの順に整理せよ.

(1) $A+B$ (2) $2B-3A+C$ (3) $5(A+B+C)-3(2C-B)$

整式の乗法 文字 a を n 個掛け合わせたものを a の $\boldsymbol{n}$ **乗**《じょう》といい,a^n とかく.このとき n を**指数**《しすう》という.

$$a^1=a,\quad a^2=a\times a,\quad a^3=a\times a\times a,\quad \ldots$$

これらをまとめて a の**累乗**《るいじょう》という.

1.2 指数法則

自然数 m, n に対し,次の公式が成り立つ.

$$a^m\times a^n=a^{m+n},\quad (a^m)^n=a^{mn},\quad (ab)^n=a^nb^n$$ (**指数法則**《しすうほうそく》)

$m=3, n=2$ を例にとって指数法則を確かめてみよう.

$$a^3\times a^2=(a\times a\times a)\times(a\times a)=a^5$$
$$(a^3)^2=(a\times a\times a)\times(a\times a\times a)=a^6$$
$$(ab)^2=(ab)\times(ab)=a^2b^2$$

■**注意** 指数法則を用いると,より複雑なことも成り立つことがわかる.

$$a^l\times a^m\times a^n=a^{l+m+n},\quad \{(a^l)^m\}^n=a^{lmn},\quad (abc)^n=a^nb^nc^n$$

■**注意** 指数法則は 4 章 4.1 節でさらに詳しく学ぶ.

例題 1.2　次の式を整理せよ．

(1)　$(7x^3)^2(-y^5)^4$　　(2)　$(2ab^3)^3(-5a^2b)^2$

(3)　$(x^4+5x)(6x^5+7x^2)$

---

(1)　$(7x^3)^2(-y^5)^4 = 7^2(x^3)^2 \times (-1)^4(y^5)^4 = 49x^6y^{20}$

(2)　$(2ab^3)^3(-5a^2b)^2 = 2^3a^3(b^3)^3 \times (-5)^2(a^2)^2b^2 = 8a^3b^9 \times 25a^4b^2$

$$= 200a^{3+4}b^{9+2} = 200a^7b^{11}$$

(3)　$(x^4+5x)(6x^5+7x^2) = x^4(6x^5+7x^2)+5x(6x^5+7x^2)$　⟵ 分配法則

$$= 6x^9+7x^6+30x^6+35x^3$$　⟵ 分配法則

$$= 6x^9+37x^6+35x^3$$　⟵ 整理

Let's TRY

問 1.2　次の式を整理せよ．

(1)　$(-3a^3b^2)^2(2a^2b^4)^3$　　(2)　$(-2ab)^3 \times (-3b)^2$

(3)　$(2x^2+3x-4)(5x-3)$

いくつかの整式の積を計算により1つの整式に表すことを，その式を**展開**《てんかい》するという．次の公式は式を展開するときによく用いられる．

1.3　展開公式《てんかいこうしき》［I］

(1)　$(a+b)^2 = a^2+2ab+b^2$　（和の2乗）

(2)　$(a-b)^2 = a^2-2ab+b^2$　（差の2乗）

(3)　$(a+b)(a-b) = a^2-b^2$　（和と差の積）

(4)　$(x+a)(x+b) = x^2+(a+b)x+ab$　（1次式の積）

(5)　$(ax+b)(cx+d) = acx^2+(ad+bc)x+bd$　（1次式の積）

1.4　展開公式［II］

(1)　$(a+b)^3 = a^3+3a^2b+3ab^2+b^3$　（和の3乗）

(2)　$(a-b)^3 = a^3-3a^2b+3ab^2-b^3$　（差の3乗）

(3)　$(a+b)(a^2-ab+b^2) = a^3+b^3$

(4)　$(a-b)(a^2+ab+b^2) = a^3-b^3$

［I］の (1)〜(4) は中学校においてすでに学んだ内容なので，(5) を示す．

［II］は (1), (3) を示すので，(2), (4) は自分で証明を試みてもらいたい．

証明 ［I］の (5)

$$\begin{aligned}(ax+b)(cx+d) &= ax(cx+d)+b(cx+d) && \longleftarrow \text{分配法則}\\ &= acx^2+adx+bcx+bd && \longleftarrow \text{分配法則}\\ &= acx^2+(ad+bc)x+bd && \longleftarrow \text{同類項の整理}\end{aligned}$$

［II］の (1) 途中で［I］の (1) を用いる．

$$\begin{aligned}(a+b)^3 &= (a+b)(a+b)^2\\ &= (a+b)(a^2+2ab+b^2)\\ &= a(a^2+2ab+b^2)+b(a^2+2ab+b^2) && \longleftarrow \text{分配法則}\\ &= a^3+2a^2b+ab^2+a^2b+2ab^2+b^3 && \longleftarrow \text{分配法則}\\ &= a^3+3a^2b+3ab^2+b^3 && \longleftarrow \text{同類項の整理}\end{aligned}$$

［II］の (3) $(a+b)(a^2-ab+b^2)$

$$\begin{aligned}&= a(a^2-ab+b^2)+b(a^2-ab+b^2) && \longleftarrow \text{分配法則}\\ &= a^3-a^2b+ab^2+a^2b-ab^2+b^3 && \longleftarrow \text{分配法則}\\ &= a^3+b^3 && \longleftarrow \text{同類項の整理}\end{aligned}$$

■

例題 1.3 次の式を展開せよ．

(1) $(2x+y+3z)(2x+y-3z)$　　(2) $(a+b+c)^2$

(3) $(2a+5b)^3$　　(4) $(a+2b)^3(a-2b)^3$

解 (1)
$$\begin{aligned}(2x+y+3z)(2x+y-3z) &= \{(2x+y)+3z\}\{(2x+y)-3z\}\\ &= (2x+y)^2-(3z)^2 && \longleftarrow \text{［I］の (3)}\\ &= 4x^2+4xy+y^2-9z^2 && \longleftarrow \text{［I］の (1)}\end{aligned}$$

(2)
$$\begin{aligned}(a+b+c)^2 &= \{(a+b)+c\}^2\\ &= (a+b)^2+2(a+b)c+c^2 && \longleftarrow \text{［I］の (1)}\\ &= a^2+2ab+b^2+2ac+2bc+c^2 && \longleftarrow \text{［I］の (1)}\\ &= a^2+b^2+c^2+2ab+2bc+2ca\end{aligned}$$

(3)　$(2a+5b)^3 = (2a)^3 + 3(2a)^2(5b) + 3(2a)(5b)^2 + (5b)^3$　⟵ [II]の (1)

$= 8a^3 + 3(4a^2)(5b) + 3(2a)(25b^2) + 125b^3$

$= 8a^3 + 60a^2b + 150ab^2 + 125b^3$

(4)　$(a+2b)^3(a-2b)^3 = \{(a+2b)(a-2b)\}^3$　⟵ 指数法則 1.2

$=(a^2-4b^2)^3$　⟵ 中カッコ内で［I］の (3) を適用

$=(a^2)^3-3(a^2)^2(4b^2)+3a^2(4b^2)^2-(4b^2)^3$ ⟵ [II]の (2)

$=a^6-12a^4b^2+48a^2b^4-64b^6$　■

Let's TRY

問 1.3　次の式を計算せよ．

(1)　$(3x^2)^3 \times 5x \times (x^3)^2$　　(2)　$(3a+b-4c)^2$

(3)　$(a+2b)^3$　　(4)　$(2x+5)(3x-7)$

因数分解　1つの整式 A を定数でない整式 $B, C, \ldots$ の積の形に表すことを A を**因数分解**《いんすうぶんかい》するという．またこのときの $B, C, \ldots$ をそれぞれ A の**因数**《いんすう》といい，A は B や C などを**因数**《いんすう》**に持**《も》**つ**という．展開公式 1.3 の左辺と右辺を入れ替えると，因数分解の公式が得られる．

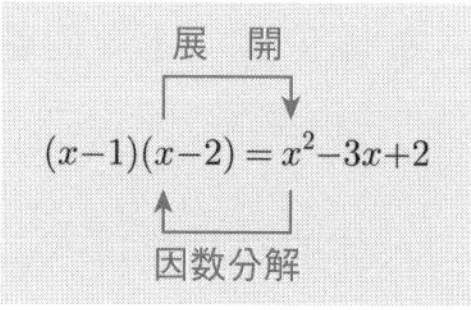

1.5　因数分解公式［I］

(1)　$a^2+2ab+b^2=(a+b)^2$　（和の 2 乗）

(2)　$a^2-2ab+b^2=(a-b)^2$　（差の 2 乗）

(3)　$a^2-b^2=(a+b)(a-b)$　（和と差の積）

(4)　$x^2+(a+b)x+ab=(x+a)(x+b)$

(5)　$acx^2+(ad+bc)x+bd=(ax+b)(cx+d)$

例 1.5

(1)　$x^2+6x+9=x^2+2\cdot x\cdot 3+3^2=(x+3)^2$

(2)　$9a^2-16b^2=(3a)^2-(4b)^2=(3a+4b)(3a-4b)$

(3)　$x^2+9x+20=x^2+(4+5)x+4\cdot 5=(x+4)(x+5)$　■

1つの多項式の各項に共通な因数（**共通因数**《きょうつういんすう》）があれば，これをくくり出して因数分解を進めればよい．

例 1.6

(1) $a^3x^2 - a^3y^2 = a^3(x^2 - y^2)$

$$= a^3(x+y)(x-y)$$

(2) $8ab^3c^2 + 16ab^2c^3 + 8abc^4 = 8abc^2(b^2 + 2bc + c^2)$

$$= 8abc^2(b+c)^2$$ ■

Let's TRY

問 **1.4** 次の式を因数分解せよ．

(1) $x^2 + 8x + 16$ (2) $49x^2 - 168xy + 144y^2$

(3) $40a^2 - 90b^2$ (4) $x^2 + 8x + 15$ (5) $a^3bc - 4abc^3$

展開公式［Ⅰ］の **1.3** (5) で述べた1次式の積

$$(ax+b)(cx+d) = acx^2 + (ad+bc)x + bd$$

の具体的な計算は次のように**たすき掛《が》け**で行うことができる．

1.6 たすき掛け

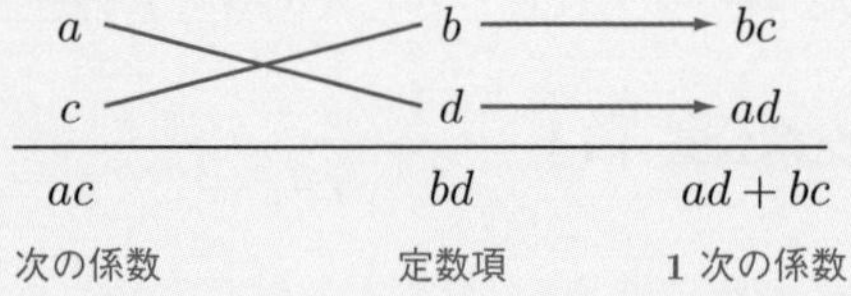

例 1.7

（たすき掛けによる計算）

$(2x+3)(4x+5) = 8x^2 + 22x + 15$ ■

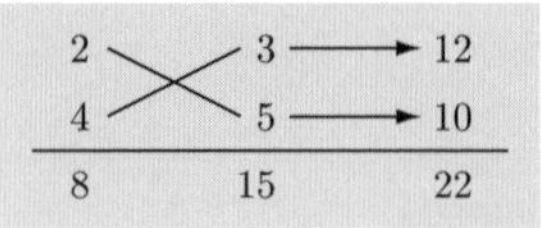

与えられた 2 次式を「たすき掛け」を用いて因数分解する．

例題 1.4　次の式を因数分解せよ．

(1)　$2x^2 - x - 6$　　(2)　$2x^2 + 3xy - 2y^2$

解く前に　因数分解の公式 **1.5** (5) を用いる．与えられた 2 次式になるようなたすき掛けをさがす．通常は見つけるまでに何回か試みることになる．

解　(1)

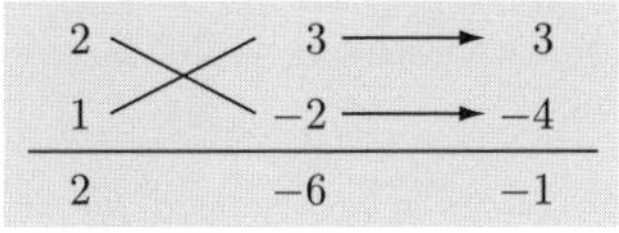

$$2x^2 - x - 6 = (2x+3)(x-2)$$

(2)　x の 2 次式として扱う．

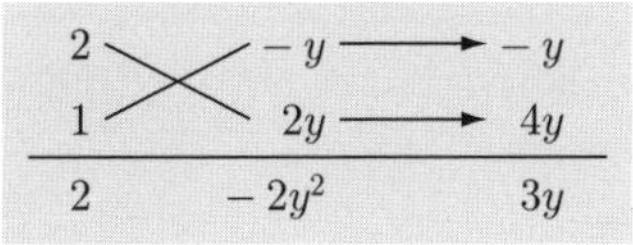

$$2x^2 + 3xy - 2y^2 = (2x-y)(x+2y)$$

Let's TRY

問 1.5　たすき掛けを用いて次の式を因数分解せよ．

(1)　$2x^2 + 5x - 12$　　(2)　$12x^2 + 17x + 6$　　(3)　$21x^2 + 4xy - 12y^2$

例題 1.5　次の式を因数分解せよ．

(1)　$x^2y + x^2z - xy^2 - y^2z$　　(2)　$x^3 + x^2 + 5x + 5$

解　(1)　1 つの文字（次数が 1 番低い z）について降べきの順に整理する．

$$x^2y + x^2z - xy^2 - y^2z = z(x^2 - y^2) + (x^2y - xy^2)$$
$$= z(x+y)\underline{(x-y)} + xy\underline{(x-y)} = \underline{(x-y)}\{z(x+y) + xy\}$$
$$= (x-y)(xy + yz + zx)$$

↑ 共通因数 $x - y$ でくくり出す

(2)　適当に項を組み合わせる．

$$x^3 + x^2 + 5x + 5 = x^2(x+1) + 5(x+1) = (x^2+5)(x+1)$$ ■

■**注意**　(1) の答の第 2 因数 $xy + yz + zx$ は $zx + zy + xy$ としてもかまわないが，x の次に y, z, x とする循環的表現にしたほうがより整った答といえるだろう．

■**注意** 因数分解の方法として，(1) 共通因数をくくり出す．(2) 公式の利用．(3) 次数の一番低い文字について降べきの順に整理する．(4) 適当に項を組み合わせる．(5) 文字の置き換え（$x^2 = X$ など）などがあげられる．

さらに3次式に関する因数分解の公式を以下にあげる．

1.7 因数分解公式［II］

(1) $a^3 + b^3 = (a+b)(a^2 - ab + b^2)$ （3乗の和）

(2) $a^3 - b^3 = (a-b)(a^2 + ab + b^2)$ （3乗の積）

例 1.8

(1) $27x^3 + 8 = (3x)^3 + 2^3 = (3x+2)(9x^2 - 6x + 4)$

(2) $a^3 - 64b^3 = a^3 - (4b)^3 = (a-4b)(a^2 + 4ab + 16b^2)$ ■

複雑な式の因数分解では，これまで述べた方法を組み合わせて因数分解を行う．

例題 1.6 次の式を因数分解せよ．

(1) $x^6 - y^6$ (2) $a^3 + 2a^2 - b^3 - 2b^2$ (3) $3x^4 + 2x^2 - 5$

解 (1)

$$
\begin{aligned}
x^6 - y^6 &= (x^3)^2 - (y^3)^2 = (x^3 + y^3)(x^3 - y^3) \\
&= (x+y)(x^2 - xy + y^2)(x-y)(x^2 + xy + y^2) \\
&= (x+y)(x-y)(x^2 + xy + y^2)(x^2 - xy + y^2)
\end{aligned}
$$

(2)

$$
\begin{aligned}
a^3 + 2a^2 - b^3 - 2b^2 &= (a^3 - b^3) + 2(a^2 - b^2) \\
&= (a-b)(a^2 + ab + b^2) + 2(a-b)(a+b) \\
&= (a-b)(a^2 + ab + b^2 + 2a + 2b)
\end{aligned}
$$

(3)

$$
\begin{aligned}
3x^4 + 2x^2 - 5 &= 3(x^2)^2 + 2x^2 - 5 \\
&= 3X^2 + 2X - 5 \quad \longleftarrow \text{文字の置きかえ } x^2 = X \\
&= (3X + 5)(X - 1) \\
&= (3x^2 + 5)(x^2 - 1) \\
&= (3x^2 + 5)(x + 1)(x - 1)
\end{aligned}
$$

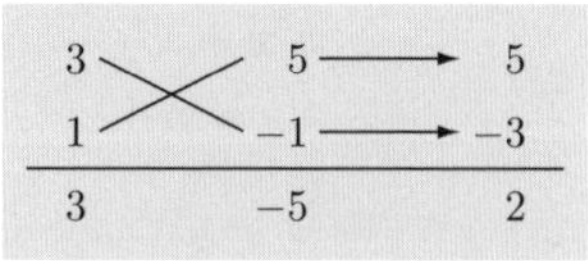

■

Let's TRY

問 1.6 次の式を因数分解せよ．

(1) $x^2 - y^2 + 2x + 4y - 3$ (2) $(x^2 + y^2)^2 - 4x^2y^2$ (3) $(a+b)^3 + 1$

(4) $a^2b + a^2c - ac^2 - bc^2$ (5) $(x^2 + 2x)^2 - 2(x^2 + 2x) - 3$

整式の除法　整式の除法でも自然数の割り算と同様に**筆算**《ひっさん》によって**商**《しょう》と**余**《あま》**り**を求めることができる．余りが 0 となるときは割り切れるという．整式の除法では，割る式も割られる式も降べきの順に整理してから筆算を行う．

例 1.9　(1)　$(8x^4-20x^2+12x+3)\div(2x^2-3x+1)$ について

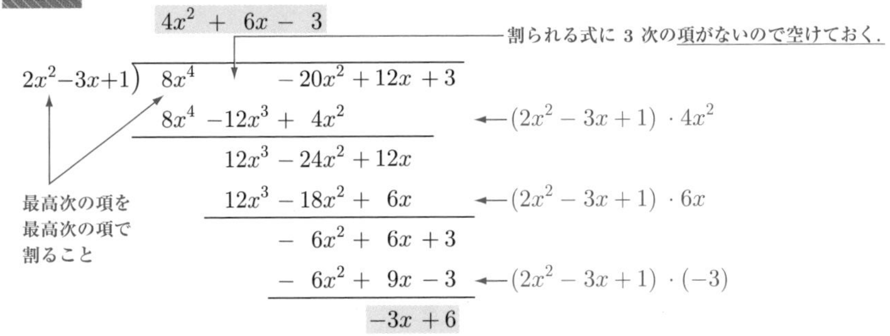

以上より，商 $4x^2+6x-3$，余り $-3x+6$ となる．

これは $8x^4-20x^2+12x+3=(2x^2-3x+1)(4x^2+6x-3)+(-3x+6)$ となることを意味する．

(2)　$(x^2+x+1)\div(2x+3)$ について

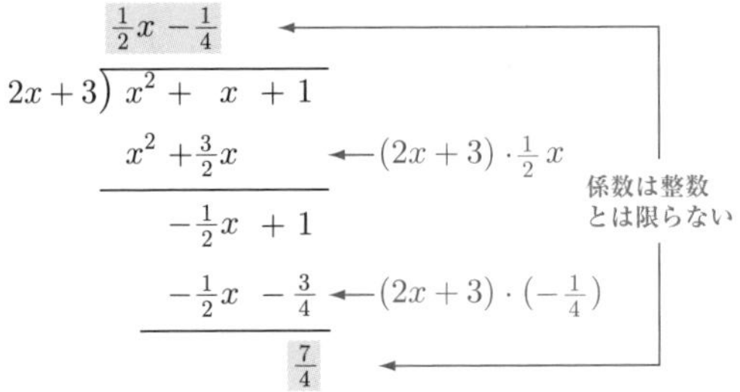

以上より，商 $\frac{1}{2}x-\frac{1}{4}$，余り $\frac{7}{4}$ となる．

これは $x^2+x+1=(2x+3)\left(\frac{1}{2}x-\frac{1}{4}\right)+\frac{7}{4}$ となることを意味する．■

■**注意**　上の例は x の整式を x の整式で割る計算だが，例えば y の整式を y の整式で割れば商も余りも y の整式になる．

整式の除法でも，自然数の除法における商と余りの関係に似た結果が得られる．

1.8 商と余りの関係

整式 A を整式 B（ただし B は定数ではない）で割ったときの商を Q，余りを R とすると次の関係式が成り立つ．

$$A = BQ + R \quad (\text{ただし } R \text{ の次数} < B \text{ の次数})$$

Let's TRY

問 1.7 次の整式 A を B で割ったときの商と余りを求め，等式で表せ．

(1) $A = 2x^3 - 3x^2 + 2,\ B = x - 2$

(2) $A = x^2 + 3x + 5,\ B = 2x + 1$

(3) $A = y^3 + 2y^2 + y - 3,\ B = -y^2 + 3y - 1$

組立除法 整式を 1 次式 $x - k$ で割るとき，商と余りを筆算以外の方法で簡単に求められないだろうか．その方法として，**組立除法**《くみたてじょほう》を紹介しよう．例えば 3 次式 $ax^3 + bx^2 + cx + d$ を $x - k$ で割ったときの，商 $a'x^2 + b'x + c'$，および余り d' は以下のように計算できる．

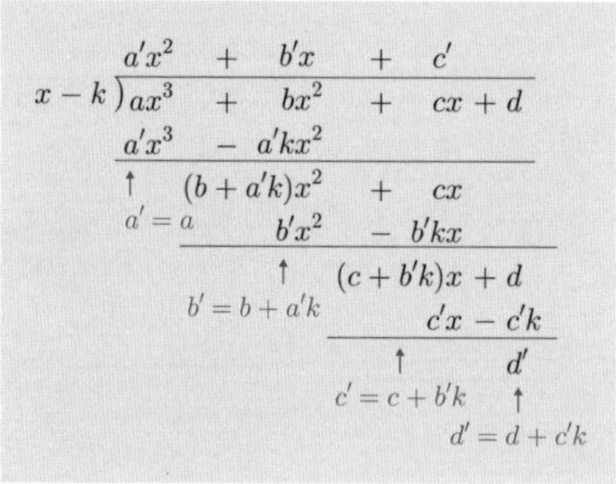

この計算からわかるように，$a' = a$, $b' = b + a'k$, $c' = c + b'k$, $d' = d + c'k$ が成り立つので，係数 a, b, c, d から，a', b', c' および d' を求めるには，次の計算を行えばよい．

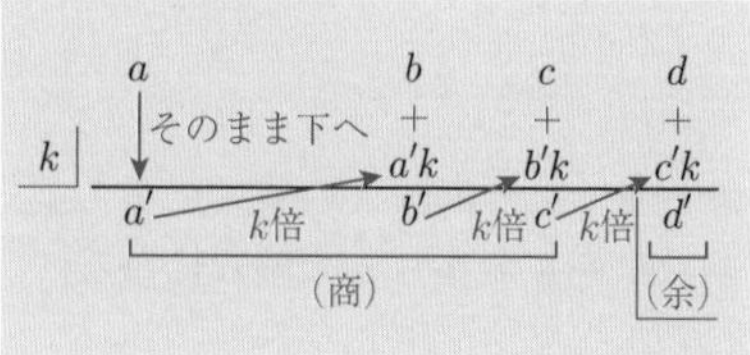

例題 1.7 次の整式を $x-2$ で割ったときの商と余りを求めよ．

$$4x^3-3x^2+2x-1$$

解 組立除法より，商は $4x^2+5x+12$，余りは 23 である． ■

	4	−3	2	−1
2		8	10	24
	4	5	12	23

剰余の定理と因数定理 文字 x の整式を $P(x)$ や $Q(x)$ などで表す．例えば

$$P(x)=7x+5, \quad Q(x)=3x^2+5x-2$$

などである．$P(x)$ の x に特定の値 a を代入して得られる値をそれぞれ $P(a)$ で表す．例えば，

$$P(1)=12, \quad P(2)=19$$

などである．

整式 $P(x)$ を 1 次式 $x-\alpha$ で割ると余りは定数となるが，次の定理により除法を行わずに余りを求めることができる．

1.9 剰《じょう》余《よ》の定理

整式 $P(x)$ を 1 次式 $x-\alpha$ で割ったときの余りは $P(\alpha)$ に等しい．

証明 $P(x)$ を $x-\alpha$ で割ったときの商を $Q(x)$，余りを R（定数）とすれば，**1.8** で述べたように

$$P(x)=(x-\alpha)Q(x)+R$$

が成り立つ．この等式は x にどのような数を代入しても成り立つので，α を代入すると，

$$P(\alpha)=\underbrace{(\alpha-\alpha)}_{0}Q(\alpha)+R=R$$

すなわち，余り R は $P(\alpha)$ に等しい． ■

例 1.10 $P(x) = x^3 + 3x$ を $x - 2$ で割ったときの余りは

$$P(2) = 2^3 + 3 \cdot 2 = 8 + 6 = 14$$

■

■**注意** 剰余の定理では「商」は求まらない.

Let's TRY

問 **1.8** 整式 $P(x) = 5x^3 - x^2 + 2x - 4$ を各 1 次式で割ったときの余りを求めよ.

(1) $x - 3$ (2) $x + 2$

整式 $P(x)$ が $x - \alpha$ で割り切れるときは，余りは 0 であり，剰余の定理によれば $P(\alpha) = 0$ になる．逆に $P(\alpha) = 0$ が満たされれば，$P(x)$ を $x - \alpha$ で割ると余りは 0 なので，$P(x)$ は $x - \alpha$ で割り切れる.

よって次に述べる因数定理が成り立つ.

1.10 因数定理

整式 $P(x)$ が 1 次式 $x - \alpha$ で割り切れるならば，$P(\alpha) = 0$ が成り立つ．逆に，$P(\alpha) = 0$ が成り立てば，$P(x)$ は $x - \alpha$ で割り切れる.

■**注意** 因数定理は，整式の因数分解の問題で 1 次の因数を見つけるためによく用いられる．また後で述べるが，高次方程式（3 次以上の方程式）を解く場合にも用いられる（第 2 章，2.2 節 例題 2.20).

例 1.11 整式 $P(x) = 3x^3 - x^2 - 9x - 2$ は，

$$P(2) = 24 - 4 - 18 - 2 = 0$$

を満たすので因数定理により $x - 2$ を因数にもつことがわかる．実際に割り算を行うと

$$P(x) = (x - 2)(3x^2 + 5x + 1)$$

となる. ■

例題 1.8 因数定理を用いて，整式 $6x^3+5x^2-3x-2$ を因数分解せよ．

解 $P(x)=6x^3+5x^2-3x-2$ とおく．$P(-1)=-6+5+3-2=0$ より $P(x)$ は $x+1$ を因数にもつ．

$$P(x)=(x+1)(6x^2-x-2) \quad \longleftarrow \text{実際に割り算を行うことにより}$$

$$=(x+1)(2x+1)(3x-2) \quad \longleftarrow \text{たすき掛けによる計算により}$$

	6	5	−3	−2
−1		−6	1	2
	6	−1	−2	0

2	1	3
3	−2	−4
6	−2	−1

注意 因数定理を用いて因数分解を行うとき，$P(\alpha)=0$ を満たす α を見つけるために通常は何回か具体的な値の代入を試みることになる．

$P(x)$ の係数がすべて整数の場合は，α は $P(x)$ の定数項の約数の中からさがすとよい．例えば上の例題では，$P(x)$ の定数項 -2 の約数は $1,-1,2,-2$ となる（-2 の約数は正負両方あることに注意）ので，$P(1),P(-1),P(2),P(-2)$ の中から 0 となるものをさがす．

Let's TRY

問 1.9 因数定理を用いて次の整式を因数分解せよ．

(1) x^3+4x^2+x-6 (2) $4x^3-13x-6$ (3) $x^4+x^3-x^2+x-2$

最大公約数・最小公倍数 自然数の割り算と同様に，2 つの整式 A と $B\neq 0$ が

$$A=BQ \quad (Q \text{ は整式})$$

と書けるとき，A は B で**割《わ》り切《き》れる**といい，Q を A を B で割ったときの**商**《しょう》という．またこのとき A は B の**倍数**《ばいすう》であるといい，B は A の**約数**《やくすう》であるという．

例 1.12

$$x^2-6x+5=(x-1)(x-5)$$

$x-1$ は x^2-6x+5 の約数であり，x^2-6x+5 は $x-1$ の倍数である．■

いくつかの整式に共通な約数を，それらの整式の**公約数**《こうやくすう》といい，そのうちで次数が最大のものを**最大公約数**《さいだいこうやくすう》（**G.C.D.** または **G.C.M.**）という．またいくつかの整式に共通な倍数を，それらの整式の**公倍数**《こうばいすう》といい，そのうちで次数が最小のものを**最小公倍数**《さいしょうこうばいすう》（**L.C.M.**）という（最大公約数，最小公倍数は 0 でない定数倍を除いて定まる）．

例 1.13

(1) $A = x^2 - 3x + 2$, $B = x^2 - 5x + 6$ について，それぞれを因数分解すると

$A = (x-1)(x-2)$, $B = (x-2)(x-3)$ となるので，

最大公約数は $x - 2$，最小公倍数は $(x-1)(x-2)(x-3)$ となる．

(2) $A = (x-1)^2$, $B = (x-1)^3$, $C = (x-1)^5$

の最大公約数は $(x-1)^2$，最小公倍数は $(x-1)^5$ となる．

(3) $A = x(x-1)^6(x-2)^4$, $B = (x-1)^3(x-2)^5$

の最大公約数は $(x-1)^3(x-2)^4$，最小公倍数は $x(x-1)^6(x-2)^5$ となる． ■

このように各式が因数分解される場合は，最大公約数と最小公倍数が求められる．さらに下の例に示すように，因数分解された各式を縦に並べて求める方法もある．

例 1.14

$A = x^2(x+1)(x+3)$, $B = x(x+1)^3(x+3)^2(x+5)$, $C = (x+1)^2(x+3)^3(x+5)^4$ に対し

$$
\begin{array}{ll}
x^2(x+1)\,(x+3) & \\
\ \ x(x+1)^3(x+3)^2(x+5) & \\
\ \ \ \ (x+1)^2(x+3)^3(x+5)^4 & \\
\hline
\ \ \ \ (x+1)\,(x+3) & \cdots A, B, C \text{ の最大公約数} \\
x^2(x+1)^3(x+3)^3(x+5)^4 & \cdots A, B, C \text{ の最小公倍数}
\end{array}
$$

■

Let's TRY

問 1.10 次の整式の組の最大公約数と最小公倍数を求めよ．

(1) $x^2 - 2x - 3$, $x^3 - 3x^2 + x - 3$

(2) $a^3bc^4(x-y)^3$, $b^2c^4(x-y)^2$, $a^2b^3c(x-y)^4$

1.2　いろいろな数と式

実　数

整数・有理数　自然数 $1, 2, 3, \ldots$ と 0 と $-1, -2, -3, \ldots$ をまとめて**整数**《せいすう》といい，2 つの整数 m と n（ただし $n \neq 0$）を用いて $\dfrac{m}{n}$ で表される数を**有理数**《ゆうりすう》という．整数 m は $\dfrac{m}{1}$ と表すことができるから有理数である．

数直線上で整数以外の数を小数で表す場合，3.1 や -2.56 など小数第何位かで終わるものを**有限小数**《ゆうげんしょうすう》といい，$0.3333\cdots$ など有限小数にならないものを**無限小数**《むげんしょうすう》という．無限小数のうち，いくつかの数字の配列がくり返されるものを**循環小数**《じゅんかんしょうすう》といい，次のように ˙ を数字の上にかいて表す．

$$0.252525\cdots = 0.\dot{2}\dot{5}, \quad 2.33333\cdots = 2.\dot{3}, \quad 0.0123123123\cdots = 0.0\dot{1}2\dot{3}$$

有理数で，無限小数になるものはすべて循環小数になることが知られている．例えば

$$\frac{11}{3} = 3.\dot{6}, \quad \frac{27}{22} = 1.2\dot{2}\dot{7}, \quad \frac{97}{37} = 2.\dot{6}2\dot{1}$$

などである．逆に循環小数はすべて有理数であることも知られている．このように有理数は，整数と有限小数と循環小数からなる．

■注意　$\dfrac{11}{3}$ と $\dfrac{27}{22}$ を小数に直すと

$$\begin{array}{r@{\,}l}
 & 3.66666 \\ \hline
3) & 11 \\
 & 9 \\ \hline
 & 20 \\
 & 18 \\ \hline
 & \;\;20
\end{array}
\qquad\qquad
\begin{array}{r@{\,}l}
 & 1.227272727 \\ \hline
22) & 27 \\
 & 22 \\ \hline
 & \;\;50 \\
 & \;\;44 \\ \hline
 & \;\;\;60 \\
 & \;\;\;44 \\ \hline
 & \;\;\;\;160 \\
 & \;\;\;\;154 \\ \hline
 & \;\;\;\;\;\;60
\end{array}$$

などとなる．分数を小数で表す計算において，各段階の余りは，例えば分母が 3 なら 0 か 1 か 2，分母が 22 なら 0 から 21 までの整数のいずれかしかとれないので，割り算が有限回で終わらない限り，1 度出た余りが再び出ることが起こる．これにより小数は循環小数となる．

逆に循環小数が与えられれば，分数で表すことができることを確かめよう．まず筆算を用いた割り算の計算により

$$\frac{1}{9} = 0.\dot{1}, \qquad \frac{1}{99} = 0.\dot{0}\dot{1}, \qquad \frac{1}{999} = 0.\dot{0}0\dot{1}, \quad \ldots$$

となることがわかる．したがって，整数部分は 0 で，小数第 1 位より循環が始まる循環小数については例えば

$$0.\dot{5} = 0.\dot{1} \times 5 = \frac{5}{9}, \qquad 0.\dot{5}\dot{6} = 0.\dot{0}\dot{1} \times 56 = \frac{56}{99},$$

$$0.\dot{3}2\dot{1} = 0.\dot{0}0\dot{1} \times 321 = \frac{321}{999}, \quad 0.\dot{2}48\dot{7} = \frac{2487}{9999}$$

のように分数で表される．さらに一般の循環小数についても例えば

$$3.\dot{6} = 3 + 0.\dot{6} = 3 + \frac{6}{9} = \frac{11}{3}$$

$$1.1\dot{2}\dot{8} = 1.1 + 0.0\dot{2}\dot{8} = 1.1 + 0.\dot{2}\dot{8} \times \frac{1}{10} = \frac{11}{10} + \frac{28}{99} \times \frac{1}{10} = \frac{1117}{990}$$

のように分数で表すことができる．

無理数　例えば 0.10 100 1000 10000 ⋯ など循環しない無限小数もある．これらは有理数にならない．このような有理数以外の数を**無理数**《むりすう》という．

注意　1 辺の長さが 1 の正方形の対角線の長さは，三平方の定理から $\sqrt{2}$ となるが，$\sqrt{2}$ が無理数であることは，三平方の定理が証明された時代（紀元前 6 世紀頃）には知られていた（「背理法」の項において証明する）．その他，円周率 π も無理数であることが知られている．

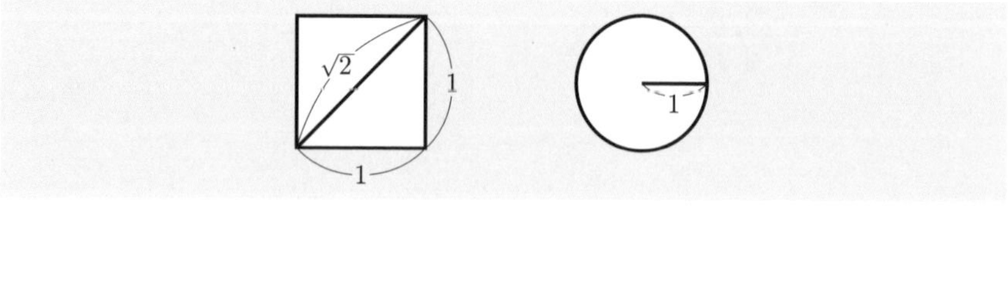

実数　整数や有限小数，または無限小数で表される数を**実数**《じっすう》という．実数は有理数と無理数に分類されるが，さらに細かく以下のように分類される．

- 実数
  - 有理数
    - 整数
      - 自然数　$1, 2, 3, \cdots$
      - 0
      - 負の整数　$1, -2, -3, \cdots$
    - 整数以外の有理数（分数）
      - 有限小数 0.56 など
      - 循環小数 $3.\dot{6}$ など
  - 無理数 $\sqrt{2}, \pi, 0.10100100010000\cdots$ など（循環しない無限小数）

任意の実数 a, b に対し $a+b$, $a-b$, ab は実数となる．さらに $\dfrac{a}{b}$（ただし $b \neq 0$）も実数となる．

絶対値　数直線上で 0 に対応する点から，実数 a に対応する点までの**距離**《きょり》を a の**絶対値**《ぜったいち》といい $|a|$ で表す．

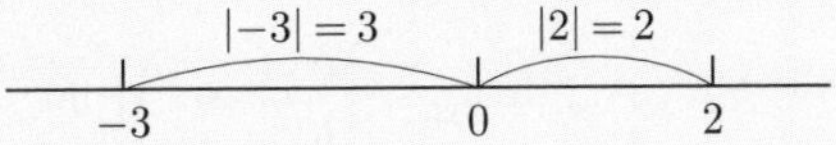

$a \geqq 0$ のときは $a = |a|$，$a < 0$ のときは $a = -|a|$ となるので $|a| = -a$

これより，$|a|$ は場合にわけて，次のように a の式で表される．

$$|a| = \begin{cases} a & (a \geqq 0 \text{ のとき}) \\ -a & (a < 0 \text{ のとき}) \end{cases}$$

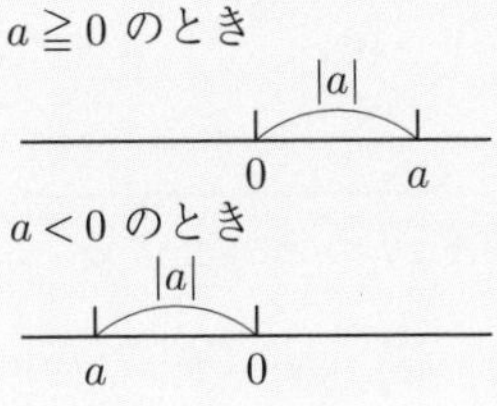

1.11 絶対値の性質

任意の実数 a, b について

(1) $|a| \geqq 0$ であり，$a=0$ のときのみ $|a|=0$ となる．

(2) $|-a|=|a|$

(3) 数直線上で 2 点 a と b との距離は $|a-b|$ に等しい．

(4) $|ab|=|a|\,|b|$

(5) $\left|\dfrac{a}{b}\right|=\dfrac{|a|}{|b|}$ （ただし $b \neq 0$）

(6) $|a|^2=a^2$

証明 (1), (2) は絶対値の定義より容易に得られる．

(3) 図より 2 点 a, b との距離は $a \geqq b$ のとき $a-b$, $b>a$ のとき

$$b-a=-(a-b)$$

よって (2) よりいずれの場合も $|a-b|$ に等しい．

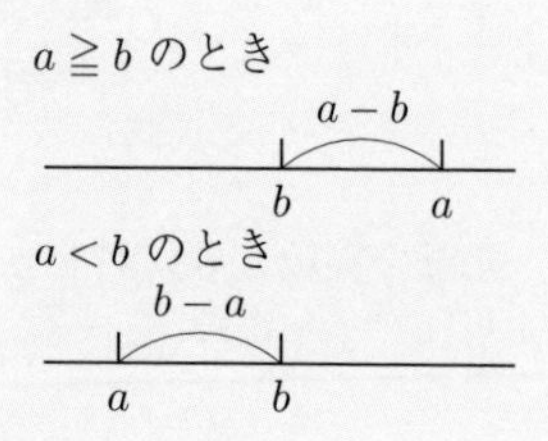

(4) $a=|a|$ または $-|a|$, $b=|b|$ または $-|b|$ だから

$$ab=|a|\,|b| \text{ または } -|a|\,|b|$$

(1), (2) より，いずれの場合も

$$|ab|=\big||a||b|\big|=|a|\,|b|$$

(5) $b \neq 0$ のとき，(4) より $|a|=\left|\dfrac{a}{b}b\right|=\left|\dfrac{a}{b}\right|\,|b|$

両辺を $|b| \neq 0$ で割ると $\dfrac{|a|}{|b|}=\left|\dfrac{a}{b}\right|$ となるので (5) は成り立つ．

(6) $|a|=a$ または $-a$ だからいずれの場合も $|a|^2=a^2$ となる． ■

Let's TRY

問 **1.11** $a=-2$, $b=-5$ のとき次の式の値を求めよ．

(1) $|5a-b|$ (2) $\dfrac{|-2a|^3}{|a|^3}$ (3) $\dfrac{|ab^2|}{|a^2b|^2}$

平方根　0 以上の実数 a に対して，2 乗すれば a になる実数，すなわち $x^2 = a$ を満たす実数 x のことを a の**平方根**《へいほうこん》という．

$a \geqq 0$ の平方根で 0 以上のものは 1 つに定まる．これを**ルート** a といい，$\sqrt{a}$ とかく．また記号 $\sqrt{}$ を**根号**《こんごう》という．これに対し a の 0 以下の平方根は $-\sqrt{a}$ に等しい．よって a の平方根は $\pm\sqrt{a}$ となる．

例 1.15　4 の平方根は ± 2，$\sqrt{4} = 2$ ■

■**注意**　a の平方根と $\sqrt{a}$ の意味の違いに注意しよう．

以下に根号に関するいくつかの基本的性質を述べる．

1.12 根号の性質

$a \geqq 0, b \geqq 0$ について，

(1)　$\sqrt{a} \geqq 0, (\sqrt{a})^2 = a$

(2)　$\sqrt{a^2} = a$

(3)　$\sqrt{a}\sqrt{b} = \sqrt{ab}$

(4)　$\dfrac{\sqrt{a}}{\sqrt{b}} = \sqrt{\dfrac{a}{b}}$　$(b > 0)$

証明　(1)　$\sqrt{a}$ の定義より得られる．

(2)　$x = a$ と定めると $x^2 = a^2, x \geqq 0$ を満たすので，$x = \sqrt{a^2}$ となり (2) は成り立つ．

(3)　$\sqrt{a}\sqrt{b} \geqq 0$ で $(\sqrt{a}\sqrt{b})^2 = (\sqrt{a})^2(\sqrt{b})^2 = ab$ より，$\sqrt{a}\sqrt{b} = \sqrt{ab}$ となる．

(4)　$\dfrac{\sqrt{a}}{\sqrt{b}} \geqq 0$ で，

$$\left(\frac{\sqrt{a}}{\sqrt{b}}\right)^2 = \frac{(\sqrt{a})^2}{(\sqrt{b})^2} = \frac{a}{b}$$

より $\dfrac{\sqrt{a}}{\sqrt{b}} = \sqrt{\dfrac{a}{b}}$ となる． ■

例題 1.9 実数 a について，$\sqrt{a^2} = |a|$ が成り立つことを示せ．

証明 $|a|^2 = a^2$ より $|a|$ は a^2 の正（または0）の平方根，したがって

$$|a| = \sqrt{a^2}$$ ■

次もよく用いられる．

$$b \geqq 0 \text{ について，} \quad \sqrt{a^2 b} = \sqrt{a^2}\sqrt{b} = |a|\sqrt{b}$$

例題 1.10 次の式を簡単にせよ．

(1) $\sqrt{8} + \sqrt{18}$　　(2) $4\sqrt{27} + 2\sqrt{12} - \sqrt{75}$

(3) $(\sqrt{2} + 4\sqrt{3})(2\sqrt{2} - \sqrt{3})$　　(4) $\sqrt{(1 - \sqrt{2})^2}$

解く前に 「簡単にする」とは，項の個数をなるべく少なくしたり，根号の中に根号が入っていない式にすることを意味する．

解 (1) $\sqrt{8} + \sqrt{18} = \sqrt{2^2 \times 2} + \sqrt{3^2 \times 2}$

$$= 2\sqrt{2} + 3\sqrt{2} = 5\sqrt{2}$$

(2) $4\sqrt{27} + 2\sqrt{12} - \sqrt{75}$

$$= 4\sqrt{3^2 \times 3} + 2\sqrt{2^2 \times 3} - \sqrt{5^2 \times 3}$$
$$= 4 \times 3 \times \sqrt{3} + 2 \times 2 \times \sqrt{3} - 5\sqrt{3}$$
$$= 12\sqrt{3} + 4\sqrt{3} - 5\sqrt{3} = 11\sqrt{3}$$

(3) $(\sqrt{2} + 4\sqrt{3})(2\sqrt{2} - \sqrt{3})$

$$= \sqrt{2} \times (2\sqrt{2} - \sqrt{3}) + 4\sqrt{3} \times (2\sqrt{2} - \sqrt{3})$$
$$= 2(\sqrt{2})^2 - \sqrt{2}\sqrt{3} + 8\sqrt{3}\sqrt{2} - 4(\sqrt{3})^2$$
$$= 2 \times 2 - \sqrt{6} + 8\sqrt{6} - 4 \times 3 = -8 + 7\sqrt{6}$$

(4) 例題 1.9 に注意．$1 - \sqrt{2} < 0$ より

$$\sqrt{(1 - \sqrt{2})^2} = |1 - \sqrt{2}| = -(1 - \sqrt{2}) = \sqrt{2} - 1$$

Let's TRY

問 1.12　次の式を計算せよ．

(1)　$\sqrt{5}(3\sqrt{10}-2\sqrt{5}-\sqrt{40})$　　(2)　$(2\sqrt{3}+3\sqrt{2})(3\sqrt{2}+2\sqrt{3})$

(3)　$\sqrt{(\sqrt{3}-2)^2}$

分数の分母の式に根号が含まれている場合に，分子と分母に同じ数を掛けて，分母が根号を含まない式に変形することを分母を**有《ゆう》理《り》化《か》**するという．分母の有理化については，$a \geqq 0, b \geqq 0$ に対し

$$(\sqrt{a})^2 = a$$
$$(\sqrt{a}+\sqrt{b})(\sqrt{a}-\sqrt{b}) = (\sqrt{a})^2-(\sqrt{b})^2 = a-b$$

となることを利用する．

例 1.16　**(分母の有理化)**

(1)　$$\frac{5}{\sqrt{2}} = \frac{5\sqrt{2}}{\sqrt{2}\times\sqrt{2}} = \frac{5\sqrt{2}}{2}$$

(2)　$$\frac{\sqrt{3}}{\sqrt{5}+\sqrt{2}} = \frac{\sqrt{3}(\sqrt{5}-\sqrt{2})}{(\sqrt{5}+\sqrt{2})(\sqrt{5}-\sqrt{2})} = \frac{\sqrt{3}\sqrt{5}-\sqrt{3}\sqrt{2}}{(\sqrt{5})^2-(\sqrt{2})^2} = \frac{\sqrt{15}-\sqrt{6}}{5-2} = \frac{\sqrt{15}-\sqrt{6}}{3}$$

(3)　$$\frac{\sqrt{3}+\sqrt{2}}{\sqrt{3}-\sqrt{2}} = \frac{(\sqrt{3}+\sqrt{2})(\sqrt{3}+\sqrt{2})}{(\sqrt{3}-\sqrt{2})(\sqrt{3}+\sqrt{2})} = \frac{(\sqrt{3}+\sqrt{2})^2}{(\sqrt{3})^2-(\sqrt{2})^2} = \frac{(\sqrt{3})^2+2\sqrt{3}\sqrt{2}+(\sqrt{2})^2}{3-2} = \frac{3+2\sqrt{6}+2}{1} = 5+2\sqrt{6}$$

■

■**注意**　例えば，(1) の $\frac{5}{\sqrt{2}}$ の値（近似値）を筆算で求めるとき，$5 \div 1.4142$ の計算は面倒だが，有理化して $\frac{5\sqrt{2}}{2}$ を計算すれば楽である．(2), (3) も同様．

Let's TRY

問 1.13 次の式の分母を有理化せよ．

(1) $\dfrac{18}{\sqrt{3}}$ (2) $\dfrac{\sqrt{5}}{\sqrt{6}+\sqrt{2}}$ (3) $\dfrac{2\sqrt{5}+\sqrt{3}}{2\sqrt{5}-\sqrt{3}}$ (4) $\dfrac{\sqrt{3}}{\sqrt{5}-\sqrt{3}}-\dfrac{\sqrt{5}}{\sqrt{3}+1}$

分数式 有理数と同様に A, B が整式で $B \neq 0$ のとき $\dfrac{A}{B}$ の形で表される式を**有理式**《ゆうりしき》という．さらに A, B をそれぞれ分数式の**分子**《ぶんし》, **分母**《ぶんぼ》とよぶ．分数式は，分子と分母の変数に具体的な値を代入すると，分母が 0 にならない限り具体的な値をとる．通常の分数の場合と同様に分数式にも，約分，通分，四則演算（加法，減法，乗法，除法）が行える．また特に B が定数の場合，$\dfrac{A}{B}$ は整式になり，B が定数でない場合，**分数式**《ぶんすうしき》という．

分数式は分子と分母に公約数があれば約分できる．それ以上定数以外で約分できない分数式を**既約分数式**《きやくぶんすうしき》とよぶ．

例題 1.11 次の式を約分することにより，既約分数式に直せ．

(1) $\dfrac{(3a^4b)^3}{(3a^2b^3)^2}$ (2) $\dfrac{(5xy)^3}{(5x^2y)^2xy^3}$ (3) $\dfrac{x^2+4x+3}{x^2+3x+2}$

解 (1) $\dfrac{(3a^4b)^3}{(3a^2b^3)^2} = \dfrac{3^{\cancel{3}^1}\, a^{\cancel{12}^8}\, \cancel{b^3}}{\cancel{3^2}\, \cancel{a^4}\, b^{\cancel{6}^3}} = \dfrac{3a^8}{b^3}$

(2) $\dfrac{(5xy)^3}{(5x^2y)^2xy^3} = \dfrac{5^3x^3y^3}{5^2x^4y^2xy^3} = \dfrac{5^{\cancel{3}^1}\, \cancel{x^3}\, \cancel{y^3}}{\cancel{5^2}\, x^{\cancel{5}^2}\, y^{\cancel{5}^2}} = \dfrac{5}{x^2y^2}$

(3) $\dfrac{x^2+4x+3}{x^2+3x+2} = \dfrac{\cancel{(x+1)}(x+3)}{\cancel{(x+1)}(x+2)} = \dfrac{x+3}{x+2}$ ■

Let's TRY

問 1.14 次の式を既約分数式に直せ．

(1) $\dfrac{2x^2-x-3}{x^2+2x+1}$ (2) $\dfrac{a^2-b^2}{a^3-b^3}$ (3) $\dfrac{8(ab)^2(abc)^3}{12a^6b^7}$

2つ以上の分数式の加法・減法を通分によって行うとき，分母の最小公倍数を共通分母にするとよい．1つの分数式にまとめた後，約分できるようなら約分する．

例題 1.12　次の式を計算せよ．

(1) $\dfrac{4}{x^2-2x-3}+\dfrac{x-5}{x^2-4x+3}$　　(2) $\dfrac{1}{x^2+3x+2}-\dfrac{2}{x^2+4x+3}$

解 (1)

$$\frac{4}{x^2-2x-3}+\frac{x-5}{x^2-4x+3}=\frac{4}{(x+1)(x-3)}+\frac{x-5}{(x-1)(x-3)}$$

$$=\frac{4(x-1)}{(x+1)(x-1)(x-3)}+\frac{(x+1)(x-5)}{(x+1)(x-1)(x-3)}$$

$$=\frac{x^2-9}{(x+1)(x-1)(x-3)}$$

$$=\frac{(x+3)(x-3)}{(x+1)(x-1)(x-3)}=\frac{x+3}{(x+1)(x-1)}$$

(2)

$$\frac{1}{x^2+3x+2}-\frac{2}{x^2+4x+3}=\frac{1}{(x+1)(x+2)}-\frac{2}{(x+1)(x+3)}$$

$$=\frac{x+3}{(x+1)(x+2)(x+3)}-\frac{2(x+2)}{(x+1)(x+2)(x+3)}$$

$$=\frac{-(x+1)}{(x+1)(x+2)(x+3)}=\frac{-1}{(x+2)(x+3)}$$ ■

Let's TRY

問 1.15　次の式を計算せよ．

(1) $\dfrac{x+5}{x^2+x-2}-\dfrac{x+4}{x^2+2x}$　　(2) $\dfrac{6}{x^2+9}+\dfrac{1}{x+3}-\dfrac{1}{x-3}$

(3) $\dfrac{3}{x^2-5x+6}-\dfrac{2}{x-3}+\dfrac{3}{x-2}$　　(4) $\dfrac{3x+2}{x^2-4}-\dfrac{2x+3}{x^2+3x+2}$

分数式の除法・乗法の計算は，分数のときと同様に次の性質が基本になる．

$$\frac{A}{B}\times\frac{C}{D}=\frac{AC}{BD},\quad \frac{A}{B}\div\frac{C}{D}=\frac{A}{B}\times\frac{D}{C}=\frac{AD}{BC}$$

例題 1.13 次の式を計算せよ．

(1) $\dfrac{x+3}{x+4} \times \dfrac{x^2+5x+4}{x^2-9}$ (2) $\dfrac{x^2-3x}{x^2-3x+2} \div \dfrac{x^2-x}{x^2-5x+6}$

解 (1)

$$\frac{x+3}{x+4} \times \frac{x^2+5x+4}{x^2-9}$$

$$= \frac{x+3}{x+4} \times \frac{(x+1)(x+4)}{(x+3)(x-3)}$$

$$= \frac{(x+3)(x+1)(x+4)}{(x+4)(x+3)(x-3)} = \frac{x+1}{x-3}$$

(2)

$$\frac{x^2-3x}{x^2-3x+2} \div \frac{x^2-x}{x^2-5x+6}$$

$$= \frac{x^2-3x}{x^2-3x+2} \times \frac{x^2-5x+6}{x^2-x}$$

$$= \frac{x(x-3)}{(x-1)(x-2)} \times \frac{(x-2)(x-3)}{x(x-1)}$$

$$= \frac{x(x-2)(x-3)^2}{x(x-1)^2(x-2)} = \frac{(x-3)^2}{(x-1)^2}$$ ■

Let's TRY

問 1.16 次の式を計算せよ．

(1) $\dfrac{xy}{x^2-y^2} \times \dfrac{x^3-x^2y}{xy+y^2}$ (2) $\dfrac{x^2-9}{x^2-5x+4} \times \dfrac{x-1}{x+3}$

(3) $\dfrac{a^2-4}{a^2-7a+12} \times \dfrac{a^2-3a}{a^2-3a+2} \div \dfrac{a^2-2a}{a^2-5a+4}$

(4) $\dfrac{a^2-1}{ab} \div \dfrac{a^2+a}{a^2-a-6} \times \dfrac{a^2b+ab}{a^2-2a-3}$

分数式で，分子または分母がさらに分数式になっているものを**繁分数式**《はんぶんすうしき》とよぶ．繁分数式を簡単にするには，次の2通りの方法がある．

(i) $\dfrac{A}{B}$ を割り算の形 $A \div B$ に直して計算する．

(ii) 分子・分母に同じ整式 D を掛けて $\dfrac{A}{B}$ を $\dfrac{AD}{BD}$ に直して計算する．

例題 1.14　次の繁分数式を簡単にせよ．

(1) $\dfrac{\dfrac{c}{ab}}{\dfrac{a}{bc}}$　(2) $\dfrac{1-\dfrac{3}{x}}{1+\dfrac{3}{x^2}}$　(3) $\dfrac{1-\dfrac{x-1}{x+1}}{1+\dfrac{x-1}{x+1}}$　(4) $\dfrac{\dfrac{x+y}{x-y}-\dfrac{x-y}{x+y}}{\dfrac{x-y}{x+y}+\dfrac{x+y}{x-y}}$

解く前に　どちらの問も，上の (i) の方法で解いた後，別解として (ii) の方法で解くことにする．

解　(1)
$$\frac{\dfrac{c}{ab}}{\dfrac{a}{bc}}=\frac{c}{ab}\div\frac{a}{bc}=\frac{c}{ab}\times\frac{bc}{a}=\frac{bc^2}{a^2b}=\frac{c^2}{a^2}$$

（別解）
$$\frac{\dfrac{c}{ab}}{\dfrac{a}{bc}}=\frac{\dfrac{c}{ab}\,(abc)}{\dfrac{a}{bc}\,(abc)}=\frac{c^2}{a^2}$$

(2)
$$\frac{1-\dfrac{3}{x}}{1+\dfrac{3}{x^2}}=\frac{\dfrac{x-3}{x}}{\dfrac{x^2+3}{x^2}}=\frac{x-3}{x}\div\frac{x^2+3}{x^2}$$
$$=\frac{x-3}{x}\times\frac{x^2}{x^2+3}$$
$$=\frac{(x-3)x^2}{x(x^2+3)}=\frac{(x-3)x}{x^2+3}$$

（別解）
$$\frac{1-\dfrac{3}{x}}{1+\dfrac{3}{x^2}}=\frac{\left(1-\dfrac{3}{x}\right)x^2}{\left(1+\dfrac{3}{x^2}\right)x^2}=\frac{x^2-3x}{x^2+3}$$

(3)
$$\frac{1-\dfrac{x-1}{x+1}}{1+\dfrac{x-1}{x+1}}=\left(1-\frac{x-1}{x+1}\right)\div\left(1+\frac{x-1}{x+1}\right)$$
$$=\frac{2}{x+1}\div\frac{2x}{x+1}$$
$$=\frac{2}{x+1}\times\frac{x+1}{2x}=\frac{1}{x}$$

（別解） $$\frac{1-\dfrac{x-1}{x+1}}{1+\dfrac{x-1}{x+1}}=\frac{\left(1-\dfrac{x-1}{x+1}\right)(x+1)}{\left(1+\dfrac{x-1}{x+1}\right)(x+1)}$$

$$=\frac{2}{2x}=\frac{1}{x}$$

(4) $$\frac{\dfrac{x+y}{x-y}-\dfrac{x-y}{x+y}}{\dfrac{x-y}{x+y}+\dfrac{x+y}{x-y}}=\left(\frac{x+y}{x-y}-\frac{x-y}{x+y}\right)\div\left(\frac{x-y}{x+y}+\frac{x+y}{x-y}\right)$$

$$=\frac{(x+y)^2-(x-y)^2}{(x-y)(x+y)}\div\frac{(x-y)^2+(x+y)^2}{(x+y)(x-y)}$$

$$=\frac{4xy}{(x-y)(x+y)}\times\frac{(x+y)(x-y)}{2(x^2+y^2)}$$

$$=\frac{2xy}{x^2+y^2}$$

（別解） $$\frac{\dfrac{x+y}{x-y}-\dfrac{x-y}{x+y}}{\dfrac{x-y}{x+y}+\dfrac{x+y}{x-y}}=\frac{\left(\dfrac{x+y}{x-y}-\dfrac{x-y}{x+y}\right)(x+y)(x-y)}{\left(\dfrac{x-y}{x+y}+\dfrac{x+y}{x-y}\right)(x+y)(x-y)}$$

$$=\frac{(x+y)^2-(x-y)^2}{(x-y)^2+(x+y)^2}$$

$$=\frac{4xy}{2(x^2+y^2)}=\frac{2xy}{x^2+y^2}$$ ■

Let's TRY

問 1.17 次の繁分数式を簡単にせよ．

(1) $\dfrac{1+\dfrac{2}{x}}{x-\dfrac{4}{x}}$ (2) $\dfrac{1-\dfrac{2x+y}{2x-y}}{1+\dfrac{2x+y}{2x-y}}$ (3) $\dfrac{\dfrac{3}{x^3-y^3}}{\dfrac{2}{x^2-y^2}}$ (4) $\dfrac{\dfrac{1}{2-x}-\dfrac{1}{2+x}}{\dfrac{1}{2-x}+\dfrac{1}{2+x}}$

第1章　演習問題A

1　$A=2x^2+5xy-2y^2$, $B=3x^2-2xy+y^2$, $C=-x^2-3xy+y^2$ とするとき，次の式を計算せよ．

(1)　$A-B+C$　　(2)　$4(A-B)+2(2B+C)$　　(3)　$AB+2BC$

2　次の式を計算せよ．

(1)　$(-4x^3)^2\times(2x^2)^2$　　(2)　$(2a-b+3)^2$　　(3)　$(5x+2y)^3$

3　次の式を因数分解せよ．

(1)　$(a^2-b^2+c^2)^2-4a^2c^2$　　(2)　$6x^2+5x-4$

(3)　$2x^3y+2xy^3-5x^2y^2$　　(4)　$6x^2-7xy-3y^2+17x+2y+5$

(5)　$8a^3+(a-b)^3$

4　次の整式 A を整式 B で割ったときの商と余りを求め，等式で表せ．

(1)　$A=x^2-5x+1$, $B=x-1$　　(2)　$A=2x^3-6x+4$, $B=x^2+2x-2$

5　剰余の定理を用いて次の余りを求めよ．

(1)　整式 $4x^3-8x^2+5x+4$ を $x-2$ で割ったときの余り

(2)　整式 $5x^{11}+3x^{10}$ を $x+1$ で割ったときの余り

6　因数定理を用いて次の整式の因数分解せよ．

(1)　$6x^3+5x^2-29x-10$　　(2)　$x^4+5x^3+5x^2-5x-6$

7　次の整式の組の最大公約数と最小公倍数を求めよ．

(1)　$8x^2+2x-3$, $2x^2+5x-3$

(2)　x^2-x-6, $3x^2-8x-3$, $3x^2-11x+6$

(3)　$ab^4-ab^2+b^4-b^2$, ab^2+ab+b^2+b

8　次の式を計算せよ．

(1)　$\dfrac{\sqrt{48}}{6}-\dfrac{1}{2\sqrt{6}}+\dfrac{\sqrt{2}}{4\sqrt{3}}-\dfrac{\sqrt{12}}{4}$　　(2)　$\dfrac{\sqrt{2}}{\sqrt{3}-\sqrt{2}}+\dfrac{\sqrt{3}}{\sqrt{3}+\sqrt{2}}$

9　次の分数式を計算し，簡単にせよ．

(1)　$\dfrac{y}{x^2+xy}-\dfrac{x}{y^2+xy}$　　(2)　$\dfrac{x}{x-y}-\dfrac{y}{x+y}+\dfrac{x^2-y^2}{x^2+y^2}$

(3)　$\dfrac{(a-b)^2}{a^2-b^2}\div\dfrac{a^3-b^3}{a^3+b^3}$　　(4)　$\dfrac{x}{1+\dfrac{1}{x-1}}$　　(5)　$\dfrac{\dfrac{a+b}{a-b}+\dfrac{a-b}{a+b}}{\dfrac{a+b}{a-b}-\dfrac{a-b}{a+b}}$

第1章　演習問題B

10　次の式を展開せよ．

$$(2a-b)^3(2a+b)^3$$

11　次の式を因数分解せよ．

(1)　$x^7+x^6-x^5-x^4$　　(2)　$a^2(b+c)+b^2(c+a)+c^2(a+b)+2abc$

(3)　$(a+b+c)^3-a^3-b^3-c^3$　　(4)　$3x^4+4x^3-7x^2-4x+4$

12　整式 $A(x)$ を $(x-2)(x-3)$ で割ったとき $4x+5$ 余った．このとき次の余りを求めよ．

(1)　$A(x)$ を $x-2$ で割ったときの余り

(2)　$x^2A(x)$ を $(x-2)(x-3)$ で割ったときの余り

13　整式 $A(x)$ を $x-2$ で割ると余りは 7，$x+2$ で割ると余りは 3 であるとき，$P(x)$ を $(x-2)(x+2)$ で割ったときの余りを求めよ．

解く前に　$A(x)$ を $(x-2)(x+2)$ で割ったときの商を $Q(x)$，余りを $ax+b$ とおき，剰余の定理 **1.9** を用いる．

14　(1)　整式 $A(x)$ を 1 次式 $ax+b$（$a\neq 0$）で割ったときの余りを求めよ．

(2)　(1) の結果を用いて，整式 x^3 を 1 次式 $2x+3$ で割ったときの余りを求めよ．

15　a は定数とする．3 つの整式 x^2+ax+5, x^2-x-2, x^3+2x^2-5x-6 の最小公倍数が $x^4+7x^3+5x^2-31x-30$ であるとき，a の値と 3 つの整式の最大公約数を求めよ．

16　次の分数を循環小数で，循環小数を既約分数で表せ．

(1)　$\dfrac{5}{11}$　　(2)　$\dfrac{1}{37}$　　(3)　$2.\dot{2}\dot{4}$　　(4)　$0.1\dot{3}6\dot{0}$

17　次の分数式を計算せよ．

(1)　$\dfrac{1}{x+1}-\dfrac{1}{x-1}+\dfrac{2}{x^2+1}+\dfrac{4}{x^4+1}$

(2)　$\left(x-3+\dfrac{4}{x+2}\right)\left(\dfrac{1}{x+3}-\dfrac{1}{x-2}\right)\left(x+4+\dfrac{2}{x+1}\right)$

2 方程式・不等式・命題

自然現象や社会現象などにおいて，成り立つ関係を表すのに方程式や不等式が用いられている．この章では新しい数である複素数について学び，2 次方程式・不等式，さらに高い次数の方程式などを解いていく．また，恒等式や集合と命題，等式・不等式の証明法などについても学ぶ．

2.1 2次方程式

2 次方程式の解の公式 $ax^2+bx+c=0$ (a, b, c は定数，$a \neq 0$) の形で表される式を **2 次《じ》方程式《ほうていしき》** という．$ax^2+bx+c=0$ を満たす x の値を **2 次《じ》方程式《ほうていしき》の解《かい》** といい，その解を求めることを **2 次《じ》方程式《ほうていしき》を解《と》く** という．2 次方程式を解くとき，次の性質が重要である．

2.1 等式の性質（積の性質）

$$AB=0 \iff A=0 \text{ または } B=0$$

例題 2.1 次の 2 次方程式を解け．

(1) $x^2-2x-3=0$ (2) $x^2-2=0$ (3) $x^2-2x=0$

解 (1) $(x+1)(x-3)=0$ ⟵ 左辺を因数分解

$x+1=0$ または $x-3=0$ ⟵ **2.1** より

したがって解は $x=-1, 3$ ⟵「または」を省略

(2) $x^2=2$ ⟵ 左辺の定数項 -2 を右辺に移項

したがって解は $x=\pm\sqrt{2}$ ⟵ $x=\sqrt{2}$ または $x=-\sqrt{2}$ のこと

(3) $x(x-2)=0$

したがって解は $x=0,\ 2$ ■

$\pm$ を **複号《ふくごう》** といい，「プラスマイナス」と読む．＋と－の 2 つの記号を 1 つで表すときに用いる．

例題2.1の(1)は，左辺を因数分解することによって2次方程式を解くことができたが，$x^2-2x-2=0$ はどうだろうか．$x^2-2x=(x-1)^2-1$ だから

$$x^2-2x-2=0 \iff \{(x-1)^2-1\}-2=0 \iff (x-1)^2=3$$
$$\iff x-1=\pm\sqrt{3}$$

である．よって，解は $x=1\pm\sqrt{3}$ である．

同様の作業を $ax^2+bx+c=0$（$a \neq 0$）$\cdots$①について行い，公式を導く．

$$x^2+\frac{b}{a}x+\frac{c}{a}=0$$
⟵ ①の両辺を a（$a \neq 0$）で割る．

$$\left(x+\frac{b}{2a}\right)^2-\left(\frac{b}{2a}\right)^2+\frac{c}{a}=0$$
⟵ 左辺の青色の式から $(\ )^2$ を作る．

左辺の定数項を移項すると

$$\left(x+\frac{b}{2a}\right)^2=\frac{b^2-4ac}{4a^2}$$

$b^2-4ac \geqq 0$ のとき

$$x+\frac{b}{2a}=\pm\frac{\sqrt{b^2-4ac}}{2a}$$
$$x=-\frac{b}{2a}\pm\frac{\sqrt{b^2-4ac}}{2a}$$

よって，$x=\frac{-b\pm\sqrt{b^2-4ac}}{2a}$ となり，次の解の公式を得る．

2.2　2次方程式の解《かい》の公式《こうしき》［I］

$ax^2+bx+c=0$（$a \neq 0$）の解は　$x=\dfrac{-b\pm\sqrt{b^2-4ac}}{2a}$

2次式を $ax^2+bx+c=a(x-p)^2+q$ と変形することを**平方完成**《へいほうかんせい》するという．

x の係数が2の倍数のとき，つまり $b=2b'$ タイプのときは

$$x=\frac{-2b'\pm\sqrt{(2b')^2-4ac}}{2a}=\frac{-2b'\pm\sqrt{4(b'^2-ac)}}{2a}$$
$$=\frac{-2b'\pm2\sqrt{b'^2-ac}}{2a}=\frac{-b'\pm\sqrt{b'^2-ac}}{a}$$

したがって，より簡単に解を求めることができる．

2.3　2次方程式の解の公式［II］

$$ax^2+2b'x+c=0\ (a\neq 0)\ \text{の解は}\quad x=\frac{-b'\pm\sqrt{b'^2-ac}}{a}$$

例題 2.2　次の2次方程式を解け．

(1)　$3x^2+3x-1=0$　　(2)　$2x^2+2x-1=0$

(3)　$x^2+4x+4=0$

解く前に　(2) のように x の係数が2の倍数のときに $b=2b'$ タイプの公式 **2.3** を使う．

解　(1)　解の公式より

$$x=\frac{-3\pm\sqrt{3^2-4\cdot 3\cdot(-1)}}{2\cdot 3}=\frac{-3\pm\sqrt{9+12}}{6}=\frac{-3\pm\sqrt{21}}{6}$$

(2)　解の公式より，$x=\dfrac{-1\pm\sqrt{1+2}}{2}=\dfrac{-1\pm\sqrt{3}}{2}$

(3)　$x^2+4x+4=(x+2)^2=0$ の解は，$x=-2$

■**注意**　例題の (2) のように，$b=2b'$ タイプの公式 **2.3** を用いるとき，分母の2を忘れて，$x=-1\pm\sqrt{3}$ と間違いやすい．特に x^2 の係数が1でないときは注意．■

例題2.2の (1), (2), (3) のように解が実数のとき，その解を**実数解**《じっすうかい》という．特に (3) のように解が1つしかないときは，2つの解が重複すると考えて**2重解**《じゅうかい》または単に**重解**《じゅうかい》という．

■**注意**　$\frac{4+6\sqrt{2}}{2}=2+3\sqrt{2}$ と約分できるが，$\frac{3+6\sqrt{2}}{2}$ の分子の片方だけ約分して，$3+3\sqrt{2}$ などとする間違いに注意する．$\frac{3+6\sqrt{2}}{2}=\frac{3}{2}+\frac{6\sqrt{2}}{2}=\frac{3}{2}+3\sqrt{2}$ である．

Let's TRY

問 **2.1**　次の2次方程式を解け．

(1)　$x^2-3=0$　　(2)　$9x^2-6x+1=0$　　(3)　$x^2+x-1=0$

(4)　$2x^2-3x-1=0$　　(5)　$x^2-4x+1=0$　　(6)　$4x^2+5x+1=0$

(7)　$5x^2+6x-1=0$　　(8)　$2x^2+4x-3=0$　　(9)　$x^2+5x=0$

複素数（2 次方程式を解く）　これまで，あたりまえのように $x^2 = (0$ 以上の数$)$ の形の 2 次方程式を解いてきた．次に，$x^2 = ($負の数$)$ のときを考えよう．このようなときも解けるように，新しい数を定義する．

2 乗すると -1 になる新しい数 i を $i^2 = -1, i = \sqrt{-1}$ で定める．i を**虚数単位**《きょすうたんい》といい，$a+bi$ (a, b は実数) なる数を**複素数**《ふくそすう》という．特に，$b \neq 0$ のとき $a+bi$ を**虚数**《きょすう》という．$b = 0$ のときは $a+0 \cdot i = a$ となり実数となる．$b \neq 0$ かつ $a = 0$ のときは $0 + bi = bi$ となる．この形の虚数を**純虚数**《じゅんきょすう》という．また，$a + bi$ の a の部分を**実部**《じつぶ》，b の部分を**虚部**《きょぶ》という．

2.4　複素数の分類

a, b が実数のとき

$$\text{複素数 } a+bi \begin{cases} \text{実数} \quad (b=0) \\ \text{虚数} \quad (b \neq 0) \begin{cases} \text{純虚数} & (a=0) \\ \text{純虚数以外の虚数} & (a \neq 0) \end{cases} \end{cases}$$

例 2.1　$2+3i$, $-1-4i$ は虚数，$4i$, $-5i$ は純虚数である．■

複素数 $z = a + bi$ について，$\bar{z} = a - bi$ を**共役な複素数**《きょうやくなふくそすう》という．

例 2.2　$3+5i$ の共役な複素数は $\overline{3+5i} = 3-5i$，$-3i$ の共役な複素数は $\overline{-3i} = 3i$ である．実数 a の共役な複素数は，$\bar{a} = a$ である．■

Let's TRY

問 **2.2**　次の複素数の実部，虚部，共役な複素数を答えよ．

(1)　$4+3i$　　(2)　$\sqrt{7}\,i$　　(3)　$1-2i$　　(4)　$\dfrac{-9+\sqrt{6}\,i}{5}$　　(5)　5

2 つの複素数 $a+bi$, $c+di$ が**等しい**《ひと》とは，実部，虚部がそれぞれ等しいときとする．すなわち次のように定める．

2.5　複素数の相等

$$a+bi = c+di \iff a = c \text{ かつ } b = d \quad (a, b, c, d \text{ は実数})$$

例題 2.3　次の等式を満たす実数 a, b の値を求めよ．

$$(a-3)+(2a+b)i=2+6i$$

解　複素数の相等 **2.5** より，両辺を比較すると $\begin{cases} a-3=2\cdots① \\ 2a+b=6\cdots② \end{cases}$ が成り立つ．

①より $a=5$ だから，②に代入して $b=-4$．よって $a=5,\ b=-4$　■

Let's TRY

問 **2.3**　次の等式を満たす実数 a, b の値を求めよ．

(1)　$(2a-b)+(5-b+a)i=-3+3i$　　(2)　$(3a-1)+(a-b)i=5$

複素数の計算　2つの複素数 $a+bi,\ c+di$ について，次のように計算する．

加法：　$(a+bi)+(c+di)=(a+c)+(b+d)i$　←　$A+Bi$ の形にまとめる．

減法：　$(a+bi)-(c+di)=(a-c)+(b-d)i$

乗法：　$(a+bi)(c+di)=ac+adi+bci+bdi^2$　←　分配法則

$=(ac-bd)+(ad+bc)i$　←　$i^2=-1$ をあてはめる．

除法：　$\dfrac{a+bi}{c+di}=\dfrac{a+bi}{c+di}\times\dfrac{c-di}{c-di}$　←　$c+di$ の共役な複素数を分母・分子に掛ける．

$=\dfrac{ac-adi+bci-bdi^2}{c^2-d^2i^2}$　←　分母の実数化

$=\dfrac{(ac+bd)+(bc-ad)i}{c^2+d^2}$

また，$z=a+bi$ について次のようになり，ともに実数となる．

$$z+\overline{z}=(a+bi)+(a-bi)=2a,\quad z\overline{z}=(a+bi)(a-bi)=a^2+b^2$$

2つの複素数について，その和，差，積，商も複素数になる．また，虚数について，大小関係，正負は考えない．

2.6　複素数の計算

(1)　$i^2=-1$

(2)　$\dfrac{b}{ai}=\dfrac{b}{ai}\dfrac{i}{i}=\dfrac{bi}{ai^2}=-\dfrac{bi}{a}$　（分母の実数化）

(3)　$\dfrac{a+bi}{c+di}\dfrac{c-di}{c-di}=\dfrac{(ac+bd)+(bc-ad)i}{c^2+d^2}$　（分母の実数化）

例題 2.4　次の式を計算せよ．

(1)　$(1+2i)(3-i)$　　(2)　$(i+1)^3$　　(3)　$\dfrac{3+i}{1-2i}$　　(4)　$\dfrac{2}{i}$

解　(1)　
$$\begin{aligned}(1+2i)(3-i) &= 3-i+6i-2i^2\\ &= 3+5i+2\\ &= 5+5i \qquad \longleftarrow i^2=-1\end{aligned}$$

(2)　
$$\begin{aligned}(i+1)^3 &= i^3+3i^2+3i+1 \qquad \longleftarrow \text{展開公式［II］1.4 の (1) より}\\ &= i^2\cdot i-3+3i+1\\ &= -i-3+3i+1\\ &= -2+2i \qquad \longleftarrow i^3=i^2\cdot i\end{aligned}$$

(3)　
$$\begin{aligned}\frac{3+i}{1-2i} &= \frac{3+i}{1-2i}\,\frac{1+2i}{1+2i}\\ &= \frac{3+6i+i+2i^2}{1-4i^2} = \frac{3+7i-2}{1+4}\\ &= \frac{1+7i}{5} \qquad \longleftarrow \text{2.6 の (3)}\end{aligned}$$

(4)　
$$\begin{aligned}\frac{2}{i} &= \frac{2}{i}\,\frac{i}{i}\\ &= \frac{2i}{i^2} = \frac{2i}{-1} = -2i \qquad \longleftarrow \text{2.6 の (2)}\end{aligned}$$

■

Let's TRY

問 **2.4**　次の式を計算せよ．

(1)　$(4-3i)(3+2i)$　　(2)　$(i-2)^3$　　(3)　$\dfrac{1+2i}{5-i}$　　(4)　$\dfrac{1}{2i}-i^3+i^4+i^5$

複素数平面　複素数 $z = x + yi$ に対して，座標平面上の点 (x, y) を対応させると，複素数は座標平面上の点として表すことができる．この平面を**複素数平面**《ふくそすうへいめん》（**複素平面**《ふくそへいめん》）または**ガウス平面**《へいめん》という．x 軸を**実軸**《じつじく》，y 軸を**虚軸**《きょじく》という．複素数 $z = x + yi$ を表す点を $\mathrm{P}(x + yi)$ で表す．

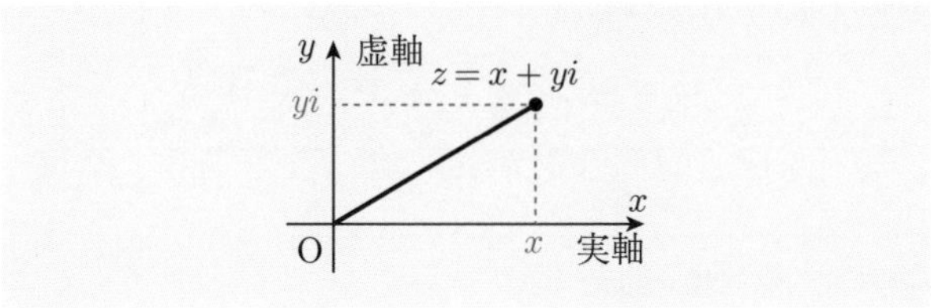

例 2.3　複素数平面上に，

点 $\mathrm{A}(2 + 3i)$，$\mathrm{B}(2 - 3i)$，

$\mathrm{C}(-3)$，$\mathrm{D}(-2i)$

を図示すると，次のようになる．原点 O と点 $\mathrm{A}(2 + 3i)$ の距離は，三平方の定理より，

$$\mathrm{OA} = \sqrt{2^2 + 3^2} = \sqrt{13}$$

である．■

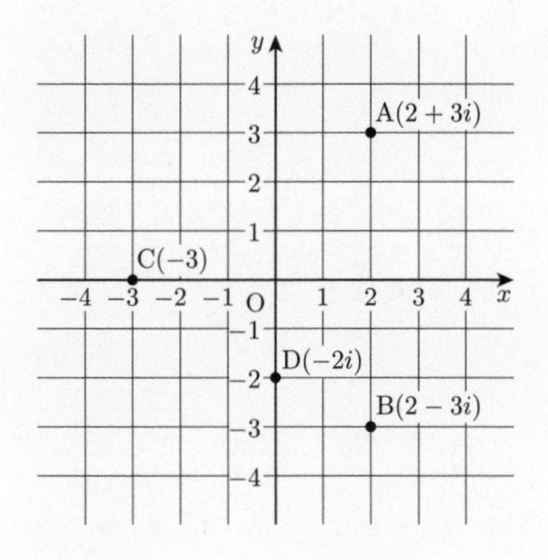

原点 O と点 $\mathrm{P}(z)$ との距離 OP は，三平方の定理より，$\sqrt{x^2 + y^2}$ である．距離 OP を複素数 z の**絶対値**《ぜったいち》といい，$|z|$ で表す．また，$|\overline{z}| = |z|$ である．

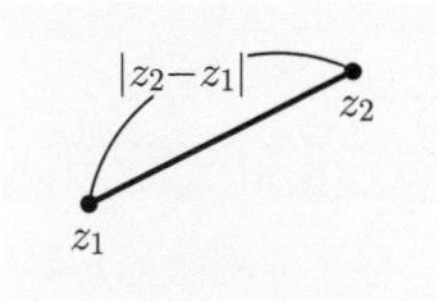

次に複素数平面上の 2 点 $\mathrm{P}(z_1)$ と $\mathrm{Q}(z_2)$ 間の距離について考えよう．ただし，$z_1 = x_1 + y_1 i$, $z_2 = x_2 + y_2 i$ とする．

$$\begin{aligned}\mathrm{PQ} &= |z_2 - z_1| = |x_2 + iy_2 - x_1 - iy_1| \\ &= |x_2 - x_1 + i(y_2 - y_1)| = \sqrt{(x_2 - x_1)^2 + (y_2 - y_1)^2}\end{aligned}$$

2.7　複素数の絶対値

複素数 $x + yi$ の絶対値は

$$|x + yi| = \sqrt{x^2 + y^2}$$

例 2.4

複素数 $4 + 7i$ の絶対値は

$$|4 + 5i| = \sqrt{4^2 + 5^2} = \sqrt{41}$$ ■

Let's TRY

問 2.5　次の複素数の絶対値を求めよ．

(1)　$2 - 3i$　　(2)　-7　　(3)　$-8i$

問 2.6　次の 2 点間の距離を求めよ．

(1)　$\mathrm{P}(1 + 3i)$, $\mathrm{Q}(3 + 2i)$　　(2)　$\mathrm{R}(4i)$, $\mathrm{S}(-3)$

さて，2 次方程式

$$x^2 = -a \quad (a > 0)$$

を解くことを考える．

$$(\sqrt{a}\,i)^2 = ai^2 = -a$$

$$(-\sqrt{a}\,i)^2 = ai^2 = -a$$

だから，$\sqrt{a}\,i$, $-\sqrt{a}\,i$ は $x^2 = -a$ の解となる．よって

2.8　2 次方程式の解

$a > 0$ のとき $\sqrt{-a} = \sqrt{a}\,i$ と定義すると

$$x^2 = -a \text{ の解} \iff x = \pm\sqrt{a}\,i$$

2 次方程式の解の公式 2.2, 2.3 は，解が虚数の場合も成り立つ．

例題 2.5　次の2次方程式を解け．

(1)　$x^2+4=0$　　(2)　$x^2+x+1=0$

解　(1)　$x^2+4=0 \iff x^2=-4$

$$\iff x=\pm\sqrt{-4}=\pm\sqrt{4}\,i=\pm 2i$$

(2)　$x^2+x+1=0$ の解は，$x=\dfrac{-1\pm\sqrt{1-4}}{2}=\dfrac{-1\pm\sqrt{-3}}{2}=\dfrac{-1\pm\sqrt{3}i}{2}$

このように解が虚数のものを**虚数解**《きょすうかい》という．■

■**注意**　$\sqrt{-3}\sqrt{-5}=\sqrt{3}\,i\sqrt{5}\,i=\sqrt{15}\,i^2=-\sqrt{15}$ であり，$\sqrt{-3}\sqrt{-5}=\sqrt{15}$ ではない．

Let's TRY

問 **2.7**　次の2次方程式を解け．

(1)　$x^2+10=0$　　(2)　$x^2-x+1=0$　　(3)　$x^2-2x+6=0$

判別式　解の公式 **2.2** に登場する $\sqrt{}$ の中の式 b^2-4ac を D で表し，$D=b^2-4ac$ を**判別式**《はんべつしき》という．$ax^2+bx+c=0$ の解は，D を用いて $x=\frac{-b\pm\sqrt{D}}{2a}$ とかける．さらに解の種類により次のことが成り立つ．

$D>0$ のとき，　$x=\dfrac{-b\pm\sqrt{D}}{2a}$　となり　**異**《こと》**なる2つの実数解**《じっすうかい》，

$D=0$ のとき，　$x=\dfrac{-b\pm\sqrt{0}}{2a}=\dfrac{-b}{2a}$　となり　**重解**《じゅうかい》（実数解），

$D<0$ のとき，　$x=\dfrac{-b\pm\sqrt{D}}{2a}$　となり　**異**《こと》**なる2つの虚数解**《きょすうかい》（実数解をもたない）

2.9　判別式［I］

$ax^2+bx+c=0$ とその判別式 $D=b^2-4ac$ について

(1)　$D>0 \iff$ 異なる2つの実数解をもつ．

(2)　$D=0 \iff$ 重解をもつ（実数解）．

(3)　$D<0 \iff$ 異なる2つの虚数解をもつ．（実数解をもたない）

例題 2.6 次の2次方程式が重解をもつとき，定数 m の値を求めよ．また，そのときの重解を求めよ．

$$x^2-2x-m=0$$

解 重解をもつので，$x^2-2x-m=0$ の判別式は

$$D=4+4m=0$$

よって　$m=-1$

次に，与えられた2次方程式に $m=-1$ を代入すると

$$x^2-2x+1=(x-1)^2=0$$

よって重解は $x=1$ である． ■

例題2.6の2次方程式は，x の係数が -2 だから，$b=2b'$ タイプの解の公式 **2.3** が使える．このとき，$\sqrt{}$ の中は，

$$b'^2-ac=\frac{1}{4}(b^2-4ac)=\frac{D}{4}$$

となる．

2.10 判別式［II］

$ax^2+2b'x+c=0$ の判別式 $\dfrac{D}{4}=b'^2-ac$ について

(1) $\dfrac{D}{4}>0 \iff$ 異なる2つの実数解をもつ．

(2) $\dfrac{D}{4}=0 \iff$ 重解をもつ．

(3) $\dfrac{D}{4}<0 \iff$ 異なる2つの虚数解をもつ．

Let's TRY

問 2.8 次の2次方程式が重解をもつとき，定数 m の値を求めよ．また，そのときの重解を求めよ．

(1) $x^2+3x+m+1=0$　　(2) $x^2+2mx-m+6=0$

解と係数の関係　2 次方程式 $ax^2+bx+c=0$ $(a \neq 0)$ の 2 つの解を $\alpha = \frac{-b+\sqrt{b^2-4ac}}{2a}$, $\beta = \frac{-b-\sqrt{b^2-4ac}}{2a}$ とおくと

$$\alpha+\beta = \frac{-b+\sqrt{b^2-4ac}-b-\sqrt{b^2-4ac}}{2a} = -\frac{b}{a},$$

$$\alpha\beta = \frac{(-b+\sqrt{b^2-4ac})(-b-\sqrt{b^2-4ac})}{4a^2} = \frac{c}{a}$$

となるので，解の和と積が係数により表される．

2.11　解と係数の関係

2 次方程式 $ax^2+bx+c=0$ $(a \neq 0)$ の 2 つの解を α, β とすると，次の関係が成り立つ．

$$\alpha+\beta = -\frac{b}{a}, \quad \alpha\beta = \frac{c}{a}$$

例題 2.7　2 次方程式 $3x^2+4x+5=0$ の 2 つの解を α, β とするとき，$\frac{1}{\alpha}+\frac{1}{\beta}$, $\alpha^2+\beta^2$, $\alpha^3+\beta^3$ の値を求めよ．

解　解と係数の関係 **2.11** より $\alpha+\beta = -\frac{4}{3}$, $\alpha\beta = \frac{5}{3}$ が成り立つ．よって

$$\frac{1}{\alpha}+\frac{1}{\beta} = \frac{\alpha+\beta}{\alpha\beta} = -\frac{4}{3} \div \frac{5}{3}$$

$$= -\frac{4}{3} \times \frac{3}{5} = -\frac{4}{5}$$

$$\alpha^2+\beta^2 = (\alpha+\beta)^2 - 2\alpha\beta$$

$\longleftarrow$ $(\alpha+\beta)^2 = \alpha^2+2\alpha\beta+\beta^2$ を変形

$$= \left(-\frac{4}{3}\right)^2 - 2\cdot\frac{5}{3} = -\frac{14}{9}$$

$$\alpha^3+\beta^3 = (\alpha+\beta)^3 - 3\alpha\beta(\alpha+\beta)$$

$\longleftarrow$ $(\alpha+\beta)^3 = \alpha^3+3\alpha^2\beta+3\alpha\beta^2+\beta^3 = \alpha^3+\beta^3+3\alpha\beta(\alpha+\beta)$ を変形

$$= \left(-\frac{4}{3}\right)^3 - 3\cdot\frac{5}{3}\cdot\left(-\frac{4}{3}\right)$$

$$= \frac{-64+180}{27} = \frac{116}{27}$$

■

例題 2.7 のように，文字 α と β を入れ替えても変わらない式を**対称式《たいしょうしき》**という．特に $\alpha+\beta$, $\alpha\beta$ を**基本対称式《きほんたいしょうしき》**という．

2.12　対称式

$$\alpha^2+\beta^2=(\alpha+\beta)^2-2\alpha\beta, \quad \alpha^3+\beta^3=(\alpha+\beta)^3-3\alpha\beta(\alpha+\beta)$$

Let's TRY

問 2.9　2 次方程式 $x^2-3x+3=0$ の 2 つの解を α, β とするとき，次の値を求めよ．

(1)　$\dfrac{1}{\alpha}+\dfrac{1}{\beta}$　　(2)　$\alpha^2+\beta^2$　　(3)　$(\alpha-\beta)^2$　　(4)　$\alpha^3+\beta^3$

解と係数の関係 **2.11** より

$$ax^2+bx+c=0 \iff x^2-\left(-\frac{b}{a}\right)x+\frac{c}{a}=0$$

$$\iff x^2-(\alpha+\beta)x+\alpha\beta=(x-\alpha)(x-\beta)=0$$

だから

$$x^2-(\text{解の和})\,x+(\text{解の積})=0$$

となる．逆に「和と積」があれば，2 次方程式を作ることができる．

例題 2.8　次の 2 つの数を解にもつ 2 次方程式を作れ．

(1)　$2+3i, 2-3i$　　(2)　$\sqrt{2}, -\sqrt{2}$

解　(1)　和 $(2+3i)+(2-3i)=4$

積 $(2+3i)(2-3i)=4-9i^2=13$ より $x^2-4x+13=0$

(2)　和 0，積 $\sqrt{2}(-\sqrt{2})=-2$ より $x^2-2=0$

■**注意**　検算すると，(1) 公式 **2.3** より $x=2\pm\sqrt{4-13}=2\pm\sqrt{-9}=2\pm3i$

(2)　$x^2=2$ より $x=\pm\sqrt{2}$

■**注意**　(1) で，2 次方程式を作るとき，「和」に $-$ を忘れがちなので注意する．また，「$=0$」をつけずに $x^2-4x+13$ を答とする間違いもある．　■

Let's TRY

問 2.10　次の 2 つの数を解にもつ 2 次方程式を作れ．

(1)　$-5, 2$　　(2)　$-3+i, -3-i$　　(3)　$\sqrt{5}-1, \sqrt{5}+1$

解の公式による因数分解　2 次方程式 $ax^2+bx+c=0$ の 2 つの解を α, β とすると，解と係数の関係 **2.11** より

$$ax^2+bx+c=a\left\{x^2-\left(-\frac{b}{a}\right)x+\frac{c}{a}\right\}$$
$$=a\left\{x^2-(\alpha+\beta)x+\alpha\beta\right\}=a(x-\alpha)(x-\beta)$$

である．α, β は複素数の範囲まで考えて，次のことが成り立つ．

2.13　解の公式による因数分解

2 次方程式 $ax^2+bx+c=0$ の 2 つの解を α, β とするとき

$$ax^2+bx+c=a(x-\alpha)(x-\beta)$$

例題 2.9　次の 2 次式を複素数の範囲で因数分解せよ．

(1)　$2x^2-2x-1$　　(2)　$x^2+2x+2=0$

解　(1)　$2x^2-2x-1=0$ とすると，解の公式 **2.3** より $x=\frac{1\pm\sqrt{3}}{2}$

よって　$2x^2-2x-1=2\left(x-\frac{1-\sqrt{3}}{2}\right)\left(x-\frac{1+\sqrt{3}}{2}\right)$

(2)　$x^2+2x+2=0$ とすると，解の公式 **2.3** より $x=-1\pm i$

よって　$x^2+2x+2=(x+1+i)(x+1-i)$　■

■**注意**　例題 2.9 (2) について，実数の範囲では因数分解できないが，複素数の範囲まで考えると，因数分解できる．

Let's TRY

問 2.11　次の 2 次式を複素数の範囲で因数分解せよ．

(1)　x^2+2x+3　　(2)　$3x^2-x-1$　　(3)　$2x^2+2x-3$

連立方程式　文字を 2 つ含む連立方程式 $\begin{cases} 2x-y=5 \cdots ① \\ x+y=1 \cdots ② \end{cases}$ を考える．

①＋② より $3x=6 \iff x=2$ だから，$x=2$ を②に代入して $y=-1$ を得る．よって，この連立方程式の解は $x=2, y=-1$ である．このように y（または x）を消去して連立方程式を解くことができる．ここでは，いろいろな連立方程式を解いてみよう．

例題 2.10 次の連立方程式を解け.

(1) $\begin{cases} x+y+\ \ z=6 & \cdots① \\ 2x+y-\ \ z=1 & \cdots② \\ x-y+2z=5 & \cdots③ \end{cases}$ (2) $\begin{cases} x+y=\ \ 1 & \cdots① \\ xy=-6 & \cdots② \end{cases}$

解 (1) ①＋②より $3x+2y=7 \quad \cdots④$ ←①と②より z を消去

①×2−③より $x+3y=7 \quad \cdots⑤$ ←①と③より z を消去

④−⑤×3より $-7y=-14 \iff y=2$ ← 連立方程式④と⑤を解く

$y=2$ を⑤に代入して $x=1$

$x=1,\ y=2$ を①に代入して $z=3$

よって $x=1,\ y=2,\ z=3$

(2) ①より $y=-x+1 \quad \cdots③$

③を②に代入して

$$x(-x+1)=-6 \iff -x^2+x+6=0$$

$$\iff x^2-x-6=0 \iff (x+2)(x-3)=0$$

$x=-2$ を③に代入して $y=3$. また, $x=3$ を③に代入して $y=-2$

よって $\begin{cases} x=-2 \\ y=\ \ 3 \end{cases}$ または $\begin{cases} x=\ \ 3 \\ y=-2 \end{cases}$

別解 x と y の和が1, 積が -6 だから解と係数の関係 **2.11** より, x と y を解にもつ方程式は $t^2-t-6=0$ である. $(t+2)(t-3)=0$ より $t=-2, 3$ なので同じ答をえる.

■**注意** (2) は, x と y の対称式になっている. ■

Let's TRY

問 2.12 次の連立方程式を解け.

(1) $\begin{cases} x+\ \ y+\ \ z=\ \ 5 \\ x-2y+3z=-3 \\ 2x+\ \ y+\ \ z=\ \ 4 \end{cases}$ (2) $\begin{cases} x+y=\ \ 2 \\ xy=-3 \end{cases}$ (3) $\begin{cases} x^2+y^2=13 \\ x\ \ +y\ \ =\ \ 1 \end{cases}$

いろいろな方程式　2 次方程式に帰着させることにより解ける方程式についていくつかみてみよう.

例題 2.11　次の方程式を解け.

(1)　$\dfrac{2}{x-1}+\dfrac{x}{x+3}=\dfrac{12}{(x-1)(x+3)}$　　(2)　$-x+3=\sqrt{x-1}$

解　(1)　両辺に $(x+3)(x-1)$ を掛けると　　$\longleftarrow x \neq -3, 1$ に注意

$$2(x+3)+x(x-1)=12 \iff x^2+x-6=0$$
$$\iff (x+3)(x-2)=0$$

$x \neq -3, 1$ だから $x=2$　　$\longleftarrow$ みかけの解 $x=-3$ を**無縁解《むえんかい》**という.

(2)　与式の両辺を 2 乗すると

$$x^2-6x+9=x-1 \iff x^2-7x+10=0$$
$$\iff (x-2)(x-5)=0 \quad \text{よって} \quad x=2,\ 5$$

$x=2$ のとき

$$(\text{左辺})=-2+3=1, \quad (\text{右辺})=\sqrt{2-1}=1$$

より与式を満たす.

$x=5$ のとき

$$(\text{左辺})=-5+3=-2, \quad (\text{右辺})=\sqrt{5-1}=2$$

より与式を満たさない.

以上より $x=2$　■

Let's TRY

問 2.13　次の方程式を解け.

(1)　$\dfrac{3}{x+2}-\dfrac{4}{x-1}=5$　　(2)　$2x-2=\sqrt{2x}$

2.2 不 等 式

不等号を用いて大小関係が表された $x-2>4$ や $x^2-3x \leqq 5$ のような式を**不等式**《ふとうしき》という．不等式を満たす x の値を不等式の**解**《かい》といい，不等式の解をすべて求めることを**不等式**《ふとうしき》**を解**《と》**く**という．方程式と同様に，不等式の左側を**左辺**《さへん》，右側を**右辺**《うへん》，両方を**両辺**《りょうへん》という．不等式を解くとき，次の性質が重要である．

2.14 不等式の性質 [I]（実数の大小関係）

(1) $A<B \implies A+C<B+C,\ A-C<B-C$

(2) $A<B,\ k>0 \implies kA<kB,\ \frac{A}{k}<\frac{B}{k}$

(3) $A<B,\ k<0 \implies kA>kB,\ \frac{A}{k}>\frac{B}{k}$

不等号	例	意味
$<$	$x<5$	x は 5 より小さい（x は 5 未満）
$>$	$x>5$	x は 5 より大きい
$\leqq$	$x \leqq 5$	x は 5 以下
$\geqq$	$x \geqq 5$	x は 5 以上

例 2.5

2.14 の (2), (3) について，考えてみよう．

$$
\begin{aligned}
\text{不等式 } 3<6 \text{ の両辺 } &\times 2 & &\cdots\ 6<12\\
&\div 3 & &\cdots\ 1<2\\
&\times(-2) & &\cdots\ -6>-12\\
&\div(-3) & &\cdots\ -1>-2
\end{aligned}
$$

このように，不等式の両辺に正の数を掛けたり（または割ったり）しても不等号の向きは変わらないが，負の数を掛ける（または割る）と，不等号の向きが変わる． ■

1 次不等式　（1 次式）>0（または $<0,\ \geqq 0,\ \leqq 0$）の形に変形できる不等式を **1 次**《じ》**不等式**《ふとうしき》という．**2.14**(1) より，不等式も方程式と同様に，**移項**《いこう》して式の変形ができる．次の例題でみてみよう．

例題 2.12 次の 1 次不等式を解け．

(1) $2x-3 \geqq 1$ (2) $-2x-3>1$ (3) $\dfrac{x-4}{2}<\dfrac{x+1}{3}$

解 (1) $2x \geqq 1 + 3$ ⟵ 左辺から -3 を右辺に移項

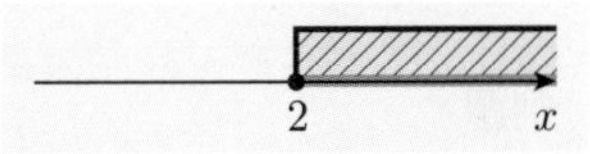

$\iff$ $2x \geqq 4$ ⟵ 両辺を 2 で割る．

よって $x \geqq 2$

(2) $-2x>1+3$

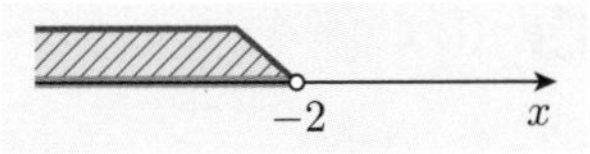

$\iff$ $-2x>4$ ⟵ 両辺を -2 で割る．

よって $x<-2$ ⟵ 不等号の向きが逆になることに注意．

(3) $\dfrac{x-4}{2}<\dfrac{x+1}{3}$ の両辺を 6 倍すると ⟵ 分母 2 と 3 の最小公倍数 6

$\iff$ $3(x-4)<2(x+1)$ ⟵ 6 を掛けて分母を払う．

$\iff$ $3x-2x<2+12$ ⟵ 移項して整理

よって $x<14$ ■

■**注意 図のかき方** 等号が入った不等式 $x \geqq a$ や $x \leqq a$ の図示は，「$x=a$ が含まれる」ことを明確にするために，(1) の図のように，点 $x=a$ を黒丸 ● かつ数直線と垂直な線を引いて表す．

一方，等号が入っていない不等式 $x>a$ や $x<a$ の図示は，「$x=a$ が含まれない」ことを明確にするために，(2) の図のように，点 $x=a$ を白丸 ○ かつ数直線と垂直でない斜め線を引いて表す．

■**注意** (3) では分数を含む不等式になっており，両辺の分母 2 と 3 の最小公倍数 6 を掛けて，係数が整数になるように変形した．同様に例えば，$0.2x-0.3 \geqq 0.1$ のような小数を含む不等式も両辺を 10 倍して，係数を整数にしてから解くとよい．

Let's TRY

問 2.14 次の 1 次不等式を解け．

(1) $3x-5>-2$ (2) $-2x-7>x+2$

(3) $x-5 \geqq 2x+\dfrac{1}{3}$ (4) $\dfrac{x-1}{3} \leqq \dfrac{3-x}{4}$

(5) $0.5x+2 \geqq 0.7x+0.4$ (6) $3\sqrt{2}x+1<\sqrt{2}x+7$

連立不等式 不等式が2つ以上与えられているとき，その組合せを**連立《れんりつ》不《ふ》等式《とうしき》**といい，これらの不等式を同時に満たす解を求めることを，**連立《れんりつ》不《ふ》等式《とうしき》を解《と》く**という．

例題 2.13 連立1次不等式 $\begin{cases} 3x - 4 < 0 & \cdots ① \\ -5x < -2 - x & \cdots ② \end{cases}$ を解け．

解 ①より $3x < 4 \iff x < \dfrac{4}{3} \quad \cdots ③$

②より $-5x + x < -2 \iff -4x < -2$

$\iff x > \dfrac{1}{2} \quad \cdots ④$

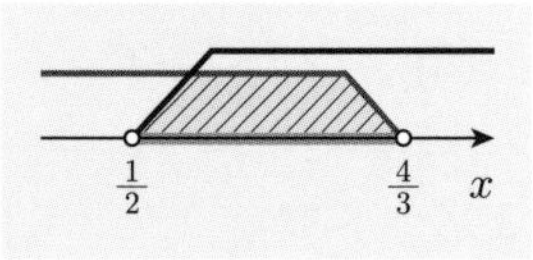

③と④より $\dfrac{1}{2} < x < \dfrac{4}{3}$ ⟵ ③と④を同時に満たす範囲を見つける． ■

Let's TRY

問 2.15 次の連立1次不等式を解け．

(1) $\begin{cases} 2x + 4 > 2 \\ -3x + 5 > x + 2 \end{cases}$ (2) $\begin{cases} 3x - 1 \geqq 2 \\ -\dfrac{x}{3} + 1 \leqq \dfrac{1}{2}(x - 3) \end{cases}$ (3) $\begin{cases} 5x - 1 \leqq 9 \\ -x + \dfrac{3}{7} < 4 \end{cases}$

2次不等式 (2次式) > 0（または < 0, $\geqq 0$, $\leqq 0$）の形に変形できる不等式を**2次《じ》不《ふ》等式《とうしき》**という．2次不等式を解くとき，左辺が実数の範囲で因数分解されるときには，次の性質が基本となっている．

2.15 不等式の性質［II］（積の性質）

(1) $AB > 0 \iff$ A と B が同じ符号，つまり

$[A > 0$ かつ $B > 0]$ または $[A < 0$ かつ $B < 0]$

(2) $AB < 0 \iff$ A と B が異なる符号，つまり

$[A > 0$ かつ $B < 0]$ または $[A < 0$ かつ $B > 0]$

例題 2.14 次の 2 次不等式を解け.

$$x^2 + 3x - 4 > 0$$

解 左辺を因数分解すると，$(x+4)(x-1) > 0$ となる．このとき **2.15** の (1) を用いると，

① $[x+4 > 0$ かつ $x-1 > 0]$ または

② $[x+4 < 0$ かつ $x-1 < 0]$

である．連立 1 次不等式①を解くと，$x > -4$ かつ $x > 1$ だから $x > 1$ を得る．

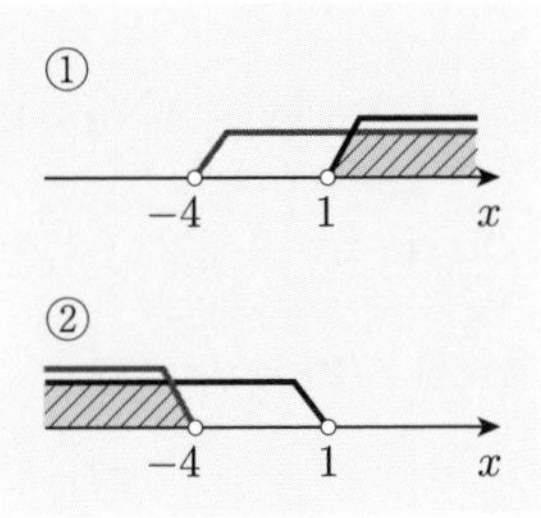

同様にして，②を解くと，$x < -4$ を得る．よって，この 2 次不等式の解は

$$x < -4, \quad x > 1$$

となる．

■**注意** 表をかいて，符号を調べてみよう．表の 1 番下の行 $(x+4)(x-1)$ の符号が＋になる x の範囲が解である．

x	$\cdots$	-4	$\cdots$	1	$\cdots$
$x+4$	$-$	0	$+$	$+$	$+$
$x-1$	$-$	$-$	$-$	0	$+$
$(x+4)(x-1)$	$+$	0	$-$	0	$+$

■**注意** 2 次関数のグラフを用いる解き方もある（第 3 章例題 3.10 参照）． ■

$ax^2 + bx + c = a(x-\alpha)(x-\beta)$ と因数分解できることを用いて，α, β が異なる実数のとき，一般の 2 次不等式について考えると，次が成り立つ．

2.16 2 次不等式の解［I］

$a > 0$ のとき $ax^2 + bx + c = 0$ の異なる実数解を α, β $(\alpha < \beta)$ とすると（つまり，判別式 $D > 0$ のとき）

(1) $ax^2 + bx + c = a(x-\alpha)(x-\beta) > 0 \iff x < \alpha, \beta < x$

(2) $ax^2 + bx + c = a(x-\alpha)(x-\beta) < 0 \iff \alpha < x < \beta$

■**注意** $a < 0$ のときは，不等式の両辺を -1 倍すると，$a > 0$ の場合に帰着する．実際に 2 次不等式を解くときは，x^2 の係数を正にしてから解くようにする．

例題 2.15 次の2次不等式を解け．

(1) $x^2 - x - 6 > 0$ (2) $2x^2 - x - 1 < 0$

解 (1) $x^2-x-6>0 \iff (x+2)(x-3)>0$

$\iff x<-2,\ x>3$

(2) $2x^2-x-1<0 \iff (2x+1)(x-1)<0$

$\iff -\dfrac{1}{2}<x<1$

注意 (2) は

$$(2x+1)(x-1) = 2\left(x+\frac{1}{2}\right)(x-1) < 0$$

と変形できる． ■

Let's TRY

問 2.16 次の2次不等式を解け．

(1) $x^2 + x - 6 > 0$ (2) $x^2 + 7x + 12 < 0$

(3) $x^2 - 3x \geqq 0$ (4) $3x^2 - 5x - 2 \leqq 0$

次にいろいろな2次不等式を解いていく．ここで使う性質は，すべての実数について

$$(\text{実数})^2 \geqq 0$$

0以外の実数について

$$(0\text{ 以外の実数})^2 > 0$$

である．例えば

$$A = (x-2)^2$$

について考えてみると，$x = 2$ のとき $A = 0$ だから，すべての実数について $A \geqq 0$ となる．また $x \neq 2$ のすべての実数 x について $A > 0$ となる．

2.17 実数の性質

$$(\text{実数})^2 \geqq 0, \quad (0\text{ 以外の実数})^2 > 0$$

例題 2.16 ♣ 次の 2 次不等式を解け.

(1) $(x-2)^2 \geqq 0$ (2) $(x-2)^2 > 0$ (3) $(x-2)^2 \leqq 0$

(4) $(x-2)^2 < 0$ (5) $x^2-4x+5>0$ (6) $x^2-4x+5<0$

解 (1) $(x-2)^2 \geqq 0$ の解は，すべての実数. ⟵ (実数)$^2 \geqq 0$ より左辺は常に 0 以上である.

(2) $(x-2)^2 > 0$ の解は，$x \neq 2$（のすべての実数） ⟵ (2 以外の実数)$^2 > 0$

(3) $(x-2)^2 \leqq 0$ の解は，$x = 2$ ⟵ (実数)$^2 < 0$ とはならない.

(4) $(x-2)^2 < 0$ の解はない. ⟵ (実数)$^2 < 0$ とはならない.

(5) $ax^2 + bx + c = a(x-p)^2 + q$ と平方完成すると

（左辺）$= x^2 - 4x + 5 = (x-2)^2 + 1 > 0$ ⟵ (実数)^2 +（正の数）> 0 左辺は常に正である.

だから，$x^2 - 4x + 5 > 0$ の解は，すべての実数.

(6) （左辺）$= x^2 - 4x + 5 = (x-2)^2 + 1 > 0$ だから，

$x^2 - 4x + 5 < 0$ の解はない. ⟵ (実数)$^2 < 0$ とはならない. ■

絶対値を含む方程式・不等式 1 章で，絶対値の性質について学んだ．ここでは，絶対値記号 $|\quad|$ を含む方程式や不等式を解いてみよう.

例題 2.17 次の方程式を解け.

(1) $|x| = 2$ (2) $|2x-1| = 3$

解 (1) $|x| = 2 \iff x = \pm 2$

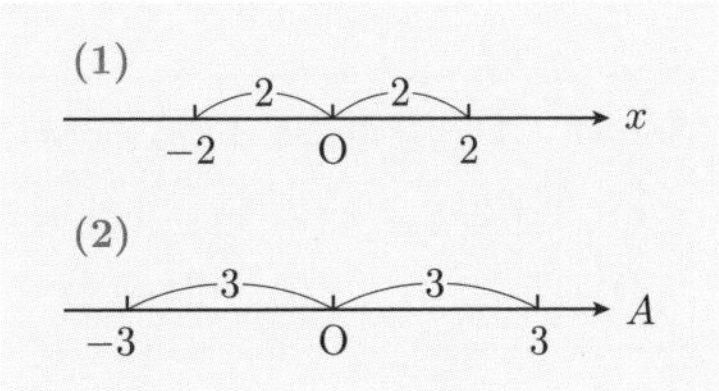

(2) $A = 2x - 1$ とおくと

$$|A| = 3$$

だから

$$A = \pm 3$$

よって

$$2x - 1 = 3 \quad \text{または} \quad 2x - 1 = -3$$

これらを解いて $x = 2,\ -1$ ■

例題 2.18　次の不等式を解け．

(1)　$|x| < 2$　　(2)　$|3x-2| < 4$　　(3)　$|2-x| > 5$

解　(1)　絶対値記号をはずすと，x の範囲は

$$-2 < x < 2$$

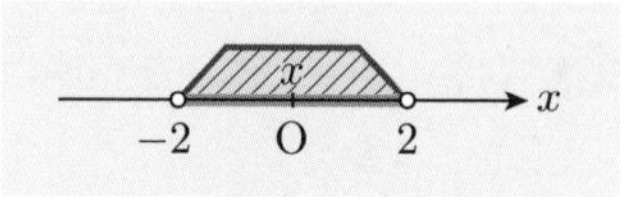

(2)　$A = 3x - 2$ とおくと $|A| < 4$ だから

$$-4 < A < 4$$

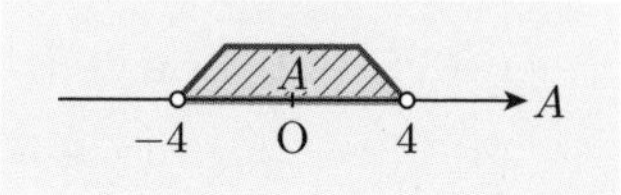

よって $-4 < 3x - 2 < 4$

$\iff \quad -2 < 3x < 6$　　$\longleftarrow$ 各辺に 2 を加える．

$\iff \quad -\dfrac{2}{3} < x < 2$　　$\longleftarrow$ 各辺を 3 で割る．

(3)　$|2-x| > 5 \iff |x-2| > 5$　　$\longleftarrow |-x| = |x|$ だから $|2-x| = |x-2|$

$A = x - 2$ とおくと $|A| > 5$ だから

$$A < -5 \quad \text{または} \quad A > 5$$

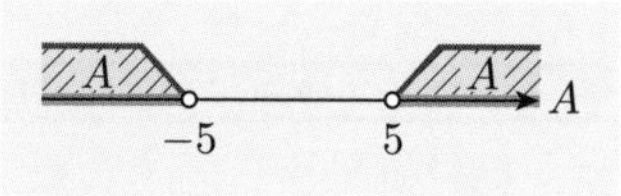

よって $x - 2 < -5,\ x - 2 > 5$

$\iff \quad x < -3,\ x > 7$

■**注意**　(3) は 1.11 の (6) より，$|x|^2 = x^2$ だから，両辺を 2 乗すると，

$$|x-2|^2 = (x-2)^2 = x^2 - 4x + 4 > 25$$

となる．この 2 次不等式 $x^2 - 4x + 4 > 25$ を解いても結果は同じになる．■

Let's TRY

問 2.17　次の方程式と不等式を解け．

(1)　$|x| = 8$　　(2)　$|x+3| = 5$　　(3)　$|1-2x| = 3$

(4)　$|x| \geqq 3$　　(5)　$|2x-1| < 3$　　(6)　$|4x+3| \geqq 5$

恒等式 第1章で習った展開公式 **1.4** から，$(x-1)^3 = x^3-3x^2+3x-1$ となる．この等式は文字 x のところに，どんな値を代入しても成り立つ．このように，文字 x にどんな値を代入しても成り立つ式のことを，x についての**恒等式**《こうとうしき》という．

等式 $ax^2 + bx + c = a'x^2 + b'x + c'$（$a, b, c, a', b', c'$ は定数）$\cdots$①において，①が x についての恒等式であるとき，①に $x = 0$, $x = 1$, $x = -1$ を代入すると，

$$\begin{cases} c = c' \\ a + b + c = a' + b' + c' \\ a - b + c = a' - b' + c' \end{cases}$$

より，$a = a'$, $b = b'$, $c = c'$ を得る．逆に，$a = a'$, $b = b'$, $c = c'$ のとき $ax^2 + bx + c = ax^2 + bx + c$ となり，明らかに x についての恒等式である．恒等式について，次のことが成り立つ．

2.18 恒等式

(1) $ax^2 + bx + c = a'x^2 + b'x + c'$ が x についての恒等式

$$\iff \quad a = a',\ b = b',\ c = c'$$

(2) $ax^2 + bx + c = 0$ が x についての恒等式

$$\iff \quad a = 0,\ b = 0,\ c = 0$$

例 2.6 等式

$$(x + 7)(x - 2) = 0$$

について，$x = -7$ または 2 のときのみ成り立つので，恒等式ではない．等式

$$(x + 7)(x - 2) = x^2 + 5x - 14$$

は，x にどんな値を代入しても成り立つから恒等式である． ■

Let's TRY

問 2.18 次の等式について，各文字について恒等式であるものの番号を答えよ．

(1) $3x + 5 = 0$ (2) $(2t - 1)(t + 3) = 2$ (3) $n(n + 1)^2 - 2n^2 = n^3 + n$

(4) $(a + 2b)^3 = a^3 + 6a^2b + 12ab^2 + 8b^3$ (5) $\dfrac{2}{y - 1} - \dfrac{1}{y + 1} = \dfrac{4}{y^2 - 1}$

例題 2.19 次の式が x についての恒等式になるように，定数 a, b の値を定めよ．

(1) $2x+1=a(x-1)+b$

(2) $\dfrac{5x-5}{(x+2)(x-3)}=\dfrac{a}{x+2}+\dfrac{b}{x-3}$

解 (1) $2x+1=a(x-1)+b \iff 2x+1=ax-a+b$

両辺の各項の係数を比較すると

$$\begin{cases} a=2 \\ -a+b=1 \end{cases}$$

この連立方程式を解いて $a=2,\ b=3$

(2) $$\frac{5x-5}{(x+2)(x-3)}=\frac{a(x-3)+b(x+2)}{(x+2)(x-3)}$$ ←― 右辺を通分する．

$$5x-5=a(x-3)+b(x+2)$$ ←― 分母を払う．

$x=-2$ を代入すると $-5a=-15 \iff a=3$

$x=3$ を代入すると $5b=10 \iff b=2$

よって $a=3,\ b=2$

(2) のように左辺の分数式を，右辺の式のような分数式にわけることを，**部《ぶ》分分数《ぶんぶんすう》に分解《ぶんかい》**するという．この計算は，後に習う微分積分などに用いられる． ■

Let's TRY

問 2.19 次の式が x についての恒等式になるように，定数 a, b の値を定めよ．

(1) $-3x+2=(a+b)x+a-1$

(2) $\dfrac{-x+14}{(x-2)(x+4)}=\dfrac{a}{x-2}+\dfrac{b}{x+4}$

高次方程式・高次不等式 次数が 3 次以上の方程式，不等式をそれぞれ**高次《こうじ》方程式《ほうていしき》**，**高次《こうじ》不等式《ふとうしき》**という．

例題 2.20 次の方程式を解け．

(1) $x^3 - 2x^2 - x + 2 = 0$

(2) $x^3 + 8 = 0$ (3) $x^4 - x^2 - 20 = 0$

解 (1) $P(x) = x^3 - 2x^2 - x + 2$ とおくと $P(1) = 0$ より，$P(x)$ は $x - 1$ で割り切れる．組立除法より

	1	−2	−1	2
1		1	−1	−2
	1	−1	−2	0

$$P(x) = (x-1)(x^2 - x - 2)$$
$$= (x-1)(x+1)(x-2)$$

よって

$$P(x) = (x-1)(x+1)(x-2) = 0$$

を解いて $x = -1, 1, 2$

(2) 左辺を因数分解すると

$$(x+2)(x^2 - 2x + 4) = 0$$

よって $x + 2 = 0$ または $x^2 - 2x + 4 = 0$ ←― 解の公式を用いる

したがって $x = -2, 1 \pm \sqrt{3}\,i$

(3) 左辺を因数分解すると

$$(x^2 + 4)(x^2 - 5) = 0$$

よって $x^2 + 4 = 0$ または $x^2 - 5 = 0$

したがって $x = \pm 2i, \pm\sqrt{5}$ ■

Let's TRY

問 2.20 次の方程式を解け．

(1) $x^3 - 4x^2 - x + 4 = 0$ (2) $x^3 - x^2 - 3x + 3 = 0$

(3) $2x^3 + x^2 - 8x - 4 = 0$ (4) $x^3 + 1 = 0$

(5) $x^3 - 27 = 0$ (6) $x^4 - 1 = 0$

♣ 高次不等式も高次方程式と同様に，左辺を因数定理，因数分解の公式などを用いて因数分解してから，2 次不等式と同じ方法で解いていく．次の例題で，既に左辺が因数分解されている高次不等式を解いてみよう．

例題 2.21　次の不等式を解け．

(1)　$(x+1)(x-2)(x-3) > 0$

(2)　$(x+2)(x^2-2x+4) < 0$

解　(1)　表で符号をみる．

x	$\cdots$	-1	$\cdots$	2	$\cdots$	3	$\cdots$
$x+1$ ①	$-$	0	$+$				
$x-2$ ②	$-$			0	$+$		
$x-3$ ③	$-$					0	$+$
①×②×③	$-$	0	$+$	0	$-$	0	$+$

①×②×③ > 0 を解くので表の一番下の行で，符号が $+$ のところをみればよい．よって

$$(x+1)(x-2)(x-3) > 0$$

の解は $-1 < x < 2,\ 3 < x$ である．

(2)　左辺の 2 次式を平方完成すると

$$x^2-2x+4 = (x-1)^2+3 > 0 \qquad \longleftarrow (\text{実数})^2 + (\text{正の数}) > 0$$

だから

$$(x+2)(x^2-2x+4) = (x+2)\times(\text{常に正}) < 0$$

よって解は $x+2<0$ すなわち $x<-2$　$\longleftarrow AB<0,\ B>0 \implies A<0$　■

Let's TRY

問 2.21　次の不等式を解け．

(1)　$x^3-4x^2-7x+10 < 0$　　(2)　$x^3+x^2-4x-4 \geqq 0$

(3)　$2x^3-x^2-2x+1 \leqq 0$　　(4)　$x^3-1 > 0$

2.3 集合と命題

集合　「正の整数 1, 2, 3, 4, 5」など範囲がはっきりしたものの集まりを**集合**《しゅうごう》といい，アルファベット大文字 $A, B, C, \ldots$ などで表す．集合を構成している1つひとつをその集合の**要素**《ようそ》（または**元**《げん》）という．

a が集合 A の要素であるとき，「a は A に属する」といい，記号で「$a \in A$」とかく．a が集合 A の要素でないとき，「$a \notin A$」とかく．

例 2.7　集合 $A = \{1, 2, 3\}$ のとき，$1 \in A,\ 4 \notin A$ である．■

■注意　集合の表し方　例えば，6 の正の約数全体の集合は $\{1, 2, 3, 6\}$ とかく．このように $\{\ \ \}$ の中に要素を列挙するかき方を列挙法という．これは $\{x \mid x$ は 6 の約数$\}$ ともかける．このように $\{\ \ \}$ の中に要素の説明をするかき方 $\{x \mid$ 要素 x が満たす内容$\}$ を説明法という．

集合 A と集合 B について，A のどの要素も B の要素であるとき，つまり，「すべての a について，$a \in A$ ならば $a \in B$」が成り立つとき，「集合 A は集合 B の**部分集合**《ぶぶんしゅうごう》」といい，記号で「$A \subset B$」（または $B \supset A$）とかく．このとき，A は B に含まれる，または B は A を含むという．

「$A \subset B$ かつ $A \supset B$」が成り立つとき，「集合 A と集合 B は等しい」といい，記号で「$A = B$」とかく．

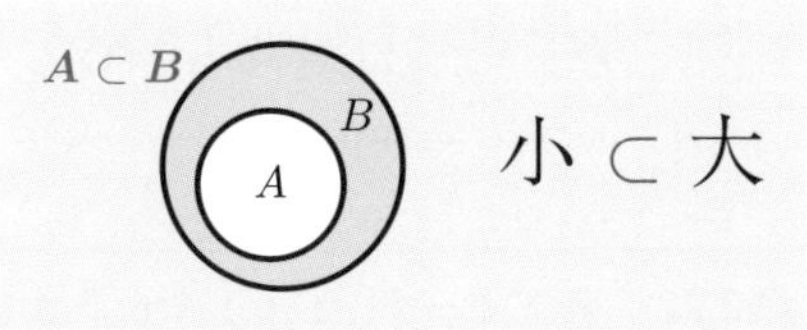

記号 $\subset, \supset$ は集合として大きい方に開いている．「集合 A が集合 B の部分集合でない」ときは，記号で「$A \not\subset B$」とかく．

例 2.8　自然数（natural number）全体の集合は $\{1, 2, 3, 4, 5, \ldots\}$ で，英語の頭文字をとって $\mathbb{N}$ で表す．正の偶数全体の集合は $\{2n \mid n \in \mathbb{N}\}$，正の奇数全体の集合は $\{2n - 1 \mid n \in \mathbb{N}\}$．また正の実数全体の集合は $\{x \mid x > 0\}$ などとかく．■

例 2.9 集合 $A=\{1,2,3,4\}$, $B=\{1,3,5\}$, $C=\{1,3\}$ について，集合 C は A の部分集合で $C\subset A$ だが，B の要素 $5\notin A$ だから $B\not\subset A$ である． ■

集合 A と B の両方に属する要素全体の集合を「集合 A と B の**交《まじ》わり**（**共通部分《きょうつうぶぶん》**）」といい，記号で「$A\cap B$」とかき，「A cap《キャップ》 B」とよぶ．これは記号 $\cap$ の形が cap に似ているからである．

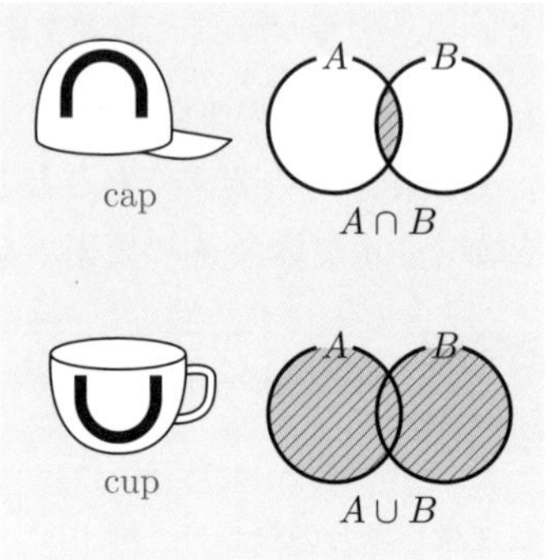

また，A と B の少なくとも一方に属する要素全体の集合を「集合 A と B の**結《むす》び**（**和集合《わしゅうごう》**）」といい，記号で「$A\cup B$」とかき，「A cup《カップ》 B」とよぶ．これは記号 $\cup$ の形が cup に似ているからである．

さらに，要素が 1 つもない集合を**空集合《くうしゅうごう》**といい $\emptyset$ で表す．空集合はどんな集合に対しても，その部分集合であるとする．

例 2.10 集合 $A=\{1,2,3,4\}$, $B=\{1,3,5\}$, $C=\{2,4,6\}$ について，$A\cap B=\{1,3\}$, $A\cup B=\{1,2,3,4,5\}$, $A\cap C=\{2,4\}$, $B\cap C=\emptyset$, $B\cup C=\{1,2,3,4,5,6\}$ である． ■

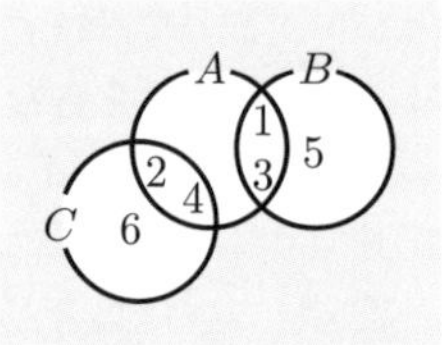

Let's TRY

問 2.22 集合 $A=\{1,2,3,4,5,6,7,8,9,10\}$, $B=\{1,3,6,9\}$, $C=\{2,4,8,16\}$ のとき，$A\cap B$, $A\cup B$, $A\cap C$, $A\cup C$, $B\cap C$, $B\cup C$ を求めよ．

考えている対象全体の集合を**全体集合《ぜんたいしゅうごう》**という．全体集合 U とその部分集合 A が与えられたとき，A に属さない U の要素全体の集合を，U に関する「A の**補集合《ほしゅうごう》**」といい，$\overline{A}$ とかき，「A バー」とよむ．

例 2.11 全体集合 $U=\{1,2,3,4,5\}$, $A=\{1,3,5\}$ のとき，$\overline{A}=\{2,4\}$ である． ■

補集合について，次が成り立つ．

2.19　補集合

U を全体集合，A, B をその部分集合とするとき，

$$A \cap \overline{A} = \emptyset, \quad A \cup \overline{A} = U, \quad \overline{\overline{A}} = A \ (\overline{\overline{A}} \text{ は } \overline{A} \text{ の補集合})$$

$$A \subset B \text{ ならば } \overline{A} \supset \overline{B}$$

集合について，次の法則が成り立つ．

2.20　ド・モルガンの法則

(1)　$\overline{A \cap B} = \overline{A} \cup \overline{B}$　　(2)　$\overline{A \cup B} = \overline{A} \cap \overline{B}$

図で確かめてみよう．

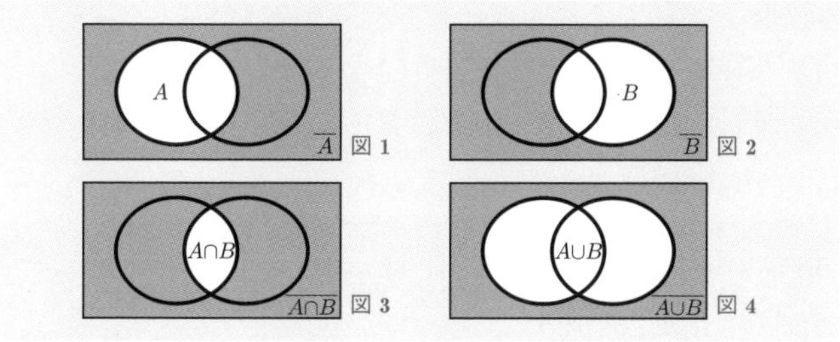

図 1 の水色部分が $\overline{A}$，図 2 の水色部分が $\overline{B}$ である．図 3 の水色部分が $\overline{A} \cup \overline{B}$ で $\overline{A \cap B}$ に等しい．図 4 の水色部分が $\overline{A} \cap \overline{B}$ で $\overline{A \cup B}$ に等しい．

例題 2.22　全体集合 U が 1 から 10 までの自然数，$A = \{1, 2, 3, 5, 8\}$，$B = \{1, 3, 6, 9\}$ とするとき，次の集合を求めよ．

(1)　$A \cap B$　　(2)　$A \cup B$　　(3)　$\overline{A}$　　(4)　$\overline{A} \cup \overline{B}$　　(5)　$\overline{A} \cap \overline{B}$

解　(1)　$A \cap B = \{1, 3\}$

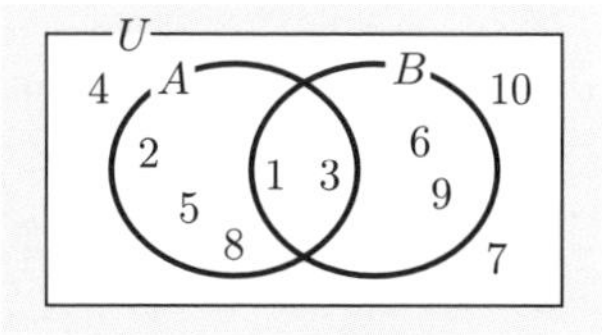

(2)　$A \cup B = \{1, 2, 3, 5, 6, 8, 9\}$

(3)　$\overline{A} = \{4, 6, 7, 9, 10\}$

(4)　$\overline{A} \cup \overline{B} = \overline{A \cap B}$

$= \overline{\{1, 3\}} = \{2, 4, 5, 6, 7, 8, 9, 10\}$　　⟵ ド・モルガンの法則

(5)　$\overline{A} \cap \overline{B} = \overline{A \cup B}$

$= \overline{\{1, 2, 3, 5, 6, 8, 9\}} = \{4, 7, 10\}$　　⟵ ド・モルガンの法則　■

Let's TRY

問 **2.23** 全体集合 U が 1 から 12 までの自然数，集合 A，B をそれぞれ $A = \{2, 4, 6, 8, 10\}$，$B = \{3, 5, 8, 10, 11\}$ とするとき，次の集合を求めよ．

(1) $A \cap B$ (2) $A \cup B$ (3) $\overline{A}$ (4) $\overline{A} \cup \overline{B}$ (5) $\overline{A} \cap \overline{B}$

ここで，有限個の要素を含む集合を**有限集合**《ゆうげんしゅうごう》，無限個の要素を含む集合を**無限集合**《むげんしゅうごう》という．集合 A が有限集合のとき，その要素の個数を $\boldsymbol{n(A)}$ とかく．

例 2.12 自然数全体の集合 $\mathbb{N}$ は無限集合である．また，例 2.7 は有限集合の例，例 2.8 は無限集合の例である． ■

例題 2.23 全体集合 U が 1 から 50 までの自然数，3 の倍数の集合を A，5 の倍数の集合を B とするとき，次の個数を求めよ．

(1) $n(A)$ (2) $n(\overline{A})$ (3) $n(B)$

(4) $n(A \cap B)$ (5) $n(A \cup B)$ (6) $n(\overline{A} \cup \overline{B})$

(7) $n(\overline{A} \cap \overline{B})$

解 (1) $50 \div 3 = 16$ 余り 2 より，$n(A) = 16$

(2) $n(\overline{A}) = n(U) - n(A)$

$= 50 - 16 = 34$ ←（$\overline{A}$の個数）=（全体の個数）$- n(A)$

(3) $50 \div 5 = 10$ より，$n(B) = 10$

(4) $A \cap B$ は 3 と 5 の最小公倍数 15 の倍数の集合だから

$50 \div 15 = 3$ 余り 5 より，$n(A \cap B) = 3$

(5) 集合 A と集合 B の個数を足すと，集合 $A \cap B$ の個数だけ重複するので

$$n(A \cup B) = n(A) + n(B) - n(A \cap B)$$

$$= 16 + 10 - 3 = 23$$

(6) $n(\overline{A} \cup \overline{B}) = n(\overline{A \cap B})$ ←ド・モルガンの法則

$= n(U) - n(A \cap B) = 50 - 3 = 47$

(7) $n(\overline{A} \cap \overline{B}) = n(\overline{A \cup B})$ ←ド・モルガンの法則

$= n(U) - n(A \cup B) = 50 - 23 = 27$ ■

要素の個数について次が成り立つ．

2.21　個数定理

有限集合 A, B の要素の個数について

$$n(A \cup B) = n(A) + n(B) - n(A \cap B)$$

$$n(\overline{A}) = n(U) - n(A) \quad (U \text{ は全体集合})$$

Let's TRY

問 2.24　全体集合 U が 1 から 100 までの自然数，3 の倍数の集合を A，4 の倍数の集合を B とするとき，次の個数を求めよ．

(1)　$n(A)$　　(2)　$n(\overline{A})$　　(3)　$n(A \cap B)$

(4)　$n(A \cup B)$　　(5)　$n(\overline{A} \cup \overline{B})$　　(6)　$n(\overline{A} \cap \overline{B})$

3 つの集合について♣　3 つの集合 A, B, C のすべてに属する要素全体の集合を，A, B, C の**共通**《きょうつう》**部**《ぶ》**分**《ぶん》といい，$A \cap B \cap C$ で表す．また，A, B, C の少なくとも一方に属する要素全体の集合を A, B, C の**和**《わ》**集合**《しゅうごう》といい，$A \cup B \cup C$ で表す．

例 2.13　$A = \{2, 4, 6, 8, 10\}$，$B = \{1, 4, 7, 10\}$，$C = \{4, 10, 16\}$ のとき，
$A \cap B \cap C = \{4, 10\}$，$A \cup B \cup C = \{1, 2, 4, 6, 7, 8, 10, 16\}$ ■

命題　正しいか正しくないか明確に判断できる文または式を**命題**《めいだい》という．命題が正しいとき，その命題は**真**《しん》であるといい，正しくないとき，その命題は**偽**《ぎ》であるという．

例 2.14　「$x < 0$ であるならば $x < 1$ である」は，「$x < 0$」を満たすすべての x について，「$x < 1$」が成り立つので真の命題である． ■

「ならば」を記号「$\Longrightarrow$」で表し，「$x < 0 \Longrightarrow x < 1$」などとかく．また，「$x < 0$」や「$x < 1$」を**条件**《じょうけん》という．条件 p について，「p ではない」という条件を「p の**否定**《ひてい》」といい，$\overline{p}$ とかく（$\overline{p}$ は「p バー」とよむ）．

例 2.15　条件「$a \geqq 0$」の否定は，「$a \geqq 0$ でない」すなわち「$a < 0$」である．n が自然数のとき，条件「n は奇数」の否定は，「n が偶数」である． ■

全体集合を U，条件 p を満たすもの全体の集合を P，条件 q を満たすもの全体の集合を Q とする．このとき，条件 p と条件 q を同時に満たすもの全体，すなわち「$\boldsymbol{p}$ **かつ** $\boldsymbol{q}$」を満たすもの全体の集合は，$P \cap Q$ である．また，「$\boldsymbol{p}$ **または** $\boldsymbol{q}$」を満たすもの全体の集合は，$P \cup Q$ である．ド・モルガンの法則より，$\overline{P \cap Q} = \overline{P} \cup \overline{Q}$，$\overline{P \cup Q} = \overline{P} \cap \overline{Q}$ であるから，「p かつ q」と「p または q」の否定について，次が成り立つ．

$$\overline{p \text{ かつ } q} \Longleftrightarrow \overline{p} \text{ または } \overline{q} \qquad \overline{p \text{ または } q} \Longleftrightarrow \overline{p} \text{ かつ } \overline{q}$$

例 2.16

条件「$x = 0$ かつ $y = 0$」の否定は，「$x \neq 0$ または $y \neq 0$」
条件「$x = 0$ または $y = 0$」の否定は，「$x \neq 0$ かつ $y \neq 0$」
条件「a, b は両方とも無理数」の否定は，「a, b の少なくとも一方は有理数」 ■

Let's TRY

問 **2.25** 次の条件の否定を述べよ．

(1) $a \neq 3$ かつ $b \neq 5$ (2) $x < -1$ または $x > 4$
(3) x, y は両方とも実数

命題 $p \Longrightarrow q$ について，p を**仮定**《かてい》，q を**結論**《けつろん》という．命題 $p \Longrightarrow q$ について，「$q \Longrightarrow p$」を命題の**逆**《ぎゃく》，「$\overline{p} \Longrightarrow \overline{q}$」を**裏**《うら》，「$\overline{q} \Longrightarrow \overline{p}$」を**対偶**《たいぐう》という．

例 2.17

真の命題「$x=1 \Longrightarrow x^2=1$」の逆は「$x^2=1 \Longrightarrow x=1$」で，$x=-1$ は $x^2=1$ を満たすが $x=1$ は満たさないので，偽である． ■

例 2.17 の $x = -1$ のように，命題が成り立たない例を**反例**《はんれい》という．

裏は「$x \neq 1 \Longrightarrow x^2 \neq 1$」で偽，反例は逆と同じ $x = -1$ のとき．対偶は「$x^2 \neq 1 \Longrightarrow x \neq 1$」で真である．

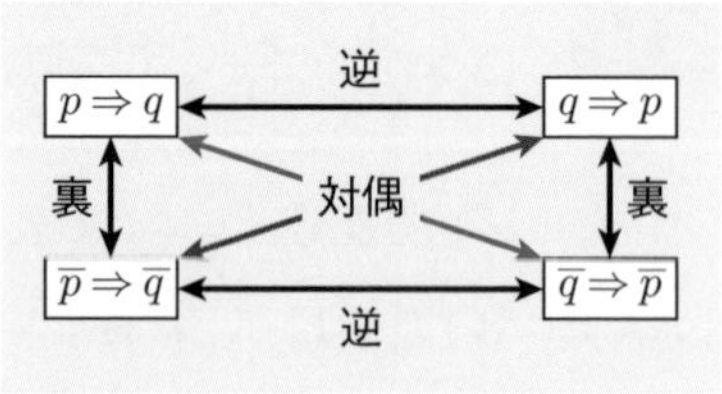

2.22 命題の真偽

「もとの命題と対偶」，「逆と裏」の真偽は一致する．

Let's TRY

問 **2.26**　次の命題とその逆，裏，対偶の真偽を判断し，偽である場合は反例をあげよ．

(1)　$x=-2 \Longrightarrow x^2=4$　　(2)　$a>2 \Longrightarrow a \geqq 2$

(3)　$xy=0 \Longrightarrow x=0$ または $y=0$

命題「$p \Longrightarrow q$」が真であるとき，q は p であるための**必要条件**《ひつようじょうけん》であるといい，p は q であるための**十分条件**《じゅうぶんじょうけん》であるという．

「$p \Longrightarrow q$」と「$p \Longleftarrow q$」がともに真であるとき，「$p \Longleftrightarrow q$」とかき，q は p（p は q）であるための**必要十分条件**《ひつようじゅうぶんじょうけん》（p と q は**同値**《どうち》）であるという．

真の命題「$x=1 \Longrightarrow x^2=1$」について，$x^2=1$ は $x=1$ であるための必要条件，$x=1$ は $x^2=1$ であるための十分条件である．

真の命題「$x<0$ である　$\Longrightarrow$　$x<1$ である」を図示してみよう．

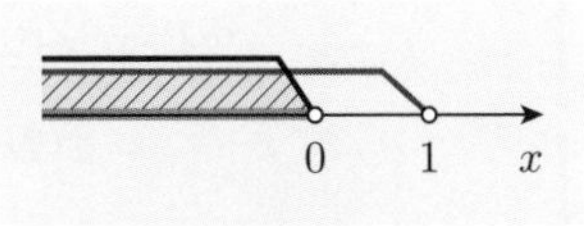

ここで，条件 p：「$x<0$」を満たす集合を $P=\{x \mid x<0\}$，条件 q：「$x<1$」を満たす集合を $Q=\{x \mid x<1\}$ とかくと，集合 P は集合 Q の部分集合，$P \subset Q$ である．

一般に次のことが成り立つ．

2.23　**命題と集合**

命題 $p \Longrightarrow q$ が真　$\Longleftrightarrow$　$P \subset Q$

Let's TRY

問 **2.27**　次の □ に当てはまるものを「必要条件，十分条件，必要十分条件，必要でも十分でもない条件」から選んで答えよ．ただし，a, b, x, y は実数．

(1)　$x^2=4$ は $x=2$ であるための □ である．

(2)　$ab=0$ は $a^2+b^2=0$ であるための □ である．

(3)　「$x \neq 0$ かつ $y \neq 0$」は $xy \neq 0$ であるための □ である．

(4)　$|x|<1$ は $x<1$ であるための □ である．

背理法　数学上のある事柄を証明したいときに「その事柄が正しくないと仮定すると矛盾が起きる」ことを示せば，証明されたことになる．このような証明法を**背理法**《はいりほう》とよぶ．

例題 2.24 自然数 m, n に対し mn が偶数（2 の倍数）であれば，m または n は偶数となることを背理法により示せ．

解く前に 数学において「A または B は ○○○ である」とは「A か B の少なくとも一方は ○○○ である」ことを意味し，「A も B も ○○○ である」場合も含まれる．

証明 mn が偶数だが，m も n も偶数ではないと仮定すると，ともに奇数となるので

$$m = 2k + 1, \quad n = 2k' + 1 \quad (k,\, k' \text{ は } 0 \text{ 以上の整数})$$

と表される．このとき

$$\begin{aligned} mn &= (2k+1)(2k'+1) = 4kk' + 2k + 2k' + 1 \\ &= 2(2kk' + k + k') + 1 \end{aligned}$$

だから mn を 2 で割ると余りが 1 となり，mn は奇数となるので矛盾が起きる．したがって m または n は偶数となる． ■

例題 2.25 ♣ $\sqrt{2}$ は無理数であることを背理法により示せ．

証明 $\sqrt{2}$ は無理数ではない，つまり有理数であると仮定して次のようにおく．

$$\sqrt{2} = \frac{m}{n} \quad (m, n \text{ は自然数，} n \neq 0)$$

できる限り分子と分母を約分することにより，m と n の最大公約数は 1 であるとしてよい．$m = \sqrt{2}n$ より両辺を 2 乗して $m^2 = 2n^2 \quad \cdots①$

m^2 は偶数となり，例題 2.24 の結果から m も偶数となる．そこで

$$m = 2k \quad (k \text{ は自然数})$$

とおき①へ代入する．$4k^2 = 2n^2$, $n^2 = 2k^2$ より n^2 は偶数となり，例題 2.24 の結果から n も偶数となる．よって m, n は 2 を公約数にもち，最大公約数が 1 であることに矛盾する．したがって $\sqrt{2}$ は無理数である． ■

■**注意** 一般に $\sqrt{m}$（m は自然数）は，$m = n^2$ を満たす自然数 n が存在しない限り無理数となることが知られている．特に m が素数のときは $\sqrt{m}$ は無理数となる．

2.4 等式・不等式の証明

等式の証明　与えられた等式（左辺）＝（右辺）が成り立つことを示すには，次のような方法がある．

2.24 等式の証明

(1)　（左辺）$= \cdots$（変形）$\cdots =$（右辺）　　$\therefore$　（左辺）＝（右辺）

左辺（または右辺）の式を変形し，右辺（または左辺）の式を導く．

(2)　（左辺）$= \cdots$（変形）$\cdots = ☆$
（右辺）$= \cdots$（変形）$\cdots = ☆$　　$\therefore$　（左辺）＝（右辺）

左辺および右辺の式を変形し，同じ☆の式を導く．

(3)　（左辺）$-$（右辺）$= \cdots = 0$　　$\therefore$　（左辺）＝（右辺）
（または（右辺）$-$（左辺）$= \cdots = 0$）

[（左辺）＝（右辺）　$\Longleftrightarrow$　（左辺）$-$（右辺）$= 0$] だから，
（左辺）$-$（右辺）が 0 になることを導く．

例題 2.26　次の等式を証明せよ．

(1)　$(a+b)^2 + (a-b)^2 = 2(a^2+b^2)$

(2)　$a+b+c=0$ のとき，$a^2+b^2+c^2 = -2(ab+bc+ca)$

(3)　$a:b=c:d$ のとき，$\dfrac{a+c}{b+d} = \dfrac{a-c}{b-d}$

解く前に　(3)　$a{:}b=c{:}d$ より $\dfrac{a}{b}=\dfrac{c}{d}=$（一定の値）になるから，比例式$=k$ とおく．

証明　(1)　（左辺）$-$（右辺）$= (a+b)^2 + (a-b)^2 - 2(a^2+b^2)$

$$= a^2 + 2ab + b^2 + a^2 - 2ab + b^2 - 2a^2 - 2b^2$$

$$= 0$$

よって（左辺）＝（右辺）

(2)　$a+b+c=0$ より $c = -(a+b)$ に注意して

$$
\begin{aligned}
(\text{左辺}) &= a^2+b^2+\{-(a+b)\}^2 \\
&= a^2+b^2+(a+b)^2 \\
&= a^2+b^2+a^2+2ab+b^2 \\
&= 2(a^2+ab+b^2)
\end{aligned}
\qquad
\begin{aligned}
(\text{右辺}) &= -2\{ab+c(a+b)\} \\
&= -2\{ab-(a+b)(a+b)\} \\
&= -2(ab-a^2-2ab-b^2) \\
&= 2(a^2+ab+b^2)
\end{aligned}
$$

よって (左辺) = (右辺)

(3) $\frac{a}{b}=\frac{c}{d}=k$ とおくと $a=kb,\ c=kd$ である．

$$(\text{左辺})=\frac{kb+kd}{b+d}=\frac{k(b+d)}{b+d}=k,\quad (\text{右辺})=\frac{kb-kd}{b-d}=\frac{k(b-d)}{b-d}=k$$

よって (左辺) = (右辺) ■

Let's TRY

問 **2.28** 次の等式を証明せよ．

(1) $(a^2+b^2)(x^2+y^2)=(ax+by)^2+(ay-bx)^2$

(2) $a:b=c:d$ のとき，$(a^2+c^2)(b^2+d^2)=(ab+cd)^2$

不等式の証明 与えられた不等式 (左辺) $\geqq$ (右辺) が成り立つことを示すには，(左辺) $\geqq$ (右辺) $\iff$ (左辺) − (右辺) $\geqq 0$ だから，(左辺) − (右辺) $\geqq 0$ が成り立つことを示せばよい．

例題 2.27 次の不等式を証明せよ．また，等号が成り立つときを調べよ．

$$x^2+4 \geqq 4x$$

証明 (左辺) − (右辺) $= x^2+4-4x=(x-2)^2 \geqq 0$ 　　⟵ (実数)$^2 \geqq 0$

よって (左辺) $\geqq$ (右辺)

ここで等号が成り立つのは $x=2$ のときである． ■

■注意 「等号が成り立つ」とは，「(左辺) = (右辺) が成り立つ」ときをいう．例題では，(左辺) = (右辺) は $(x-2)^2=0$ だから，$x-2=0$ つまり $x=2$ のときに等号が成り立つ．

Let's TRY

問 **2.29** 次の不等式を証明せよ．また，(1) については，等号が成り立つときを調べよ．

(1) $a^2+b^2 \geqq 2ab$ 　　(2) $x>y>0$ のとき $\dfrac{x-1}{x}>\dfrac{y-1}{y}$

$\dfrac{a+b}{2}$ を**相《そう》加《か》平均《へいきん》**，$\sqrt{ab}$ を**相《そう》乗《じょう》平均《へいきん》**という．

2.25　相加平均・相乗平均の関係

$a \geqq 0,\, b \geqq 0$ のとき $\dfrac{a+b}{2} \geqq \sqrt{ab}$（等号が成り立つのは $a=b$ のとき，かつそのときに限る）

■**注意**　両辺を 2 倍した $a+b \geqq 2\sqrt{ab}$ もよく使う．

証明　$(\text{左辺})-(\text{右辺}) = \dfrac{a+b}{2} - \sqrt{ab}$

$$= \frac{a+b-2\sqrt{ab}}{2} = \frac{\left(\sqrt{a}-\sqrt{b}\right)^2}{2} \geqq 0 \quad \longleftarrow (\text{実数})^2 \geqq 0$$

よって（左辺）$\geqq$（右辺）

等号が成り立つのは $\sqrt{a}-\sqrt{b}=0 \iff \sqrt{a}=\sqrt{b}$．つまり $a=b$ のとき．■

相加平均・相乗平均の関係 **2.25** を利用して，次の例題を考えてみよう．

例題 2.28　$a>0$ のとき，不等式 $a+\dfrac{1}{a} \geqq 2$ を証明せよ．また，等号が成り立つときを調べよ．

証明　$a>0$ だから相加平均・相乗平均の関係より

$$a+\frac{1}{a} \geqq 2\sqrt{a\frac{1}{a}} = 2\sqrt{1} = 2 \quad \text{よって} \quad a+\frac{1}{a} \geqq 2$$

等号が成り立つのは $a=1$ のとき．　$\longleftarrow$ $a=\frac{1}{a} \iff a^2=1$ だから $a>0$ より $a=1$　■

Let's TRY

問 **2.30**　$a>0,\, b>0$ のとき，不等式 $\dfrac{b}{a}+\dfrac{a}{b} \geqq 2$ を証明せよ．また，等号が成り立つときを調べよ．

第2章　演習問題A

1　次の方程式，連立方程式，不等式，連立不等式を解け．

(1)　$x^3-3x+2=0$　　(2)　$x^4-5x^2+4=0$

(3)　$\begin{cases} x+y=3 \\ y+z=5 \\ z+x=6 \end{cases}$　　(4)　$\begin{cases} x+2y=9 \\ xy=10 \end{cases}$

(5)　$2x^2-x+3<0$　　(6)　$-x^2-2x+5<0$

(7)　$\begin{cases} (x-1)(x+2)>0 \\ (x-2)(x-6)<0 \end{cases}$　　(8)　$\begin{cases} |2-x|<3 \\ |3x+1| \leqq 7 \end{cases}$

2　次の2次方程式について，実数解をもつように m の値の範囲を求めよ．

$$x^2-2x+m-3=0$$

3　2次方程式 $2x^2-x+4=0$ の2つの解を α, β とするとき，次の2つの数を解にもつ2次方程式を作れ．

(1)　$2\alpha,\ 2\beta$　　(2)　$\dfrac{1}{\alpha},\ \dfrac{1}{\beta}$　　(3)　$\alpha^2,\ \beta^2$

4　次の式が x についての恒等式になるように，定数 a, b, c の値を定めよ．

(1)　$2x^2-5x+4=a(x-1)^2+b(x-1)+c$

(2)　$\dfrac{7x-5}{(x+1)(x-5)}=\dfrac{a}{x+1}+\dfrac{b}{x-5}$

5　直角三角形の周の長さが30 cm，面積が30 cm^2 であるという．この直角三角形の3辺の長さを求めよ．

解く前に　対称式．斜辺を z，その他の辺を x, y とおいて，三平方の定理を用いてみよ．

6　ある年代100人についてアンケートを実施したところ，A社の携帯電話をもつ人数が43，A社とB社の携帯電話を両方もつ人数が16，A社とB社の携帯電話を両方とももたない人数が25であったという．このときB社の携帯電話をもつ人数を求めよ．

第 2 章　演習問題 B

7　次の高次方程式と高次不等式を解け．

(1)　$x^3 - x^2 + x - 6 = 0$　　(2)　$x^4 + x^2 + 1 = 0$

(3)　$x^4 - 13x^2 + 36 > 0$　　(4)　$x^4 - 1 < 0$

(5)　$x^4 - 6x^3 + 9x^2 + 4x - 12 \leqq 0$　　(6)　$x^4 - x^2 - 20 > 0$

8　3 次方程式 $x^3 - 1 = 0$ の 1 以外の解を ω とする．このとき次の問いに答えよ．

(1)　ω^2 が $x^3 - 1 = 0$ の解になることを示せ．

(2)　$(\omega^2 + \omega + 1)^{10} + (\omega^2 + \omega - 1)^{10}$ の値を求めよ．

9　直方体の一辺の長さが x cm，他の辺がそれぞれ $(x - 1)$ cm, $(x + 2)$ cm である．この直方体の体積が $8\,\mathrm{cm}^3$ 以下になるような x の値の範囲を求めよ．

10　次の 2 次不等式を解け．ただし a は実数である．

$$x^2 - (a + 1)x + a < 0$$

11　3 次方程式 $x^3 - px^2 + 3x - q = 0$ の 2 つの解が 1, -2 である．このとき定数 p, q の値を定め，残りの解を求めよ．

12　背理法を用いて次の事柄を証明せよ．

(1)　a を有理数，b を無理数とすると，$a + b$ は無理数である．

(2)　さらに $a \neq 0$ のときは，ab も無理数である．

13　次の等式と不等式を証明せよ．

(1)　$a^2(b - c) + b^2(c - a) + c^2(a - b) = -(a - b)(b - c)(c - a)$

(2)　$a^2 + b^2 + c^2 \geqq ab + bc + ca$

(3)　$|a| - |b| \leqq |a + b| \leqq |a| + |b|$　（この不等式を**三角《さんかく》不《ふ》等式《とうしき》**という）

(4)　$x > 0,\ y > 0$ のとき $\left(x + \dfrac{1}{y}\right)\left(y + \dfrac{1}{x}\right) \geqq 4$

3 関数とグラフ

この章では，1 次関数を基礎として，2 次関数，分数関数，無理関数およびべき関数を扱う．3.1 節は中学校の復習がほとんどであるが，特に平行移動については 3.1 節以降も重要になるのでしっかりと学んでほしい．

3.1 1 次 関 数

ここでは，中学校ですでに習った 1 次関数について復習しながら，2 年や 3 年で習う関数も含んだ，より一般の関数を扱うための準備をする．

独立変数と従属変数　「ある数 x にある数 y をただ 1 つ対応させる規則」が定まるとき，その対応の規則を**関数《かんすう》**という．例えば，その対応の規則が「x の 1 次式」で表せるとき，「y は x の 1 次関数である」という．具体的には，「x の 1 次関数 $y = 2x + 1$」あるいは y を省略して対応の規則そのものに着目し，「x の 1 次関数 $2x + 1$」という．

文字 x にはさまざまな数を独立に代入するので，文字 x を**独立変数《どくりつへんすう》**とよび，いったん x に数を代入すると（それに従って）y の値が定まるので文字 y を**従属変数《じゅうぞくへんすう》**とよぶ．

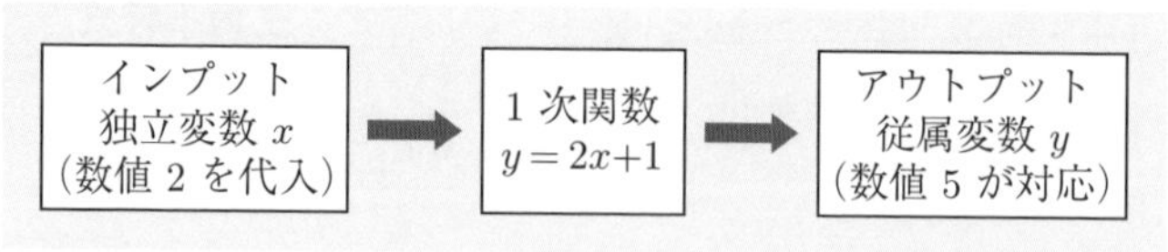

■**注意**　独立変数や従属変数に用いる文字は自由に選ぶことができる．例えば，基準点から正の向きに 1 m 離れた点を出発して，速さ 2 m/秒で等速直線運動をする物体の t 秒後の位置を x m とすると，t を独立変数，x を従属変数として $x = 2t + 1$ と表せる．

Let's TRY

問 3.1　次の 1 次関数を，独立変数 x，従属変数 y を用いてかきかえよ．ただし (1) では a，(2) では t，(3) では q が独立変数である．

(1)　$b = a + 3$　　(2)　$s = -2t - 3$

(3)　$p = \dfrac{q}{c} + d^2$（c と d は定数で $c \neq 0$）

関数記号 $f(x)$　次に，関数に「名前」をつけることを考えよう．例えば，「x の 1 次関数 $f(x) = 2x + 1$」と表記する方法がある．この場合，f が関数の「名前」である．「名前」をつけるだけならば，後の (　) は余分に感じるかもしれないが，$f(2)$ などと表記したら，x に 2 を代入すること，すなわち

$$f(2) = 2(2) + 1 = 2 \cdot 2 + 1 = 5$$

を意味する．

例 3.1　$f(x) = x^2 - 2x$ のとき

$$f(3) = 3^2 - 2 \cdot 3 = 3, \quad f(a) = a^2 - 2a$$

$g(x) = x(x + 1)$ のとき

$$g(1) = 1 \cdot (1 + 1) = 2$$

$$g(x - 1) = (x - 1)\{(x - 1) + 1\} = (x - 1)x$$

■

■**注意**　このように，便宜上，1 次関数にアルファベット 1 文字を用いて名前をつけるため，同じ 1 次関数でもさまざまな表記が考えられる．例えば，x の 1 次関数

$$g(x) = 2x + 1, \quad F(x) = 2x + 1, \quad y(x) = 2x + 1, \ \ldots$$

などである．これらの表記に現れる $g(x)$, $F(x)$, $y(x)$ などを**関数《かんすう》記号《きごう》**という．一般的に，関数に「名前をつける」ときは，f を用いることが多い．これは関数を表すラテン語 functio の頭文字に由来している．

Let's TRY

問 3.2　次の 1 次関数 f, g, p について，それぞれ $f(2)$, $g(a)$, $p(-cd^2)$ の値を求めよ．ただし c, d は定数で $c \neq 0$ とする．

(1)　$f(x) = x + 3$　　(2)　$g(x) = -2x - 3$　　(3)　$p(x) = \dfrac{x}{c} + d^2$

関数記号を用いて1次関数を表記する場合には，従属変数 y を明記して，x の1次関数 $y=f(x)$, $f(x)=2x+1$ と関数記号を用いて書くことがある．

Let's TRY

問 3.3　$y=f(x)$ を（独立変数 x，従属変数 y の）1次関数とする．次のそれぞれの場合について $f(x)$ を求めよ．ただし c, d は定数で $c \neq 0$ とする．

(1)　$f(0)=3,\ f(1)=4$　　(2)　$f(-1)=-1,\ f(-2)=1$

(3)　$f(-cd^2)=0,\ f(c)=1+d^2$

解く前に　1次関数なので $f(x)=ax+b$ とおいて，定数 a, b を決定する．

関数のグラフ　座標平面（xy 平面）については，すでに学んだが，簡単に復習しておこう．まず，平面上の1点で垂直に交わる数直線を準備し，横軸は x 軸，縦軸は y 軸とし，その交点を**原点**《げんてん》とよびOで表す．

この平面上の点は，x 軸と y 軸のそれぞれに垂線を下ろして数直線の目盛りをよむことにより，2つの数字の組合せで表すことができる．例えば，図の点Pについては，数の組 $(2,1)$ で表すことができて，最初の数2を点Pの ***x* 座標**《ざひょう》，2番目の数1を点Pの ***y* 座標**《ざひょう》，$(2,1)$ を点Pの**座標**《ざひょう》とよぶ．またP$(2,1)$ と表記すれば，点Pの座標が $(2,1)$ であることを意味する．したがって，原点はO$(0,0)$ となる．

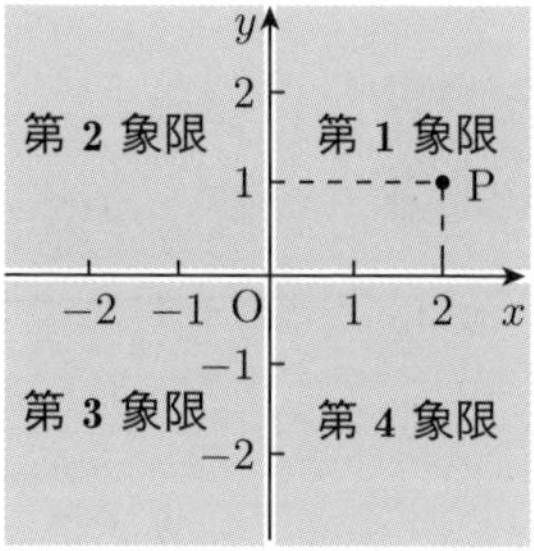

xy 平面

座標平面から x 軸と y 軸の2本の**座標軸**《ざひょうじく》を除くと，平面は4つの部分にわけられる．x 座標も y 座標も正の数からなる点の集まりである右上4分の1の部分を**第**《だい》**1象限**《しょうげん》とよび，そこから順次反時計回りに**第**《だい》**2象限**《しょうげん》，**第**《だい》**3象限**《しょうげん》，**第**《だい》**4象限**《しょうげん》とする．

■注意

① 第1象限，第2象限などの場合，x 軸や y 軸上の点は含まれない．したがって，x 軸や y 軸上の点は，原点も含めてどの象限にも入らない．

② xy 平面をかく際には，(i) 原点O，(ii) 各座標軸の方向に矢印と x, y を省略せず，必ず記入する習慣をつけてほしい．

例えば，1次関数 $y=2x+1$ のグラフを考えよう．中学校で学んだように，この関数のグラフは傾きが2（横に1進んだとき2上がる）で y 切片が1（y 軸の目盛りが1のところで y 軸と交わる）の直線だから，次のようなグラフとなる．

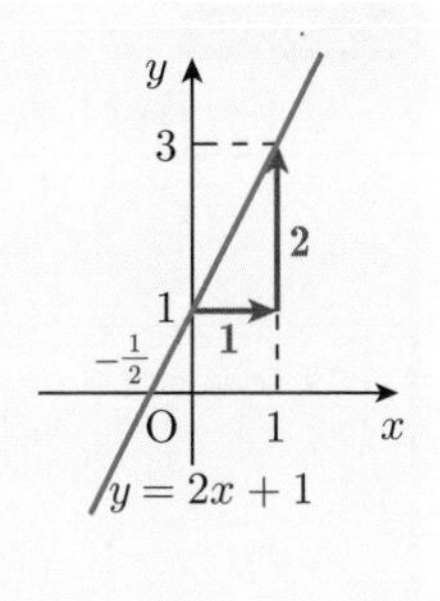

このように「1次関数 $y=f(x)=2x+1$」すなわち「数 x に対してその値を2倍して1足した値 $y=f(x)$ を対応させる規則」を満たす点 $(x,y)=(x,f(x))$ 全体の集合を図として表示したものがこの**関数《かんすう》のグラフ**である．

一方で，xy 平面上の直線（グラフ）が与えられたとき，その**直線《ちょくせん》**（グラフ）**の方程式《ほうていしき》**とは，直線（グラフ）上の点 (x,y) が満たす方程式のことだから，図で与えられた直線の方程式としては，① $y=2x+1$，② $x=\frac{1}{2}(y-1)$，③ $y-2x-1=0$ あるいは ④ $y-2x=1$ のいずれの形でもよい．直線の傾きや y 切片を読み取るには①の形が最も適しており，もとの関数の表示とも一致している．

Let's TRY

問 **3.4**　次の問いに答えよ．

(1)　1次関数 $f(x)=x-1$ のグラフを xy 平面にかけ．

(2)　1次関数 $f(x)=-x+1$ のグラフを xz 平面にかけ（z を従属変数とする）．

(3)　1次関数 $f(t)=-t-1$ のグラフを ts 平面にかけ（s を従属変数とする）．

(4)　xy 平面上の傾きが2で原点を通る直線の方程式を次の①〜⑤から選べ．

① $z=2x$　② $y-2x=0$　③ $x=\dfrac{1}{2}y$　④ $y-2x=1$　⑤ $y=2x+1$

平行移動　この節では，グラフの平行移動について考察する．次の公式が成り立つ．グラフを移動するかわりに，x 軸と y 軸を移動すると考えると直観的にわかりやすい．

3.1　平行移動 [I]

関数 $y=f(x)$ のグラフを，x 軸方向に p，y 軸方向に q だけ平行移動したグラフの方程式は，移動前の方程式で

$$x\to x-p,\quad y\to y-q\quad（符号に注意）$$

とおきかえて得られた式，すなわち $y-q=f(x-p)$ となる．

3.1 の証明　$y=f(x)$ のグラフ上の点 $(x,\ y)$ を x 軸方向に p，y 軸方向に q だけ平行移動した点を $(X,\ Y)$ とすると次が成り立つ．

$$x+p=X,\ y+q=Y \to x=X-p,\ y=Y-q \quad \cdots①$$

一方で，点 $(x,\ y)$ は $y=f(x)$ のグラフ上の点だから，方程式 $y=f(x)$ が成り立っているので，この方程式に①を代入して，

$$Y-q=f(X-p)$$

が成り立つ．$(X,\ Y)$ を $(x,\ y)$ と書き直せば，

$$y-q=f(x-p)$$

を得る．■

例 3.2　直線 $y=2x+1$ のグラフについて

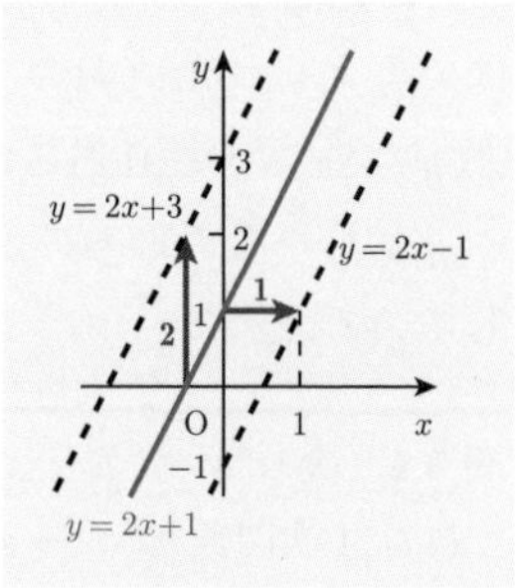

(1)　y 軸方向に 2 平行移動したクラフの方程式は，

$y \to y-2$（元の式の y に $y-2$ を代入して）

$y-2=2x+1$ より $y=2x+3$

(2)　x 軸方向に 1 平行移動したクラフの方程式は，

$x \to x-1$（元の式の x に $x-1$ を代入して）

$y=2(x-1)+1=2x-2+1$ より

$y=2x-1$

(3)　x 軸方向に 1，y 軸方向に 2 平行移動したクラフの方程式は，

$x \to x-1,\ y \to y-2$ と置き換えて

$y-2=2(x-1)+1=2x-2+1$ より $y=2x+1$

※傾き 2 の直線に沿って平行移動したので元と同じ！■

3.2　平行移動［II］

移動後の点 (X,Y)		逆に解く		X,Y を x,y でおきかえて
$X=x+p$ $Y=y+q$	⟶	$x=X-p$ $y=Y-q$	⟶	$x \to x-p$ $y \to y-q$ を代入 （公式の右辺）

例 3.3　傾きが 2 で点 (1, 3) を通る直線は，原点を通る傾き 2 の直線 $y = 2x$ を x 軸方向に 1，y 軸方向に 3 だけ平行移動した直線だから，その方程式は $y - 3 = 2(x - 1)$ より

$$y = 2x + 1$$ ■

3.3　平行移動の応用（傾きと通る点がわかっている場合の直線の方程式）

傾きが a で点 $(p,\ q)$ を通る直線は

$$y - q = a(x - p)$$

Let's TRY

問 3.5　傾きが -3 で，点 $(-1, 2)$ を通る直線の方程式を求めよ．

例題 3.1　次の方程式で与えられた直線を x 軸方向に -2，y 軸方向に 1 だけ平行移動した直線の方程式を求めよ．

(1)　$y = 3x + 1$　　(2)　$x + y - 1 = 0$

解く前に　移動後の直線上の点 (x, y) をもとに引き戻すと，$(x+2, y-1)$ となるので，もとの式で $x \to x+2$, $y \to y-1$ とおきかえてやればよい．

解　(1)　$(y-1) = 3(x+2) + 1$　より　$y = 3x + 8$

(2)　$(x+2) + (y-1) - 1 = 0$　より　$y = -x$ ■

Let's TRY

問 3.6　次の方程式で与えられた直線を x 軸方向に 3，y 軸方向に -2 だけ平行移動した直線の方程式を求めよ．

(1)　$y = -x + 1$　　(2)　$x + 2y - 2 = 0$　　(3)　$x = -3y + 2$

(4)　$y = -1$　　(5)　$x = -1$

対称移動　対称移動も平行移動と同様の考え方で対処できる．

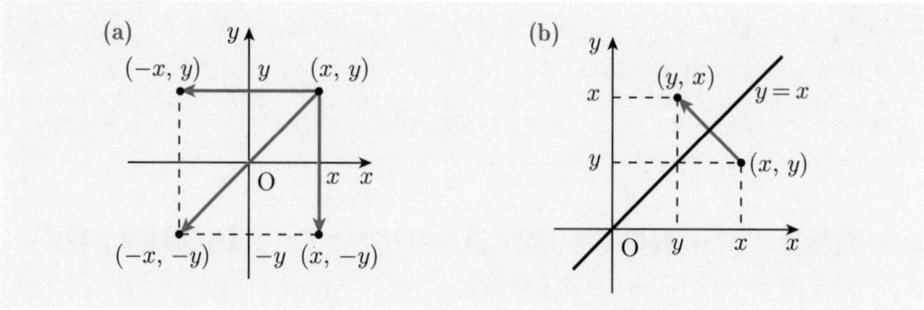

図 (a) から次のことがわかる．

① x 軸に関する対称移動では　点 (x, y)　が　点 $(x, -y)$　に移る．

② y 軸に関する対称移動では　点 (x, y)　が　点 $(-x, y)$　に移る．

③ 原点に関する対称移動では　点 (x, y)　が　点 $(-x, -y)$　に移る．

図 (b) から次のことがわかる．

④ 直線 $y = x$ に関する対称移動では　点 (x, y)　が　点 (y, x)　に移る．

操作（移動）方法	移動後の点 (x, y)	もとの式に代入
① x 軸に関する対称移動	$(X, Y) = (x, -y)$	$(x, y) = (X, -Y)$ より $x \to x$ $y \to -y$
② y 軸に関する対称移動	$(X, Y) = (-x, y)$	$(x, y) = (-X, Y)$ より $x \to -x$ $y \to y$
③ 原点に関する対称移動	$(X, Y) = (-x, -y)$	$(x, y) = (-X, -Y)$ より $x \to -x$ $y \to -y$
④ 直線 $y = x$ に関する対称移動	$(X, Y) = (y, x)$	$(x, y) = (Y, X)$ より $x \to y$ $y \to x$

対称移動した点をもとに戻すための逆の操作はもとと同じ対称移動である．

■**注意**　点 (x, y) を y 軸に関して対称移動すると y 座標は変わらないことを強調するために，表では不要と思われる $y \to y$ も表記している．その他についても同様である．

回転移動と拡大・縮小♣　次に，原点のまわりでの 90° 回転について考察する．図から次のことがわかる．

⑤　反時計回りの 90° 回転（図 (c)）では　点 (x, y)　が　点 $(-y, x)$　に移る．

時計回りの 90° 回転（図 (d)）では　点 (x, y)　が　点 $(y, -x)$　に移る．

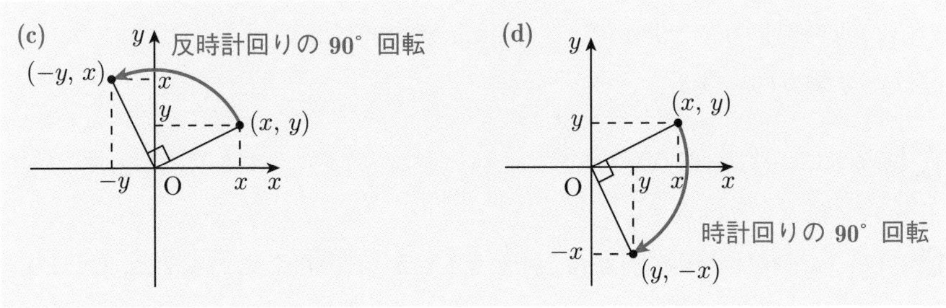

次に，拡大・縮小について考察する．

⑥　x 軸方向に a 倍する操作とは，x 座標だけを a 倍する操作である．もとに戻すには，x 軸方向に $\dfrac{1}{a}$ 倍する．

⑦　y 軸方向に b 倍する操作とは，y 座標だけを b 倍する操作である．もとに戻すには，y 軸方向に $\dfrac{1}{b}$ 倍する．

以上の考察から次の表を得る．移動する前のグラフの方程式において，表の 1 番右側のおきかえをすれば，移動後のグラフの方程式が求められる．

操作（移動）方法	移動後の点 (X, Y)	もとの式に代入
⑤　原点のまわりでの 反時計回りの 90° 回転	$(X, Y) = (-y, x)$	$(x, y) = (Y, -X)$ より $x \to y$ $y \to -x$
⑥　x 軸方向に a 倍 $(a \neq 0)$	$(X, Y) = (ax, y)$	$(x, y) = (\frac{X}{a}, Y)$ より $x \to \dfrac{1}{a}x$
⑦　y 軸方向に b 倍 $(b \neq 0)$	$(X, Y) = (x, by)$	$(x, y) = (X, \frac{Y}{b})$ より $y \to \dfrac{1}{b}y$

例 3.4　直線 $y = x + 1$ を x 軸に関して対称移動した直線の方程式は，x はそのままで y の符号が変わるので，$-y = x + 1$ より $y = -x - 1$　■

例題 3.2　直線 $y=2x$ に次の (1)〜(7) のような操作を施したとき，(1)〜(7) のそれぞれの場合について移動後の直線の方程式を求めよ．

(1)　x 軸に関する対称移動　　(2)　y 軸に関する対称移動
(3)　原点に関する対称移動　　(4)　直線 $y=x$ に関する対称移動
(5)　反時計回りの 90° 回転　　(6)　x 軸方向に 3 倍
(7)　y 軸方向に 3 倍

解く前に　移動後の点を (X,Y) とおいて，(x,y) を用いて表示し，逆に解いて何を代入すればよいか考える．

解　(1)　x 軸対称移動で，点 (x,y) が点 (X,Y) に移動したとすると，$(X,Y)=(x,-y)$．これを逆に解くと，$(x,y)=(X,-Y)$ より $x\to x$, $y\to -y$ と代入すればよいことがわかるので，$(-y)=2x$ より $y=-2x$

以下同様に考えて（前ページの表も参照）

(2)　$y=2(-x)$　　より　$y=-2x$

(3)　$-y=2(-x)$　　より　$y=2x$

(4)　$x=2y$　　より　$y=\dfrac{1}{2}x$

(5)　$-x=2y$　　より　$y=-\dfrac{1}{2}x$

(6)　$y=2\dfrac{x}{3}$　　より　$y=\dfrac{2}{3}x$

(7)　$\dfrac{y}{3}=2x$　　より　$y=6x$　■

Let's TRY

問 3.7　次の (1)〜(6) の操作を直線 $-3x+y+1=0$ に施したとき，それぞれの場合について操作後の直線の方程式を求めよ．

(1)　x 軸に関する対称移動　　(2)　y 軸に関する対称移動
(3)　原点に関する対称移動　　(4)　直線 $y-x$ に関する対称移動
(5)　反時計回りの 90° 回転　　(6)　x 軸方向に $\dfrac{1}{2}$ 倍

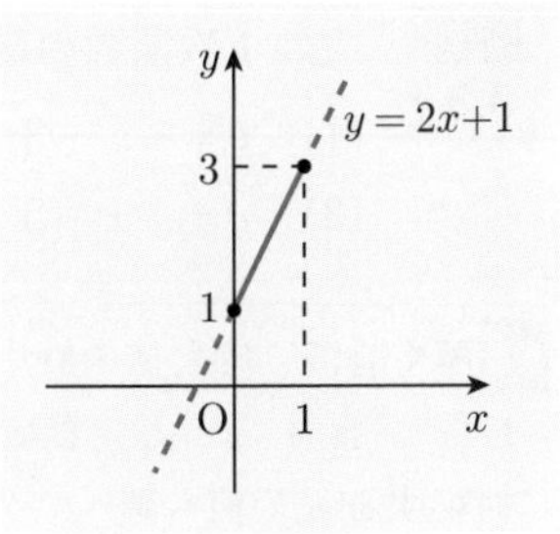

1 次関数の最大値・最小値　関数を考えるとき，例えば

$$y = 2x + 1 \quad (0 \leqq x \leqq 1)$$

などと独立変数 x のとり得る値の範囲を限定して考えることがある．このときは，グラフ（右図）をかけば，最大値が 3（$x = 1$ のとき）で最小値が 1（$x = 0$ のとき）であることがわかる．

関数 $y = f(x)$ において，独立変数 x のとり得る値の範囲を**定義域**《ていぎいき》という．上の例で挙げた関数 $y = 2x + 1$（$0 \leqq x \leqq 1$） について，定義域は $0 \leqq x \leqq 1$ である．

これに対して，対応する従属変数 y のとり得る値の範囲を**値域**《ちいき》という．値域は，グラフをかいてみれば「y の値 = 高さ」がどの値の範囲をとり得るかでみることができる．例えば，関数 $y = 2x+1$（$0 \leqq x \leqq 1$）では，定義域が $0 \leqq x \leqq 1$ なので，この範囲でグラフ（下図）をかくと，値域は $1 \leqq y \leqq 3$ であることがわかる．

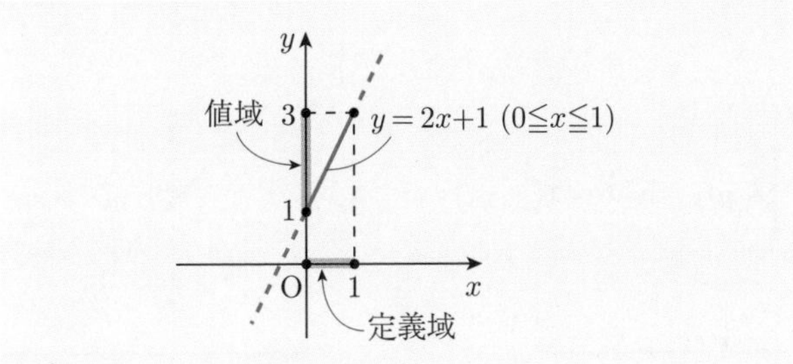

■**注意**　x の範囲が何も指定されていない場合は，関数 $f(x)$ が定義できる最も広い範囲を定義域として考える．例えば $y = 2x + 1$ であれば，x の範囲について何も指定がないので定義域は「すべての実数」となる（複素数まで範囲を広げると平面グラフを考えることができない）．このとき y はあらゆる値をとり得るので値域も「すべての実数」となる．

例題 3.3　次の1次関数の最大値・最小値および値域を求めよ．

(1)　$y=-x+3\ (-1 \leqq x \leqq 1)$　　(2)　$f(x)=-x+3\ (-1<x \leqq 1)$

(3)　$y=-x+3\ (-1 \leqq x<1)$　　(4)　$y=-x+3$

解く前に　最大値・最小値を求める問題では，やや面倒でもグラフをかこう．$-1 \leqq x \leqq 1$ などと定義域が指定されているときは，両端の x の値（$x=-1, 1$）に対応する y の値も調べてグラフに記入する．

解　表に注意して $y=-x+3$ のグラフをそれぞれの範囲でかく（ただし，(2) では従属変数を y として，$y=f(x)=-x+3$ として考える）．

x	-1	1
y	4	2

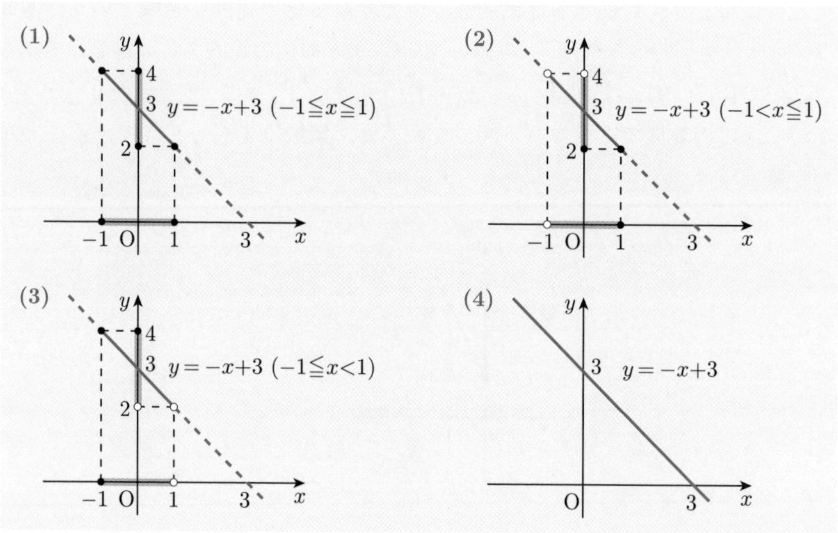

グラフより次のようになる．

(1)　最大値 4（$x=-1$ のとき），最小値 2（$x=1$ のとき），値域 $2 \leqq y \leqq 4$

(2)　最大値なし，最小値 2（$x=1$ のとき），値域 $2 \leqq f(x) < 4$

(3)　最大値 4（$x=-1$ のとき），最小値なし，値域 $2 < y \leqq 4$

(4)　最大値なし，最小値なし，値域は実数全体

■**注意**　最大値・最小値を求める問題では，例題の (1) の解答にあるように，単に最大値 4 とするのではなく，最大値が 4 となる場所，すなわち x の値も（　）の中に明示し，最大値 4（$x = -1$ のとき）などと答える．

また，例題の (2) では，「値域が $2 \leqq y < 4$ より，最大値が 4」とするのは誤りである．値域（y のとり得る値の範囲）は「2 以上，4 より小さい実数」なので，4 にいくらでも近い値はとれるが，決して 4 にはならない．したがって最大値なしとなる．■

Let's TRY

問 3.8　次の 1 次関数の最大値・最小値および値域を求めよ．

(1)　$y = -2x + 3$　$(-1 \leqq x \leqq 1)$

(2)　$f(x) = 3x - 3$　$(2 < x \leqq 5)$

(3)　$s = -2t + 3$　$(-1 \leqq t < 1)$

(4)　$g(x) = x + 1$

逆関数　関数とは，数に数を「対応」させる規則のことであった．例として，関数 $y = 2x$ を考えよう．これは数 x に対して 2 倍した値 $y = 2x$ を対応させる規則だから，いくつかの数についてその対応の様子をかくと次のようになる．

x の値	→	y の値
1	→	2
2	→	4
3	→	6

矢印の向きを逆にすると，

x の値	←	y の値
1	←	2
2	←	4
3	←	6

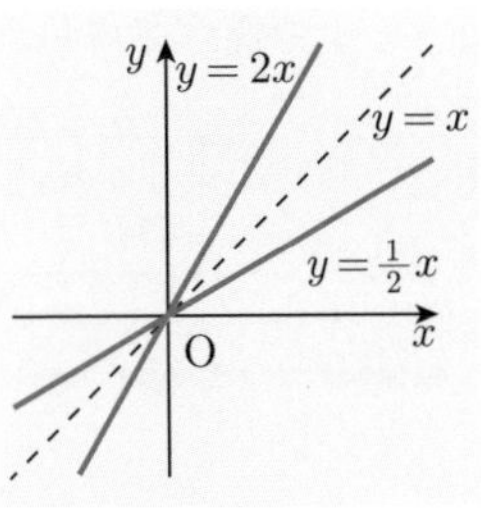

これよりもとに戻る対応の規則，すなわち**逆関数**《ぎゃくかんすう》ができる．すぐにわかるように，y の値を $\frac{1}{2}$ 倍した値が x となっているから，独立変数を y（従属変数は x）として逆関数を表示すれば $x = \frac{1}{2}y$ となる．しかし，一般に関数を表示する場合は，x を独立変数（従属変数は y）とするので，x と y を入れかえて $y = \frac{1}{2}x$ が関数 $y = 2x$ の逆関数となる．互いに逆関数の関係にある関数 $y = 2x$ と関数 $y = \frac{1}{2}x$ のグラフをかくと直線 $y = x$ に関して対称になっている．なぜならば，逆関数を表示するとき独立変数を x とするために x と y を入れかえて

いる（直線 $y=x$ に関して対称な変換であった）からである．

関数 $f(x)$ に対して，その逆関数を表す記号として $f^{-1}(x)$（f^{-1} エフ インバース）を用いる．これは (-1) 乗ではないので注意すること．この記号を用いると，

$$y=f(x)=2x \quad (\text{数 } x \text{ を 2 倍する規則})$$

の逆関数は

$$y=\frac{1}{2}x$$

である．したがって

$$f^{-1}(x)=\frac{1}{2}x \quad \left(\text{数 } x \text{ を } \frac{1}{2} \text{ 倍する規則}\right)$$

となる．

3.4 逆関数

関数 $y=f(x)$ の定義域を A，値域を B とするとき，B のそれぞれの値 y に対して，$y=f(x)$ を満たす値 x が A の中でただ1つ定まるとする．

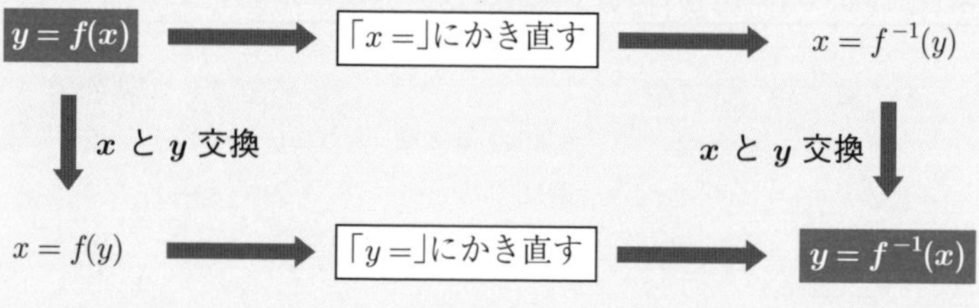

上の操作で得られた関数 $y=f^{-1}(x)$ を関数 $y=f(x)$ の逆関数とよぶ．

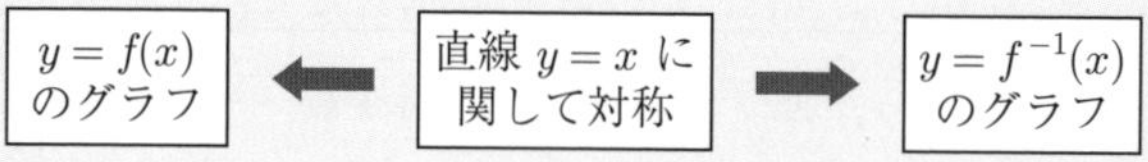

例題 3.4　次の問いに答えよ．

(1)　関数 $y=f(x)=2x+1$ の逆関数を求め，$x=f^{-1}(y)$ の形で表示せよ．

(2)　関数 $y=f(x)=2x+1$ の逆関数を求め，$y=f^{-1}(x)$ の形で表示せよ．また，$y=2x+1$ のグラフとその逆関数 $y=f^{-1}(x)$ のグラフをかけ．

(3)　関数 $f(x)=-x+2$ の逆関数 $f^{-1}(x)$ を求めよ．

解く前に　「$y=$」の形の式を，「$x=$ 」の形にかき直せばよい．さらに，x を独立変数として表す場合には x と y を入れかえればよい．

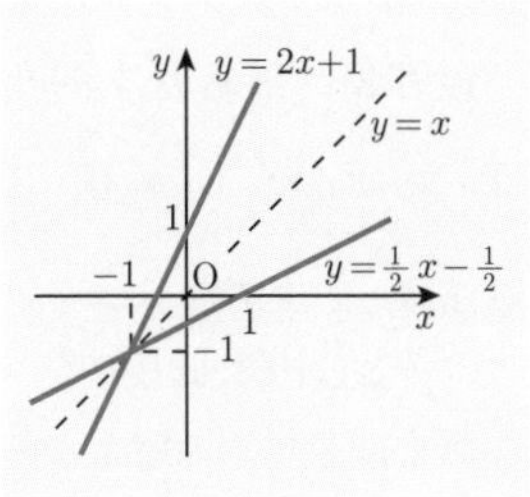

解　(1)　$y=2x+1$ より $x=\frac{1}{2}y-\frac{1}{2}$

(2)　(1) より，x と y を入れかえて $y=\frac{1}{2}x-\frac{1}{2}$

(3)　従属変数を y として，$y=f(x)=-x+2$ とおく．この式を $x=$ にかき直して $x=-y+2$．さらに x と y を入れかえて $y=-x+2$．したがって $f^{-1}(x)=-x+2$　■

Let's TRY

問 3.9　次の 1 次関数 $f(x)$ の逆関数 $f^{-1}(x)$ を求めよ．

(1)　$f(x)=-2x+7$　　(2)　$f(x)=-x+5$　　(3)　$f(x)=\dfrac{1}{2}x+2$

関数の合成関数♣　関数 g と関数 f の**合成**《ごうせい》$f\circ g$ を $f\circ g(x)=f(g(x))$ で定義する．逆関数が存在する場合は，$f\circ f^{-1}(x)=f^{-1}\circ f(x)=x$ が成り立つ．

例 3.5　$f(x)=2x+1,\ g(x)=2x-1$ とするとき

$$f\circ g(x)=f(g(x))=2(g(x))+1=2(2x-1)+1=4x-1$$

同様にして

$$g\circ f(x)=2(2x+1)-1=4x+1$$

また $f^{-1}(x)=\dfrac{1}{2}x-\dfrac{1}{2}$ であり，$f\circ f^{-1}(x)=f^{-1}\circ f(x)=x$ が成り立つ．　■

■**注意**　上の例でわかるように，$f\circ g(x)=g\circ f(x)$ は一般には成り立たない．

3.2　2次関数

中学校で学んだ基本的な2次関数 $y = ax^2$ $(a \neq 0)$ のグラフをもとに，一般の2次関数のグラフのかき方および2次方程式・2次不等式への応用，そして2次関数の最大値・最小値について学ぶ．

2次関数のグラフ　x の2次式で表される関数 $f(x) = ax^2 + bx + c$ $(a \neq 0)$ を**2次《じ》関数《かんすう》**という．ここでは，従属変数を y として，2次関数 $y = ax^2 + bx + c$ $(a \neq 0)$ のグラフをかく．

最初に，最も基本的な2次関数 $y = ax^2$ $(a \neq 0)$ のグラフについて考えよう．$y = ax^2$ $(a \neq 0)$ のグラフが表す曲線を総称して**放物線《ほうぶつせん》**とよぶ．

■**注意**　2次関数 $y = ax^2$ のグラフを放物線とよぶのは，次のことに由来している．

例えば，ビルの屋上から水平に初速度 $\sqrt{\dfrac{g}{2a}}$ でボールを投げ放つとき（g を重力加速度（定数），a を正の定数とする），投げ放たれたボールの描く軌跡は，図のように xy 座標を入れると（y 軸の正の向きを下向きにとった），$y = ax^2$ $(x \geqq 0)$ のグラフと一致する．

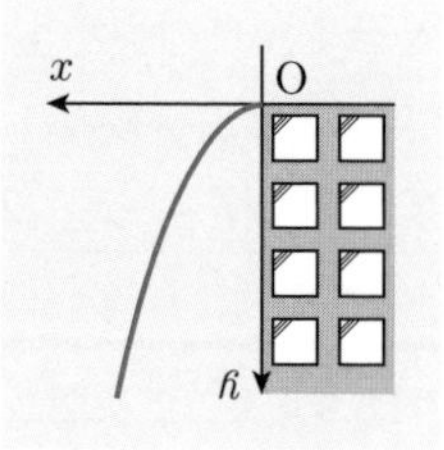

$y = ax^2$ $(a \neq 0)$ のグラフは定数 a の正・負に応じて図のようになる．

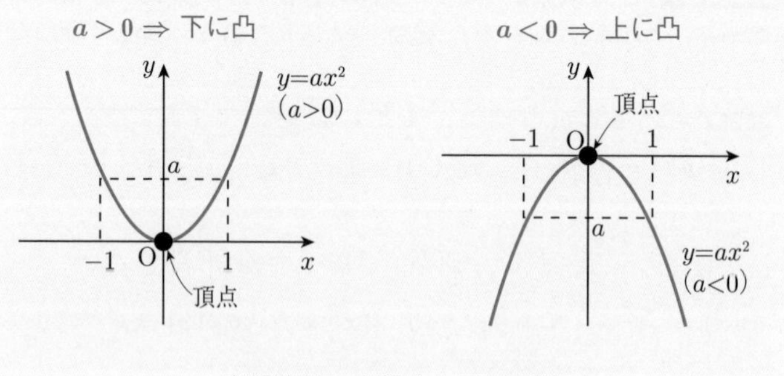

（対称）軸の方程式 $x = 0$（y 軸）

図からわかるグラフの特徴を次にまとめておこう．

① y 軸に関して対称な曲線である．この対称軸を単に（放物線の）**軸**《じく》とよぶ．「軸の方程式は $x = 0$（y 軸）」であるなどという．

② $a > 0$ のときは原点で最小，$a < 0$ のときは原点で最大となり，原点が山の頂上あるいは谷底に位置しているので，この点を**頂点**《ちょうてん》とよぶ．

③ $a > 0$ のときは，グラフ上のどの 2 点を線分で結んでも，グラフが線分の下にある．このような形状 ∪ を**下**《した》**に凸**《とつ》とよぶ．同様に，$a < 0$ のときは，グラフ上のどの 2 点を線分で結んでも，グラフが線分の上にある．このような形状 ∩ を**上**《うえ》**に凸**《とつ》とよぶ．

例題 3.5　次のそれぞれの方程式で与えられた 2 次関数のグラフを x 軸方向に -2，y 軸方向に 1 だけ平行移動した 2 次関数のグラフの方程式を求めよ．

(1)　$y = 2x^2$　　(2)　$y = -2x^2$

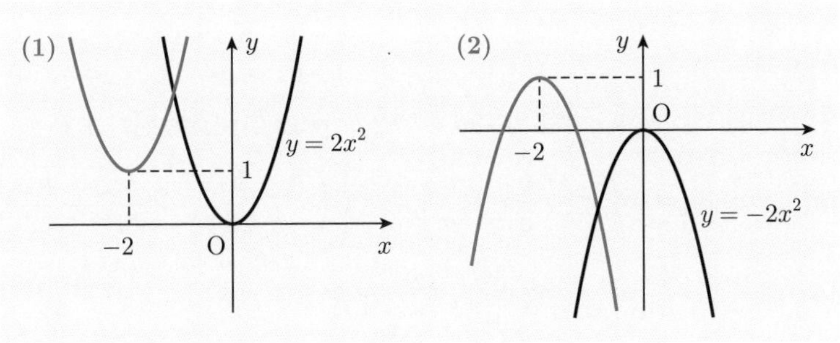

解く前に　3.1 平行移動［I］の公式を使う．

解　(1)　$y - 1 = 2(x + 2)^2$ より $y = 2x^2 + 8x + 9$

(2)　$y - 1 = -2(x + 2)^2$ より $y = -2x^2 - 8x - 7$　■

一般に，$y = ax^2$ のグラフを x 軸方向に p，y 軸方向に q だけ平行移動した2次関数のグラフの方程式は，$(y-q) = a(x-p)^2$ すなわち $y = a(x-p)^2 + q$ であるから，次のことがわかる（平行移動 3.1 参照）．

3.5 2次関数のグラフ

2次関数 $y = a(x-p)^2 + q$ のグラフは

$y = ax^2$ のグラフを x 軸方向に p，y 軸方向に q だけ平行移動したグラフ．

頂点 (p, q)，軸の方程式 $x = p$ の放物線

例題3.5からもわかるように，最も基本的な2次関数 $y = ax^2$ のグラフ（放物線）を平行移動することにより，$y = ax^2 + bx + c$ の形のさまざまな2次関数のグラフが得られるが，実はこの逆も成り立つ．

例題 3.6 2次関数 $y = ax^2 + bx + c$ $(a \neq 0)$ のグラフは $y = ax^2$ のグラフを x 軸方向に $-\dfrac{b}{2a}$，y 軸方向に $-\dfrac{b^2-4ac}{4a}$ だけ平行移動したグラフであることを示せ．

解 2次式 $ax^2 + bx + c$ を平方完成（第2章 p.32 の注意参照）すると

$$ax^2 + bx + c = a\left(x^2 + \frac{b}{a}x + \frac{c}{a}\right) = a\left\{\left(x + \frac{b}{2a}\right)^2 - \frac{b^2}{4a^2} + \frac{4ac}{4a^2}\right\}$$

$$= a\left(x + \frac{b}{2a}\right)^2 - \frac{b^2-4ac}{4a}$$

よって

$$y = ax^2 + bx + c = a\left(x + \frac{b}{2a}\right)^2 - \frac{b^2-4ac}{4a}$$

を得るが，これは $y = ax^2$ のグラフを x 軸方向に $-\dfrac{b}{2a}$，y 軸方向に $-\dfrac{b^2-4ac}{4a}$ だけ平行移動したグラフの方程式である（3.1 平行移動［I］の公式参照）． ■

2 次式を平方完成するには，次の等式が重要である．右辺を展開して確認して成り立つことを確認しておこう．

$$x^2 + b\,x = \left(x + \frac{b}{2}\right)^2 - \frac{b^2}{4}$$

$\longleftarrow b$ の半分 $\dfrac{b}{2}$ を足して，その 2 乗 $\dfrac{b^2}{4}$ を引く

（$b \to \dfrac{b}{2}$：$\times\dfrac{1}{2}$，$\dfrac{b}{2} \to \dfrac{b^2}{4}$：2 乗）

例 3.6　$x^2 + 8x = (x + 4)^2 - 4^2 = (x + 4)^2 - 16$ ■

（$8 \to 4$：$\times\dfrac{1}{2}$，$4 \to 4^2$：2 乗）

一般の 2 次関数の頂点を求めてグラフをかくには，平方完成が必要である．以下で，練習してみよう．

Let's TRY

問 **3.10**　次の 2 次式を平方完成せよ．

(1)　$x^2 + 4x$　　(2)　$x^2 - 4x$

(3)　$x^2 + 3x$　　(4)　$x^2 - x$

■**注意**　慣れるまでは，1 度平方完成した右辺を展開して，平方完成前の式と一致するか確認すること．

例題 3.6 で示したように 2 次関数は平方完成して，$y = a(x-p)^2 + q$ の形にすることができる．これを **2 次《じ》関《かん》数《すう》の標《ひょう》準《じゅん》形《けい》**とよぶ．以下，標準形を求めた後に 2 次関数のグラフをかく練習をする．

例題 3.7　次の 2 次関数のグラフをかけ．また，頂点の座標，軸の方程式も求めよ．

(1)　$y = x^2 - 4x + 1$　　(2)　$y = 2x^2 - 2x + \dfrac{1}{2}$

(3)　$y = -2x^2 - 2x + \dfrac{1}{2}$

解く前に　(1) では「$y = x^2 - 4x + 1$」の水色の部分を平方完成すればよい．(2) では右辺を 2 次の係数 2 で繰って，「$y = 2(x^2 - x + \frac{1}{4})$」の水色の部分を平方完成すればよい．(3) も (2) と同様である．

解　(1)　$y = x^2 - 4x + 1 = (x-2)^2 - 4 + 1 = (x-2)^2 - 3$

$x = 0$ のとき $y = 1$ より，y 切片は 1．以上より

$y = x^2 - 4x + 1$

$\Longrightarrow\ y = \underset{a}{1}(x - \underset{p}{2})^2 + (\underset{q}{-3})$

・頂点 $(2, -3)$，軸の方程式 $x = 2$

・$y = ax^2 = x^2$ を平行移動した下に凸のグラフ

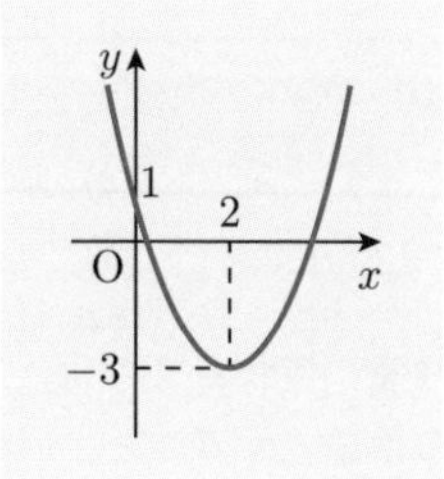

(2)　$y = 2\left(x^2 - x + \dfrac{1}{4}\right) = 2\left\{\left(x - \dfrac{1}{2}\right)^2 - \dfrac{1}{4} + \dfrac{1}{4}\right\} = 2\left(x - \dfrac{1}{2}\right)^2$

$x = 0$ のとき $y = \frac{1}{2}$ より，y 切片は $\frac{1}{2}$．以上より

$y = 2x^2 - 2x + \dfrac{1}{2}$

$\Longrightarrow\ y = \underset{a}{2}\left(x - \underset{p}{\dfrac{1}{2}}\right)^2 + \underset{q}{0}$

・頂点 $\left(\frac{1}{2}, 0\right)$，軸の方程式 $x = \frac{1}{2}$

・$y = ax^2 = 2x^2$ を平行移動した下に凸のグラフ

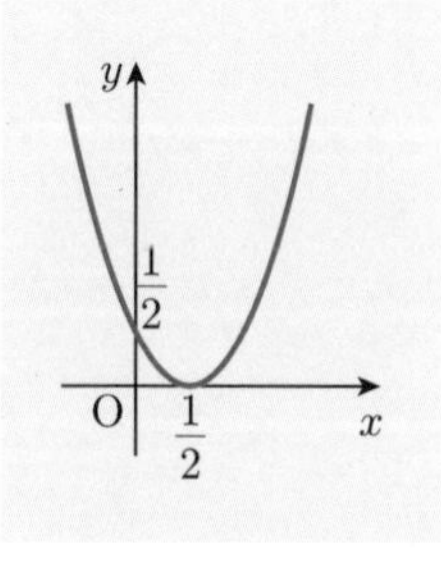

(3)　$y=-2\left(x^2+x-\dfrac{1}{4}\right)=-2\left\{\left(x+\dfrac{1}{2}\right)^2-\dfrac{1}{4}-\dfrac{1}{4}\right\}=-2\left(x+\dfrac{1}{2}\right)^2+1$

$x=0$ のとき $y=\frac{1}{2}$ より，y 切片は $\frac{1}{2}$．以上より

$$y=-2x^2-2x+\frac{1}{2}$$

$$\Longrightarrow\quad y=\underset{a}{-2}\left\{x-\left(\underset{p}{-\frac{1}{2}}\right)\right\}^2+\underset{q}{1}$$

・頂点 $\left(-\frac{1}{2},1\right)$，軸の方程式 $x=-\frac{1}{2}$

・$y=ax^2=-2x^2$ を平行移動した下に凸のグラフ

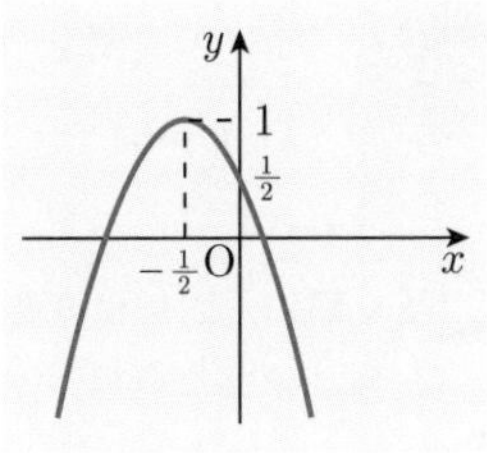

Let's TRY

問 **3.11**　次の 2 次関数のグラフをかけ．

(1)　$y=x^2-2x$　　(2)　$y=-x^2-2x+1$　　(3)　$y=-2x^2-3x+1$

注意　2 次関数のグラフをかくときは，次のことに注意する．

①　頂点の座標と y 軸との交点の y 座標の値をグラフにかき入れる．

②　一方で，x 軸との交点の x 座標は省略してかまわない．例題 3.7(3) では，2 次方程式 $-2x^2-2x+\frac{1}{2}=0$ を解けば，交点の x 座標が $x=\frac{-1-\sqrt{2}}{2}$，$\frac{-1+\sqrt{2}}{2}$ と求められるが省略している．

③　2 次関数のグラフは頂点をしっかりとおさえて，丁寧にかく．

④　次のような誤りには注意が必要である．

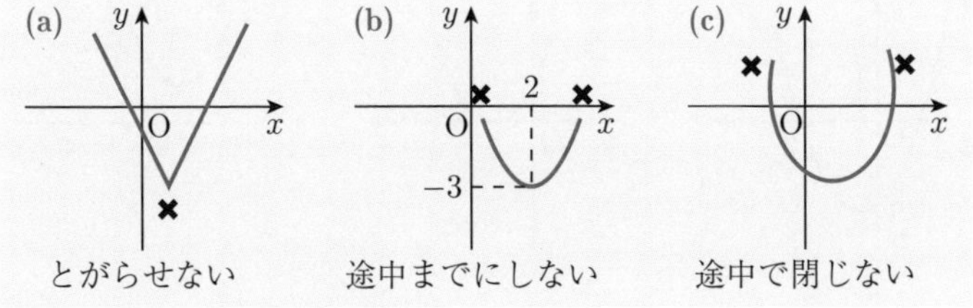

2 次方程式と 2 次関数のグラフ　1 次関数 $y=ax+b$ $(a\neq 0)$ のグラフと x 軸との交点の x 座標は，方程式で $y=0$ として導かれる 1 次方程式 $ax+b=0$ の解と一致した．しかし，2 次関数 $y=ax^2+bx+c$ $(a\neq 0)$ の場合は必ずしも 2 次方程式 $ax^2+bx+c=0$ の解と x 軸との共有点の x 座標は一致しない．

$y = ax^2 + bx + c$（$a \neq 0$）のグラフと x 軸との共有点の x 座標は

「2次方程式 $ax^2 + bx + c = 0$ の**実数解**《じっすうかい》」

と一致していることに注意する必要がある．

例題 3.8　次の2次関数のグラフと x 軸の交点の x 座標を求めよ．

(1) $y = x^2 - x - 2$　(2) $y = x^2 - 2x + 1$　(3) $y = x^2 + 2x + 2$

解く前に　x 軸は直線 $y = 0$ であるから，共有点は $y = 0$ を代入して求めればよい（x 軸との共有点は，グラフでは「高さ $= y = 0$」となっている）．

解　(1)　方程式 $x^2 - x - 2 = (x+1)(x-2) = 0$ を解いて $x = -1, 2$

(2)　方程式 $x^2 - 2x + 1 = (x-1)^2 = 0$ を解いて $x = 1$

(3)　方程式 $x^2 + 2x + 2 = 0$ を解くと，$x = -1 \pm i$（虚数解）となり実数解をもたないので共有点なし．■

この例題からわかるように，2次方程式の解で x 軸との共有点の個数を分類すると

(1) では異なる2つの実数解となっており，交点が2つある．

(2) では重解となっており，共有点は1つである．このとき x 軸とグラフは**接**《せっ》**する**という．このときの共有点を**接点**《せってん》という．

(3) では虚数解となっており，実数解をもたないので，共有点がない．

実際に，平方完成してグラフをかくと図のようになる．

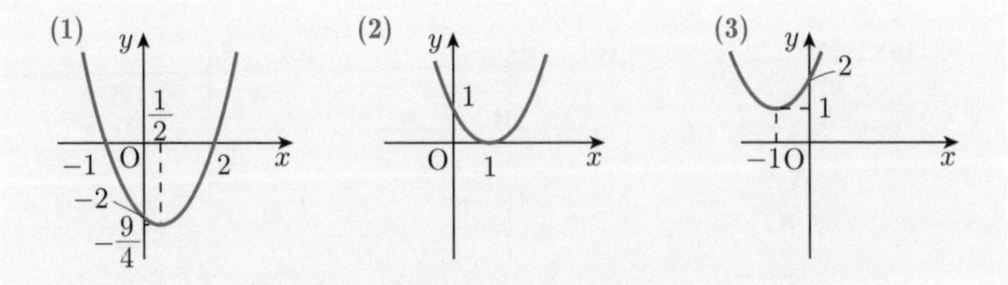

すでに学んだように，2次方程式 $ax^2 + bx + c = 0$ の解は，判別式 $D = b^2 - 4ac$ の値によって分類された．これを用いて，判別式 $D = b^2 - 4ac$ によって2次関数 $y = ax^2 + bx + c$ のグラフと x 軸との共有点の個数を表のように分類することができる．

	$D>0$	$D=0$	$D<0$
解	異なる 2 つの実数解	重解	異なる 2 つの虚数解
共有点の個数	2 個	1 個	0 個（なし）
$a>0$ のときのグラフ（下に凸）	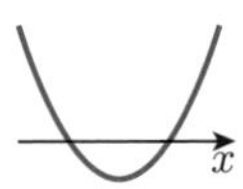	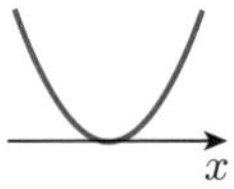	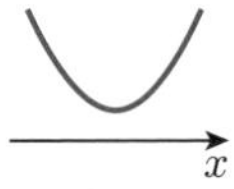
$a<0$ のときのグラフ（上に凸）	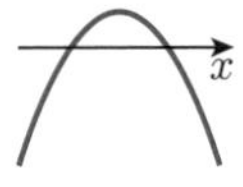	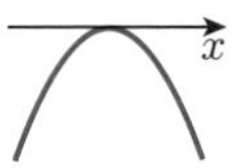	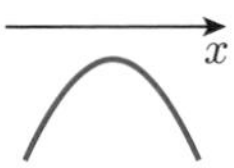

例題 3.9　2 次関数 $y=x^2-x+k$ のグラフについて次の問いに答えよ．

(1)　x 軸に接するように定数 k の値を定めよ．

(2)　x 軸と 2 点で交わるように定数 k の値の範囲を定めよ．

(3)　x 軸と共有点をもたないように定数 k の値の範囲を定めよ．

解　判別式は $D=(-1)^2-4\times 1\times k=1-4k$ だから

(1)　x 軸に接するので $D=1-4k=0$ より $k=\frac{1}{4}$

(2)　x 軸と 2 点で交わるので $D=1-4k>0$ より $k<\frac{1}{4}$

(3)　x 軸と共有点をもたないので $D=1-4k<0$ より $k>\frac{1}{4}$

■**注意**　$y=x^2-x+k=\left(x-\frac{1}{2}\right)^2+\left(k-\frac{1}{4}\right)$ なので，頂点の y 座標は $k-\frac{1}{4}$ であることがわかる．

グラフが下に凸であることから以下の図を得る．

(1)　$k-\frac{1}{4}=0$ ならば x 軸と接する．

(2)　$k-\frac{1}{4}<0$ ならば x 軸と 2 点で交わる．

(3)　$k-\frac{1}{4}>0$ ならば x 軸と共有点をもたない．

このようにグラフを用いて解くこともできる．■

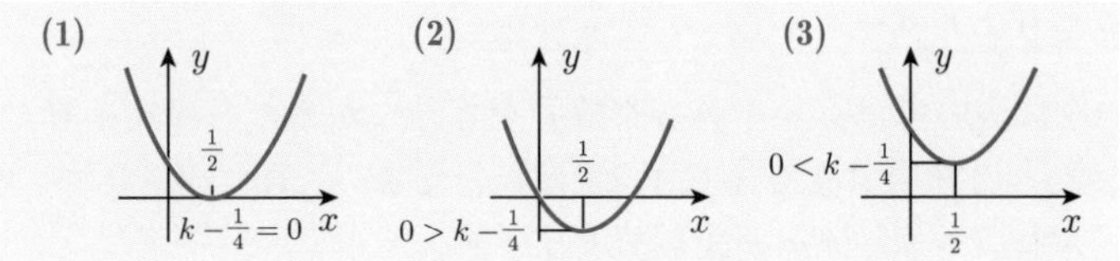

Let's TRY

問 3.12　2 次関数 $y = 2x^2 - 3x + 7k + 2$ について次の問いに答えよ．

(1)　x 軸に接するように定数 k の値を定めよ．

(2)　x 軸と 2 点で交わるように定数 k の値の範囲を定めよ．

(3)　x 軸と交わらないように定数 k の値の範囲を定めよ．

2 次不等式と 2 次関数のグラフ　ここでは，2 次不等式を 2 次関数のグラフの形状を利用して解いてみよう．

2 次関数のグラフをかくときは，2 次式を「平方完成」して「頂点」を求める必要があったが，グラフの形状を利用して 2 次不等式を解くだけならば「頂点」まで求める必要はない．そのかわり 2 次方程式を解いて x 軸との共有点の x 座標を求める必要がある．

例題 3.10　グラフを利用して次の 2 次不等式を解け．

(1)　$x^2 - x - 2 > 0$　　(2)　$x^2 - x - 2 \leqq 0$

(3)　$x^2 - 2x + 1 > 0$　　(4)　$x^2 - 2x + 1 \geqq 0$

(5)　$x^2 - 2x + 1 < 0$　　(6)　$x^2 - 2x + 1 \leqq 0$

(7)　$x^2 + 2x + 2 > 0$　　(8)　$x^2 + 2x + 2 \leqq 0$

解　(1), (2) については，いずれも不等号を等号にかえた方程式を解くと $x^2 - x - 2 = (x+1)(x-2) = 0$ より $x = -1, 2$ となる．これに注意して，不等式の左辺を y とおいた 2 次関数 $y = x^2 - x - 2$ のグラフの形状を調べればよい．

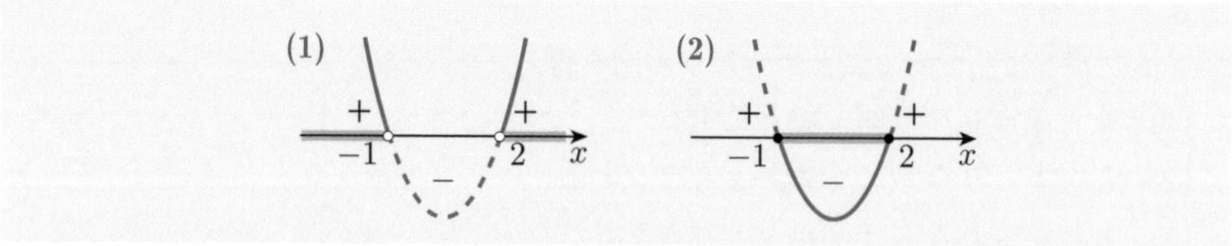

(1)　$y > 0$ よりグラフから $x < -1, x > 2$

(2)　$y \leqq 0$ よりグラフから $-1 \leqq x \leqq 2$

(3)～(6) については，いずれも不等号を等号にかえた方程式を解くと $x^2 - 2x + 1 = (x-1)^2 = 0$ より $x = 1$（重解）となる．これに注意して，不等式の左辺を y とおいたグラフの形状を調べればよい．

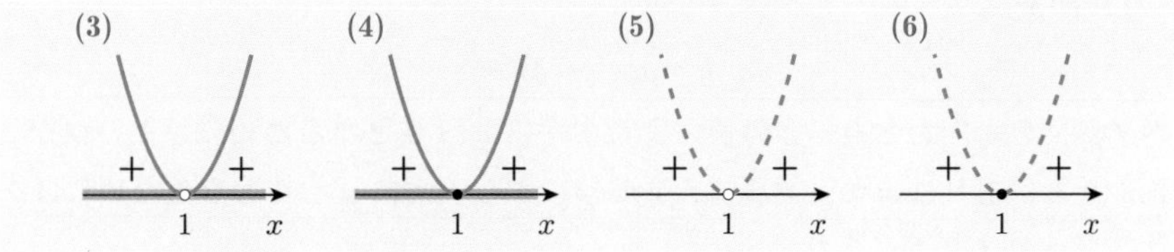

(3)　$y > 0$ よりグラフから $x < 1, x > 1$ $(x \neq 1)$

(4)　$y \geqq 0$ よりグラフから実数全体

(5)　$y < 0$ よりグラフから $y < 0$ の部分はないので解なし

(6)　$y \leqq 0$ よりグラフから $y \leqq 0$ の部分は頂点だけなので $x = 1$

(7), (8) については，いずれも不等号を等号にかえた方程式を解くと $x^2 + 2x + 2 = 0$ より $x = -1 \pm i$（虚数解）だから実数解をもたない．これに注意して，不等式の左辺を y とおいたグラフの形状を調べればよい．

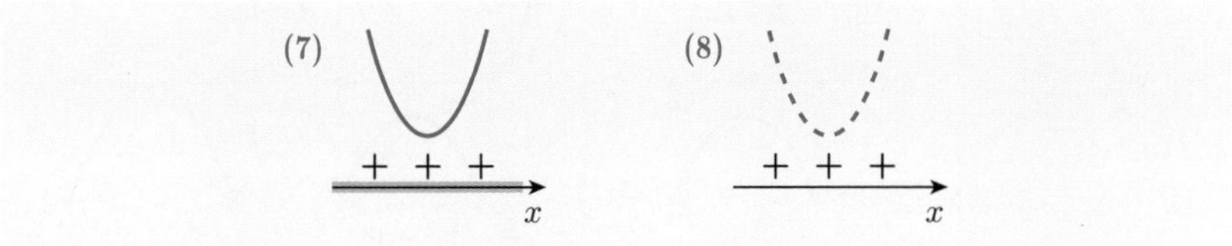

(7)　$y > 0$ よりグラフから実数全体

(8)　$y \leqq 0$ よりグラフから解なし

■

Let's TRY

問 3.13　グラフを利用して次の 2 次不等式を解け．

(1)　$-x^2 + x + 2 > 0$　　(2)　$-x^2 + x + 2 \leqq 0$　　(3)　$x^2 \leqq 4$

(4)　$x^2 - 4x \leqq -4$　　(5)　$x^2 - 4x > -4$　　(6)　$x^2 + x \geqq -1$

解く前に　(1), (2) については，そのまま左辺を y とおいてグラフをかくと，上に凸のグラフとなることに注意する．両辺に -1 を掛けて（不等号の向きが変わる）x^2 の係数を正の数にしてから解いてもよい．

(3)〜(6) については，移項して右辺を 0 としてから解かなければならない．特に，(3) は $x \leqq \pm 2$ とする誤答が多い．$x^2 - 4 \leqq 0$ としてから，右辺を $y = x^2 - 4$ のグラフを利用して解く．

2次関数

$$y = ax^2 + bx + c$$

のグラフをかいたとき，x の値によらず常に $y > 0$ となるためにはグラフが x 軸より上にあればよい．同様に，x の値によらず常に $y < 0$ となるためにはグラフが x 軸より下にあればよい．

判別式を $D = b^2 - 4ac$ とおいて表にまとめる．

	$D < 0$	$D \leqq 0$
$a > 0$（下に凸）	I.　$y > 0$ 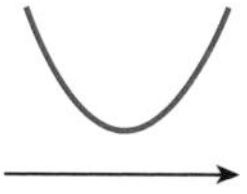 x	II.　$y \geqq 0$ 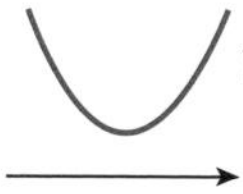 x $D < 0$　または　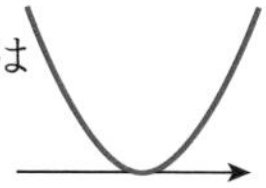 x $D = 0$
$a < 0$（上に凸）	III.　$y < 0$ 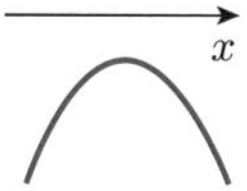 x	IV.　$y \leqq 0$ 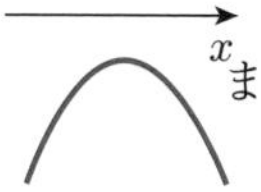 x $D < 0$　または　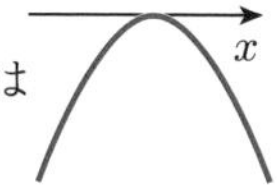 x $D = 0$

例題 3.11　次の2次不等式がすべての実数 x について成り立つように，定数 k のとり得る値の範囲を定めよ．

(1)　$x^2 - 2x + k > 0$　　(2)　$kx^2 - 4x + k - 3 \leqq 0$

解く前に　いずれも左辺を y とおいたグラフを利用して解くとわかりやすい．前ページの表のどれに該当するかを考えよう．

解　(1)　左辺を y とおくと $y > 0$ より，表のIに該当するので，

$$a(x^2\text{の係数}) = 1 > 0 \quad \cdots①$$

$$D(\text{判別式}) = \underbrace{(-2)^2 - 4 \times 1 \times k}_{4-4k} < 0 \quad \cdots②$$

であればよい．①はすでに成り立っているので，不等式②

$$D = 4 - 4k < 0$$

を解いて

$$k < 1$$

(2)　左辺を y とおくと $y < 0$ より，表の IV に該当するので，

$$a(x^2\text{の係数}) = k < 0 \quad \cdots ①$$

$$D(\text{判別式}) = \underbrace{(-4)^2 - 4 \times k \times (k-3)}_{-4(k^2-3k-4)} \leqq 0 \quad \cdots ②$$

であればよい．不等式②

$$\begin{aligned} D &= -4(k^2 - 3k - 4) \\ &= -4(k+1)(k-4) \leqq 0 \end{aligned}$$

すなわち

$$(k+1)(k-4) \geqq 0$$

を解いて

$$k \leqq -1,\ k \geqq 4$$

不等式①と合わせて

$$k \leqq -1$$

■

■注意　例題の (1) で $y = x^2 - 2x + k > 0$ がすべての実数 x について成り立つためには，「$y > 0 \Longrightarrow x$ とグラフは共有点をもたない $\Longrightarrow D < 0$」と考えよう．

Let's TRY

問 3.14　次の 2 次不等式がすべての実数 x について成り立つように，定数 k のとり得る値の範囲を定めよ．

(1)　$-x^2 + 2x + k < 0$　　(2)　$-x^2 + 2x + k \leqq 0$

(3)　$kx^2 + 6x + k + 8 > 0$　　(4)　$kx^2 + 6x + k + 8 < 0$

2 次関数の最大値・最小値　3.1 節の 1 次関数のグラフで学んだように，従属変数 y の値の最大値・最小値を求めるには，独立変数 x のとり得る値の範囲（定義域）に注意して，グラフをかいた．2 次関数のグラフの形状は放物線なので最大値・最小値を求める際は，端点での y の値に加えて「頂点の y 座標」の値も調べなければならない．特に，グラフをかくことが必要である．

例題 3.12　次の 2 次関数の最大値・最小値および値域を求めよ．

(1)　$y = x^2 - 2x + 2$ $(0 \leqq x \leqq 2)$

(2)　$f(x) = -x^2 + 2x$ $(-1 \leqq x \leqq 2)$

(3)　$s = t^2 - 2t + 2$

(4)　$g(x) = -x^2 + 2x$

解く前に　頂点と定義域に注意してグラフをかく．

(1)　$y = x^2 - 2x + 2 = (x-1)^2 + 1$ $(0 \leqq x \leqq 2)$ よりグラフは右図の実線部分．

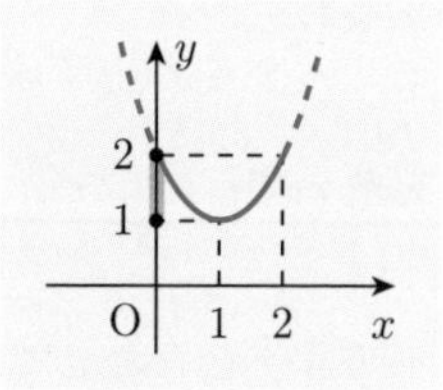

	(端点)	(頂点)	(端点)
x	0	1	2
y	2	1	2

グラフから最大値 2 $(x = 0, 2)$，最小値 1 $(x = 1)$，値域 $1 \leqq y \leqq 2$

(2)　$y = f(x) = -x^2 + 2x = -(x-1)^2 + 1$ $(-1 \leqq x \leqq 2)$ よりグラフは右図の実線部分．

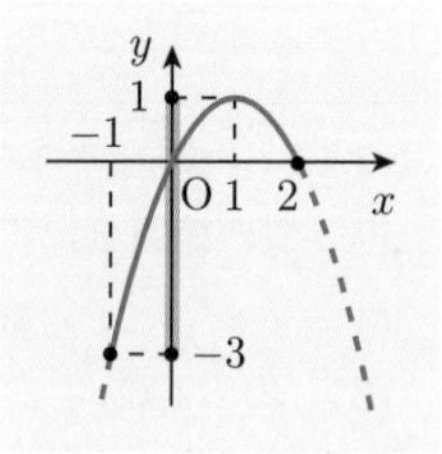

	(端点)	(頂点)	(端点)
x	-1	1	2
y	-3	-3	0

グラフから最大値 1 $(x = 1)$，最小値 -3 $(x = -1)$，値域 $-3 \leqq f(x) \leqq 1$

(3)　$s = t^2 - 2t + 2 = (t-1)^2 + 1$ より

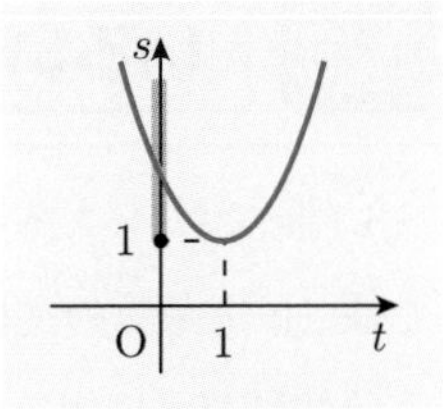

	(頂点)
t	1
s	1

グラフから最大値なし，最小値 1 ($t = 1$)，値域 $s \geqq 1$

(4)　$y = g(x) = -x^2 + 2x = -(x-1)^2 + 1$ より

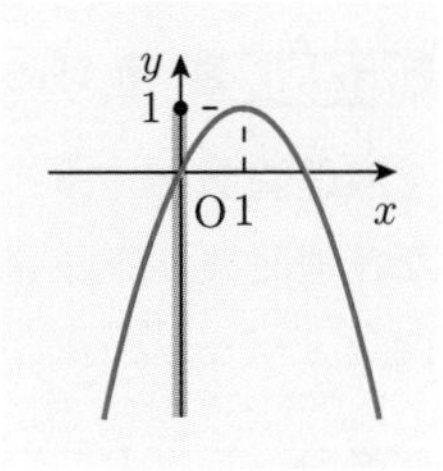

	(頂点)
x	1
y	1

グラフから最大値 1 ($x = 1$)，最小値なし，値域 $g(x) \leqq 1$ ■

Let's TRY

問 3.15　次の 2 次関数の最大値・最小値および値域を求めよ．

(1)　$y = x^2 - x$　$(0 \leqq x \leqq 2)$

(2)　$f(x) = -x^2 + 6x - 9$　$(0 < x \leqq 2)$

(3)　$s = t^2 + 1$

(4)　$g(x) = 2x^2 + x + 1$

3.3 いろいろな関数

3.1 節では 1 次関数について，3.2 節では 2 次関数について学んだ．この節では，2 次関数の逆関数として得られる**無理関数**《むりかんすう》，反比例を表す式から得られる**分数関数**《ぶんすうかんすう》（比例を表す式 $y = ax$ $(a \neq 0)$ は 1 次関数であった)，および $y = x$, $y = x^2, \ldots$ とべきを上げて一般に $y = x^n$ の形をした**べき関数**《かんすう》について学ぶ．

無理関数　根号の中に文字を含む式を**無理式**《むりしき》といい，無理式で表される関数を**無理関数**《むりかんすう》という．ここではもう少し限定して，$\sqrt{}$ の中が 1 次式であるような無理関数 $y = \pm\sqrt{ax+b}+q$ のグラフについて学ぶ．まずは，基本的な無理関数 $y = \pm\sqrt{ax}$ のグラフをかくことを考えよう．

例題 3.13　次の関数の逆関数を求め，(3)～(6) については xy 平面にグラフをかけ．ただし a は定数（$a \neq 0$）とする．

(1)　$y=\frac{1}{a}x^2$　$(x \geqq 0)$　　(2)　$y=\frac{1}{a}x^2$　$(x \leqq 0)$　　(3)　$y=x^2$　$(x \geqq 0)$

(4)　$y=x^2$　$(x \leqq 0)$　　(5)　$y=-x^2$　$(x \geqq 0)$　　(6)　$y=-x^2$　$(x \leqq 0)$

解く前に　逆関数を求めるには，「$x =$」の形にしてから，x と y を入れかえれば求めることができた．「$x =$」の形にする際に，定義域に注意する必要がある．

また，逆関数のグラフについては，x と y を入れかえているので，もとのグラフと直線 $y = x$ に関して対称なグラフとなる．

解　(1)　$y = \frac{1}{a}x^2$ $(x \geqq 0)$ より $x^2 = ay$．ここで $x \geqq 0$ に注意して $x = \sqrt{ay}$．さらに，x と y を入れかえて $y = \sqrt{ax}$

(2)　$y = \frac{1}{a}x^2$ $(x \leqq 0)$ より $x^2 = ay$．ここで $x \leqq 0$ に注意して $x = -\sqrt{ay}$．さらに，x と y を入れかえて $y = -\sqrt{ax}$

(3)　(1) で $a = 1$ とした場合だから，逆関数は $y = \sqrt{x}$

グラフは $y = x^2$ $(x \geqq 0)$ のグラフを直線 $y = x$ に関して対称移動したグラフだから，図のようになる．

(4)　(2) で $a = 1$ とした場合だから，逆関数は $y = -\sqrt{x}$

(5)　(1) で $a = -1$ とした場合だから，逆関数は $y = \sqrt{-x}$

(6)　(2) で $a = -1$ とした場合だから，逆関数は $y = -\sqrt{-x}$

(4)～(6) のグラフについては，(3) と同様に考えると図のようになる．　■

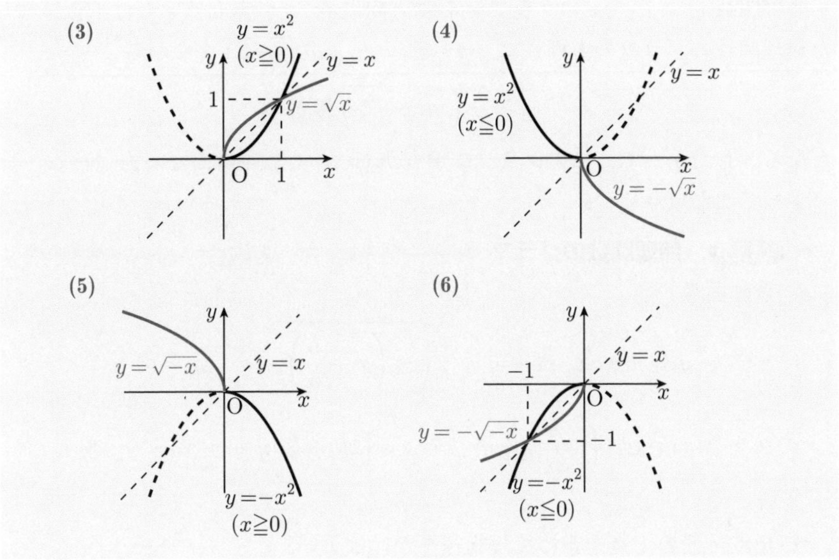

$y=\pm\sqrt{ax}$ のグラフは，結局，2 次関数 $y=\frac{1}{a}x^2$ のグラフの右半分または左半分を横にしただけであるので，原点を**頂点**《ちょうてん》とする放物線となる．

また, 定義域は「$\sqrt{\quad}$ の中 $\geqq 0$」となる範囲に限定される．無理関数 $y=\pm\sqrt{ax}$ のグラフについてまとめる．

	$y=\sqrt{ax}$	$y=-\sqrt{ax}$
$a>0$	定義域 $x \geqq 0$ 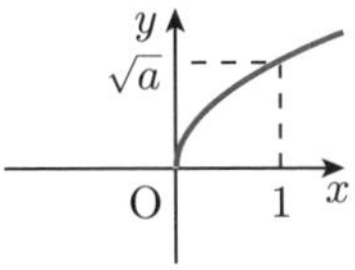	定義域 $x \geqq 0$ 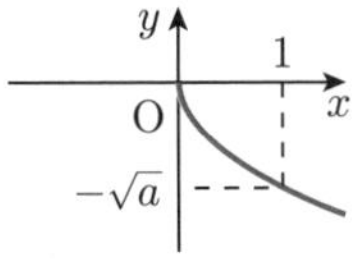
$a<0$	定義域 $x \leqq 0$ 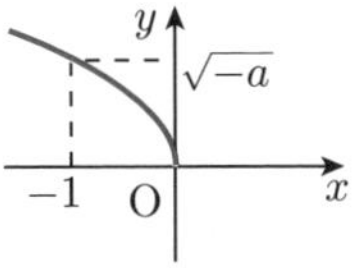	定義域 $x \leqq 0$ 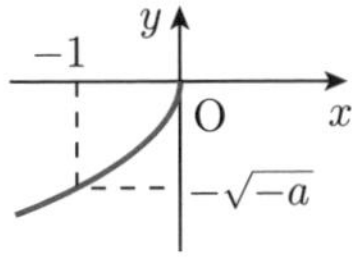

無理関数 $y=\pm\sqrt{ax}$ のグラフを x 軸方向に p，y 軸方向に q だけ平行移動した無理関数のグラフの方程式は，$y-q=\pm\sqrt{a(x-p)}$ すなわち

$$y=\pm\sqrt{a(x-p)}+q$$

となる．したがって，このグラフは頂点が (p,q) の放物線となる．

よって次が成り立つ．

3.6 無理関数のグラフ

無理関数

$$y=\pm\sqrt{ax+b}+q=\pm\sqrt{a\left(x+\frac{b}{a}\right)}+q \quad (a\neq 0)$$

のグラフは頂点が $\left(-\dfrac{b}{a},q\right)$ となるように放物線 $y=\pm\sqrt{ax}$ を移動したグラフ

※頂点と他の1点を求めて放物線をかけばよい．

例題 3.14　次の無理関数のグラフをかけ．また定義域と値域も求めよ．

(1)　$y=\sqrt{2x+4}-1$　　(2)　$y=-\sqrt{-2x+4}+1$

解く前に　頂点の x 座標は「$\sqrt{\ }$ の中身 $=0$」より，定義域は「$\sqrt{\ }$ の中 $\geqq 0$」より求められる．「あと1点」を求めるには，定義域内であればどの値をとってもよいが，$x=0$ が定義域内にある場合は，$x=0$ として「あと1点」を求める．$x=0$ が定義域内にない場合や，頂点の x 座標が $x=0$ となる場合は，「$\sqrt{\ }$ の中 $=1$（または $4, 9, \ldots$）」として「他の1点」を定めるとよい．

解　(1)　$\underbrace{2x+4}_{\sqrt{\ }\text{の中}}=0$ より，$x=2$ だから頂点は $(-2,-1)$

他の1点 → $x=0$ のとき $y=1$ より点 $(0,1)$ を通る．

$\underbrace{2x+4}_{\sqrt{\ }\text{の中}}\geqq 0$ より，定義域は $x\geqq -2$

以上より，グラフは次のページの図のようになるので，値域は $y\geqq -1$

(2)　$\underbrace{-2x+4}_{\sqrt{\ }\text{の中}}=0$ より，$x=2$ だから頂点は $(2,1)$

他の 1 点 → $x=0$ のとき $y=-1$ より点 $(0,-1)$ を通る．

$\underbrace{-2x+4}_{\sqrt{\ }\text{の中}} \geqq 0$ より，定義域は $x \leqq 2$

以上より，グラフは次図のようになるので，値域は $y \leqq 1$ ■

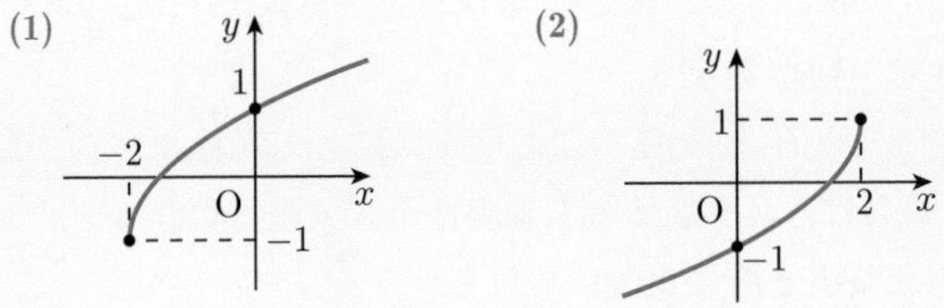

■**注意**　例えば，(1) では $y=\sqrt{2(x+2)}-1$ とかき直すと，$y=\sqrt{2x}$ のグラフを x 軸方向に -2，y 軸方向に -1 だけ平行移動した頂点 $(-2,-1)$ の放物線であることがわかる．このように平行移動を利用してグラフをかくこともできる．

Let's TRY

問 **3.16**　次の無理関数のグラフをかけ．定義域と値域も求めよ．

(1)　$y=\sqrt{x+1}-1$　　(2)　$y=\sqrt{-x-1}+1$

(3)　$y=-\sqrt{x+1}+1$　　(4)　$y=-\sqrt{-x-1}+1$

分数関数　分数式 $\dfrac{f(x)}{g(x)}$ で表される関数を**分数関数**《ぶんすうかんすう》という．ここではもう少し限定して，分母と分子が 1 次以下の 0 でない式（分母は 1 次式）であるような分数関数（1 次分数関数）$y=\dfrac{ax+b}{cx+d}$ $(c \neq 0,\ ad-cb \neq 0)$ のグラフについて学ぶ．r を 0 でない定数とするとき，中学校で学んでいる反比例を表す関数 $y=\dfrac{r}{x}$ $\left(y=\dfrac{ax+b}{cx+d}\right.$ において，$a=0,\ b=r,\ c=1,\ d=0$ とした場合）は最も基本的な分数関数で，そのグラフは**双曲線**《そうきょくせん》とよばれる．定義域は $x \neq 0$，すなわち，$x=0$ を除く実数全体である．

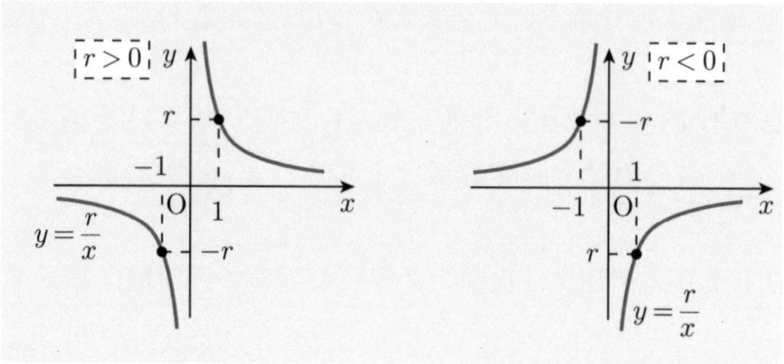

グラフの性質を列挙する．

① 点 $(1, r)$ と点 $(-1, -r)$ を通る原点に関して対称なグラフである．

② $r > 0$ ならば，グラフは第1象限と第3象限に現れる．$r < 0$ ならば，グラフは第2象限と第4象限に現れる．

③ 原点から遠ざかると，y 軸または x 軸に限りなく近づく．

一般に，グラフが限りなく近づく直線を**漸近線**《ぜんきんせん》とよぶ．したがって，分数関数 $y = \dfrac{r}{x}$ $(r \neq 0)$ のグラフは，直線 $x = 0$（y 軸）と直線 $y = 0$（x 軸）を漸近線にもち，漸近線が直交していることから，特に**直角双曲線**《ちょっかくそうきょくせん》とよばれる．

分数関数 $y = \dfrac{r}{x}$ $(r \neq 0)$ のグラフを x 軸方向に p，y 軸方向に q だけ平行移動した分数関数のグラフの方程式は

$$y - q = \frac{r}{x - p} \quad \text{すなわち} \quad y = \frac{r}{x - p} + q$$

となる．したがって，次が成り立つ．

3.7 分数関数のグラフ［I］

分数関数 $y = \dfrac{r}{x - p} + q \left(= r \times \dfrac{1}{x - p} + q \right)$ $(r \neq 0)$ のグラフは

(1) 点 (p, q) に関して対称で

(2) 漸近線は直線 $x = p$ と直線 $y = q$

(3) 定義域は $x = p$ を除く実数全体，値域は $y = q$ を除く実数全体

例題 3.15　次の分数関数のグラフをかけ．また定義域と値域も求めよ．

(1)　$y = \dfrac{1}{x} + 2$　　(2)　$y = \dfrac{1}{2x-2} - 1$

解く前に　グラフは次の手順でかくとよい．

① 「漸近線（$x = p,\ y = q$）」と「あと 1 点 = グラフ上の 1 点」を求める．

② 点 (p, q) に関して対称な点も通る．

③ 求めた点を通り漸近線に近づくようにかく．

解　(1)　$y = \dfrac{1}{x} + 2 = \underbrace{1}_{r} \times \dfrac{1}{x - \underbrace{0}_{p}} + \underbrace{2}_{q}$ より漸近線の方程式は $x = \underbrace{0}_{p},\ y = \underbrace{2}_{q}$．

よって

定義域は $x = 0$ を除く実数全体，値域は $y = 2$ を除く実数全体

あと 1 点 → $x = 1$ のとき $y = 3$ より点 $(1, 3)$ を通るので，

点 $(p, q) = (0, 2)$ に関して対称な点 $(-1, 1)$ も通る．グラフは下図．

(2)　$y = \dfrac{1}{2x-2} - 1 = \dfrac{1}{2(x-1)} - 1 = \underbrace{\tfrac{1}{2}}_{r} \times \dfrac{1}{x - \underbrace{1}_{p}} + \underbrace{(-1)}_{q}$ より漸近線

の方程式は $x = \underbrace{1}_{p},\ y = \underbrace{-1}_{q}$．よって

定義域は $x = 1$ を除く実数全体，値域は $y = -1$ を除く実数全体

あと 1 点 → $x = 0$ のとき $y = -\frac{3}{2}$ より点 $\left(0, -\frac{3}{2}\right)$ を通るので，

点 $(p, q) = (1, -1)$ に関して対称な点 $\left(2, -\frac{1}{2}\right)$ も通る．グラフは下図．

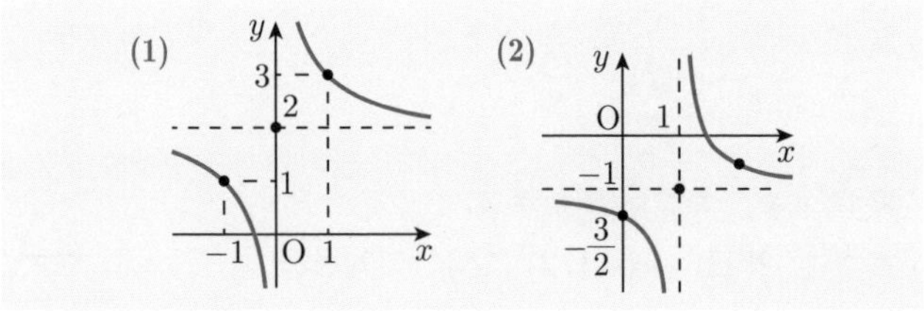

■

さて，分数関数

$$y = \frac{ax+b}{cx+d} \quad (c \neq 0)$$

のグラフをかくにはどうしたらよいであろうか．実は，$q = \dfrac{a}{c}$（1次の係数の商），$p = -\dfrac{d}{c}$（分母 = 0 の解），$r = -\dfrac{ad-bc}{c^2}$ とおくと，$y = \dfrac{ax+b}{cx+d} = q + \dfrac{r}{x-p}$ が成り立つ．

したがって，双曲線 $y = \frac{r}{x}$ のグラフを平行移動したグラフであることがわかる．具体例でこのことを確かめてみよう．

例題 3.16　分数関数 $y = \dfrac{2x+3}{x+1}$ のグラフは，双曲線 $y = \dfrac{4}{x}$ のグラフを平行移動したものであることを確認し，グラフをかけ．

解く前に　$\dfrac{cx+b}{ax+d} = \dfrac{c}{a}\dfrac{c\left(x+\frac{b}{c}\right)}{a\left(x+\frac{d}{a}\right)} = \underbrace{\dfrac{c}{a}}_{q}\dfrac{x+\frac{b}{c}}{x+\frac{d}{a}}$ と変形してから，

$$\frac{x+\alpha}{x+\beta} = \frac{\alpha-\beta+x+\beta}{x+\beta} = \frac{\alpha-\beta}{x+\beta} + \frac{x+\beta}{x+\beta} = \frac{\alpha-\beta}{x+\beta} + 1$$ を利用する．

解　$$y = \frac{2x+3}{x+1} = \frac{2(x+3)}{x+1} = 2\cdot\frac{x+\overbrace{3}^{\alpha}}{x+\underbrace{1}_{\beta}} = 2\left(\frac{\overbrace{3-1}^{\alpha-\beta}}{x+1}+1\right) = \frac{4}{x+1}+2$$

よって $y = \underbrace{4}_{r} \times \dfrac{1}{x-\underbrace{(-1)}_{p}} + \underbrace{2}_{q}$ より

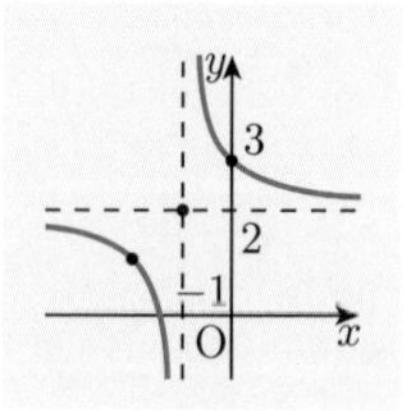

漸近線は直線 $x=-1$ と直線 $y=2$，

点 $(0,3)$ と点 $(-2,1)$　（$(-1,2)$ に関して対称）

を通り，$y = \frac{4}{x}$ のグラフを x 軸方向に -1，y 軸方向に 2 だけ平行移動したグラフである．■

3.8　分数関数のグラフ［II］

分数関数 $y=\dfrac{ax+b}{cx+d}$（$c \neq 0,\ ad-bc \neq 0$）のグラフの漸近線は

「直線 $x=-\dfrac{d}{c}$（（分母）$=cx+d=0$）と $y=\dfrac{a}{c}$ である．

例 3.7

分数関数 $y=\dfrac{\overbrace{3}^{a}x}{\underbrace{5}_{c}x-2}$ のグラフの漸近線は

（分母）$=5x-2=0$ より直線 $x=\dfrac{2}{5}$ と直線 $y=\dfrac{3}{5}\left(=\dfrac{a}{c}\right)$ ■

例題 3.17　次の分数関数のグラフをかけ．

(1)　$y=\dfrac{2x}{x-1}$　　(2)　$y=\dfrac{x+1}{2x+3}$

解　(1)　漸近線は，直線 $x=1$ と直線 $y=2$．$x=0$ のとき $y=0$ より原点 $(0,0)$ と点 $(1,2)$ に関して対称な点 $(2,4)$ を通る．グラフは右図の通り．

(2)　漸近線は，直線 $x=-\dfrac{3}{2}$ と直線 $y=\dfrac{1}{2}$．$x=-1$ のとき $y=0$ より点 $(-1,0)$ と点 $\left(-\dfrac{3}{2},\dfrac{1}{2}\right)$ に関して対称な点 $(-2,1)$ を通る．グラフは右図の通り．■

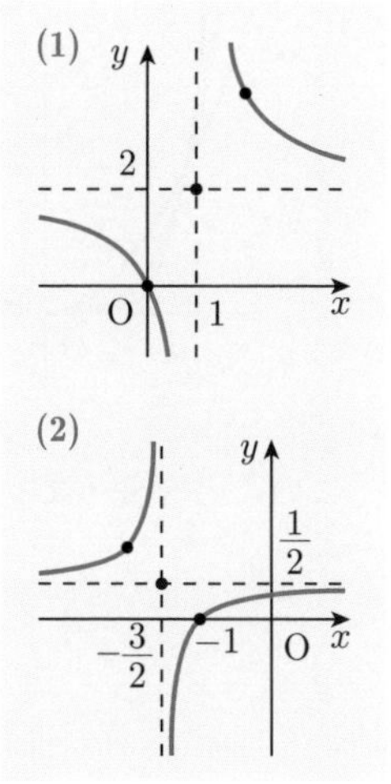

■**注意**　①　$x=0$ のときの y の値を調べると $\Longrightarrow$ y 軸との交点がわかる．

②　分子 $=0$ のときの x の値を調べると $\Longrightarrow$ x 軸との交点がわかる．

Let's TRY

問 **3.17**　次の分数関数のグラフをかけ．

(1)　$y = \dfrac{2}{x-1} + 2$　　(2)　$y = \dfrac{-1}{2x-2} + \dfrac{1}{2}$　　(3)　$y = \dfrac{2x+3}{x+2}$

べき関数

$$y = x^n \quad (n\text{ は正の整数})$$

の形で表される関数を**べき関数《かんすう》**という．最も基本的な1次関数 $y = x$ や，最も基本的な2次関数 $y = x^2$ はべき関数の一種である．$y = x$, $y = x^2$, $y = x^3$, $y = x^4$, ... とべきを上げていくとそれらのグラフはどのような形になるだろうか．

実は，べき関数 $y = x^n$ のグラフは指数 n の偶・奇によって次のようになる．

n = (偶数) = 2, 4, 6, ... のときは，y 軸対称のグラフ，

n = (奇数) = 1, 3, 5, ... のときは，原点対称のグラフとなる．

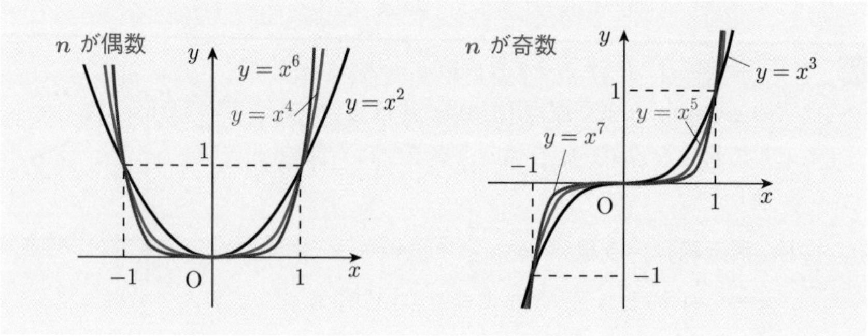

このことを使って，べき関数のグラフを平行移動したグラフをかく練習をしよう．

例題 3.18　次の関数のグラフをかけ．

(1)　$y=(x-1)^4-1$　　(2)　$y=(x-1)^3+1$

解く前に　$y=x^n$ のグラフを x 軸方向に p，y 軸方向に q だけ平行移動すると $y-q=(x-p)^n$ より $y=(x-p)^n+q$ のグラフと一致する．

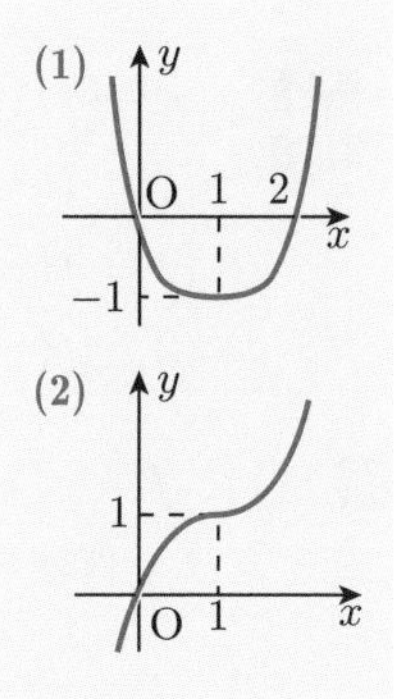

解　(1)　$y=x^4$ のグラフを x 軸方向に 1，y 軸方向に -1 だけ平行移動したグラフで，$x=0$ のとき $y=0$．グラフは右図の通り．

(2)　$y=x^3$ のグラフを x 軸方向に 1，y 軸方向に 1 だけ平行移動したグラフで，$x=0$ のとき $y=0$．グラフは右図の通り．■

Let's TRY

問 3.18　次のグラフをかけ．

(1)　$y=-(x+1)^4-2$　　(2)　$y=-(x+1)^3+1$

解く前に　(1)　$y=-x^4$ のグラフは $y=x^4$ のグラフを x 軸対称移動したグラフ．(2)　$y=-x^3$ のグラフは $y=x^3$ のグラフを x 軸対称移動したグラフ．

偶関数・奇関数　関数 $f(x)$ について，

$$f(-x)=f(x)$$

が成り立つとき**偶関数**《ぐうかんすう》という．原点を間にはさんで，「$-x$ での値」と「x での値」が等しいのだから，偶関数 $y=f(x)$ のグラフは **y 軸対称**《じくたいしょう》**のグラフ**となる．特に，指数が偶数のべき関数 $f(x)=x^2,x^4,x^6,\ldots$ は偶関数である．

一方で，関数 $f(x)$ について，

$$f(-x)=-f(x)$$

が成り立つとき**奇関数**《きかんすう》という．「$-x$ での値」と「x での値」の（絶対値は等しく）正負が逆転しているので，奇関数 $y=f(x)$ のグラフは**原点対称**《げんてんたいしょう》**のグラフ**となる．特に，指数が奇数のべき関数 $f(x)=x,x^3,x^5,\ldots$ は奇関数である．

例 3.8　$f(x) = 1,\ x^2,\ x^4,\ x^6,\ \ldots$ は偶関数.
$f(x) = x,\ x^3,\ x^5,\ x^7,\ \ldots$ は奇関数. ■

例題 3.19　次の関数が偶関数であるか奇関数であるかを調べよ.

(1)　$f(x)=x^4+x^2-3$

(2)　$f(x)=x^5-x^3+2x$

(3)　$f(x)=x^3+2x^2$

解　(1)　$f(-x) = (-x)^4 + (-x)^2 - 3 = x^4 + x^2 - 3 = f(x)$
より偶関数.

(2)　$f(-x) = \underbrace{(-x)^5}_{-x^5} - \underbrace{(-x)^3}_{-x^3} + 2(-x) = -(x^5 - x^3 + 2x) = -f(x)$
より奇関数.

(3)　$f(-x) = (-x)^3 + 2(-x)^2 = -x^3 + 2x^2 \neq f(x),\ -f(x)$
より偶関数でも奇関数でもない. ■

Let's TRY

問 3.19　次の関数が偶関数であるか奇関数であるかを調べよ.

(1)　$y = \sqrt{x^2 - 5}$　　(2)　$y = \dfrac{1}{x} + x$　　(3)　$y = \dfrac{x}{x^2 + 1}$

解く前に　右辺を $f(x)$ とおいて，$f(-x)$ を計算する.

第 3 章　演習問題 A

1　次の問いに答えよ．

(1)　直線 $y = ax$（a は定数）を x 軸方向に p，y 軸方向に q だけ平行移動した直線の方程式は $y = a(x - p) + q$ となることを示せ．

(2)　(1) の結果を利用して，傾きが 2 で点 $(1, -1)$ を通る直線の方程式を求めよ．

2　次の条件を満たす 2 次関数のグラフの方程式を求めよ．

(1)　3 点 $(0, 0)$, $(1, 1)$, $(3, -3)$ を通る．

(2)　頂点が $(1, -1)$ で原点を通る．

(3)　最大値が 1（$x = 2$ のとき）で点 $(1, 0)$ を通る．

(4)　2 点 $(0, 1)$, $(1, 1)$ を通り，x 軸に接する．

(5)　x 軸と 2 点 $(-1, 0)$, $(2, 0)$ で交わり，点 $(1, -2)$ を通る．

(6)　軸の方程式が $x = 1$ で，2 点 $(0, -2)$, $(3, -8)$ を通る．

3　$y = x^2 + 2x + 3$ のグラフを次のように移動した．移動後のグラフの方程式を求めよ．

(1)　x 軸方向に 1，y 軸方向に 2 だけ平行移動．

(2)　原点に関して対称移動．

(3)　x 軸方向に 2 倍してから，y 軸に関する対称移動．

(4)　直線 $y = x$ に関して対称移動．

4　次の問いに答えよ．

(1)　頂点が $(1, 1)$ で原点を通る無理関数 $y = -\sqrt{ax + b} + q$ を求めよ．

(2)　定義域が $x \leqq 2$, 値域が $y \geqq -1$ で点 $(1, 1)$ を通る無理関数 $y = \sqrt{ax + b} + q$ を決定せよ．

(3)　漸近線の方程式が $x = 1$, $y = 1$ で，原点を通る分数関数 $y = \dfrac{a}{x - p} + q$ を決定せよ．

5　$y = \sqrt{2x + 1}$ のグラフおよび $y = \dfrac{x}{2x + 1}$ のグラフを次のように移動した．移動後のグラフの方程式をそれぞれ求めよ．

(1)　x 軸方向に 1，y 軸方向に 2 だけ平行移動．

(2)　原点に関して対称移動．

(3)　x 軸方向に 2 倍してから，y 軸に関する対称移動．

(4)　直線 $y = x$ に関して対称移動．

第3章　演習問題 B

6　次の問いに答えよ．

(1)　直線 $y = ax$（a は 0 でない定数）を原点のまわりに，反時計回りに 90° 回転した直線の方程式は $y = -\frac{1}{a}x$ となることを示せ．

(2)　(1) の結果を利用して，傾きが a の直線に垂直で，点 (p, q) を通る直線の方程式は $y = -\frac{1}{a}(x-p)+q$ となることを示せ．

(3)　(2) の結果を利用して，直線 $y = 2x+1$ に垂直で，点 $(-1, -2)$ を通る直線の方程式を求めよ．

7　次の問いに答えよ．

(1)　2 次関数 $f(x) = x^2 + 2ax + 2a$ の最小値を最大にする a の値を求めよ．

(2)　2 次関数 $f(x) = -x^2 + 2ax + 2a$ の最大値を最小にする a の値を求めよ．

8　点 $(0, -4)$ を通り，$y = x^2$ のグラフに接する直線の方程式を求めよ．

9　直線 $y = ax$ が $y = x^2 + 1$ と 2 点で交わるような a の値の範囲を求めよ．

10　不等式 $x^2 - 2ax + 2a^2 - 2a + 2 > 0$ が成り立つことを証明せよ．

11　次の関数 $f(x)$ の逆関数 $f^{-1}(x)$ を求めよ．

(1)　$f(x) = (x-1)^2 - 1$（$x \leqq 1$）　　(2)　$f(x) = x^2 + 2x$（$x \geqq -1$）

12　次の関数 $f(x)$ の逆関数 $f^{-1}(x)$ を求めよ．

(1)　$f(x) = -\sqrt{x-1} + 1$　　(2)　$f(x) = \dfrac{x+2}{2x+1}$

13　次の問いに答えよ．

(1)　無理関数 $y = \sqrt{x}$ と 1 次関数 $y = x - 2$ のそれぞれのグラフを同一座標平面にかけ．

(2)　方程式 $x - 2 = \sqrt{x}$ を解け．

(3)　(1) のグラフを利用して，不等式 $x - 2 \leqq \sqrt{x}$ および $x - 2 > \sqrt{x}$ を解け．

14　次の問いに答えよ．

(1)　分数関数 $y = \frac{1}{x}$ と 1 次関数 $y = x$ のそれぞれのグラフを同一座標平面にかけ．

(2)　方程式 $x = \frac{1}{x}$ を解け．

(3)　(1) のグラフを利用して，不等式 $x \leqq \frac{1}{x}$ および $x > \frac{1}{x}$ を解け．

4 指数関数・対数関数

この章では指数関数と対数関数について学ぶ．まずは，指数法則をもとに指数を実数の場合まで拡張し，指数の値を決めると値が決まる関数として指数関数を定義する．さらに，累乗の逆の対応として対数を定める．

4.1 指数の拡張

数 a を n 個掛けたものを a の n 乗といい，a^n とかく．一般に，a^n の形をした数または式を，**底**《てい》 a の**累乗**《るいじょう》といい，n をその**指数**《しすう》という．

$$累乗 = 底^{指数}$$

一般に累乗の計算に関して，(1 章 **1.2** で学んだように) 次の**指数法則**《しすうほうそく》が成り立つ．

4.1 指数法則 [I]

m, n が正の整数であるとき次が成り立つ．

(1) $a^m a^n = a^{m+n}$ (累乗の積 $=$ 底^{指数の和})

(2) $(a^m)^n = a^{mn}$ (累乗の累乗 $=$ 底^{指数の積})

(3) $(ab)^n = a^n b^n$ (積の累乗 $=$ 累乗の積)

以下では，指数が正の整数でない場合まで指数法則が成り立つように累乗の定義を拡張していく (「正の整数 → 整数 → 有理数 → 実数」の順に拡張)．

指数が 0 や負の整数の場合　ここでは，累乗の底は 0 でないとする．指数が 0 や負を含む一般の整数のときにも指数法則が成り立つように a^n の値を定めよう．例えば，指数法則 **4.1** の (1) において，指数 m, n が 0 や負の整数のときも成り立つとすると $a \neq 0$ のとき，次のように定義する．

$$a^0 a^n = a^{0+n} = a^n \quad だから，\ a^0 = 1$$

$$a^{-n} a^n = a^{-n+n} = a^0 = 1 \quad だから，\ a^{-n} = \frac{1}{a^n}$$

4.2 指数法則［II］（指数が 0 や負の整数のとき）

$a \neq 0$ で，n が自然数のとき，

$$a^0 = 1, \quad a^{-n} = \frac{1}{a^n}$$

一般に，指数 m, n が 0 や負の整数のときに，指数法則が拡張される．

4.3 指数法則の拡張

$a \neq 0, b \neq 0$ で，m, n が整数のとき，次が成り立つ．

(1) $a^m a^n = a^{m+n}$　(2) $(a^m)^n = a^{mn}$　(3) $(ab)^n = a^n b^n$

(4) $\dfrac{a^m}{a^n} = a^{m-n}$　(5) $\left(\dfrac{a}{b}\right)^n = \dfrac{a^n}{b^n}$

例 4.1

(1) $3^0 = 1, \quad 2^{-3} = \dfrac{1}{2^3} = \dfrac{1}{8}$

(2) $a^3 a^0 = a^{3+0} = a^3$

(3) $a^3 a^{-5} = a^{3+(-5)} = a^{-2} = \dfrac{1}{a^2}$

(4) $(a^2 b^{-3})^2 = (a^2)^2 (b^{-3})^2 = a^{2\times 2} b^{(-3)\times 2} = a^4 b^{-6} = \dfrac{a^4}{b^6}$ ■

Let's TRY

問 4.1 次の式を簡単にせよ．ただし $a \neq 0, b \neq 0$ とする．

(1) $a^{-2}a^5$　(2) $3^3 \times 3^{-7} \div 3^{-5}$　(3) $(a^3 b^{-2})^2$

(4) $(a^{-1}b)^3$　(5) $2^2 \times \frac{1}{5^{-2}}$　(6) $a^{-5} \div a^{-7}$

累乗根　指数が分数の形（有理数）であるときにも指数法則の拡張 **4.3** が成り立つように，累乗の定義を拡張したい．そのための準備として，ここでは累乗根を学ぶ．

$a \geqq 0$ と正の整数 n について，$x^n = a$ を満たす数 $x \geqq 0$ がただ 1 つ存在する．

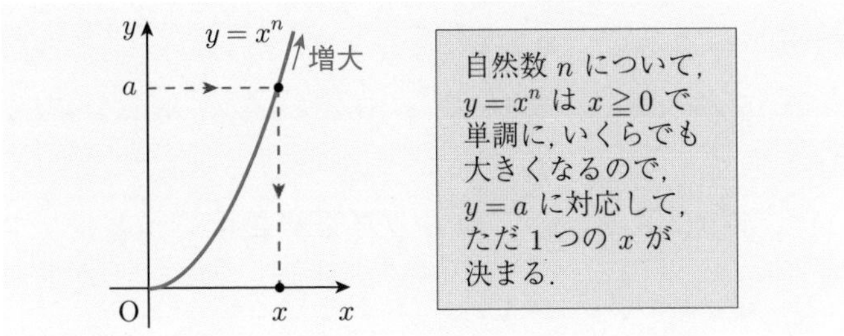

これを $\sqrt[n]{a}$ と表す．$\sqrt[n]{0} = 0$，$\sqrt[n]{1} = 1$ である．

$x^n = a$ を満たす x を a の **n 乗根《じょうこん》**という．n が偶数のとき，$x^n = a$ を満たす実数は 2 つ存在し，$x = \pm\sqrt[n]{a}$．例えば，16 の 4 乗根は $\pm\sqrt[4]{16} = \pm 2$．n が奇数のときは，a が負のときも含め，$x^n = a$ を満たす実数 x はただ 1 つである．例えば，-8 の 3 乗根は $\sqrt[3]{-8} = -2$

■**注意**　a の 2 乗根，3 乗根，4 乗根，$\cdots$ をまとめて，a の**累乗根《るいじょうこん》**という．2 乗根を**平方根《へいほうこん》**，3 乗根を**立方根《りっぽうこん》**ともいう．$n = 2$ のときは $\sqrt[2]{a}$ を $\sqrt{a}$ と略記する．すなわち a の正の平方根である．

例 4.2

(1)　$3^4 = 81$ より $\sqrt[4]{81} = 3$

(2)　$\left(\dfrac{1}{2}\right) = \dfrac{1}{8}$ より $\sqrt[3]{\dfrac{1}{8}} = \dfrac{1}{2}$　■

Let's TRY

問 **4.2**　(1)　$\sqrt[3]{125}$　　(2)　$\sqrt[5]{32}$　　(3)　$\sqrt[4]{0.0001}$

$\sqrt{\ }$ と同様に次が成り立つ.

4.4 累乗根の性質

$a > 0,\ b > 0$, 正の整数 m, n について, 次が成り立つ.

(1) $\sqrt[n]{a}\sqrt[n]{b} = \sqrt[n]{ab}$ (2) $\dfrac{\sqrt[n]{a}}{\sqrt[n]{b}} = \sqrt[n]{\dfrac{a}{b}}$

(3) $(\sqrt[n]{a})^m = \sqrt[n]{a^m}$ (4) $\sqrt[m]{\sqrt[n]{a}} = \sqrt[mn]{a}$

例 4.3

(1) $\sqrt[3]{12}\sqrt[3]{18} = \sqrt[3]{12 \times 18} = \sqrt[3]{2^3 \times 3^3} = 6$

(2) $\sqrt[3]{\sqrt{8}} = \sqrt{\sqrt[3]{8}} = \sqrt{2}$

(3) $\left(\sqrt[4]{9}\right)^2 = \sqrt[4]{9^2} = \sqrt[4]{3^4} = 3$

(4) $\dfrac{\sqrt[3]{200}}{\sqrt[3]{25}} = \sqrt[3]{\dfrac{200}{25}} = \sqrt[3]{2^3} = 2$ ■

Let's TRY

問 4.3 (1) $\sqrt[3]{40} \div \sqrt[3]{5}$ (2) $\sqrt[5]{108}\sqrt[5]{72}$ (3) $\left(\sqrt[6]{169}\right)^3$ (4) $\sqrt[3]{5\sqrt{5}}$

指数が有理数の場合 以下では累乗の底は正であるとする. 指数法則の拡張 **4.3** の (2) の $(a^m)^n = a^{mn}$ が $m = \frac{1}{n}$ でも成り立つとすると

$$\left(a^{\frac{1}{n}}\right)^n = a^{\frac{1}{n} \times n} = a^1 = a$$

だから,

$$a^{\frac{1}{n}} = \sqrt[n]{a}$$

と定める. すなわち, $\sqrt[n]{a}$ は a の正の n 乗根である. さらに, 正の整数 m, n について,

$$a^{\frac{m}{n}} = a^{m \times \frac{1}{n}} = (a^m)^{\frac{1}{n}} = \sqrt[n]{a^m}$$

また, 負の有理数については指数が整数のときと同様に

$$a^{-r} = \frac{1}{a^r}$$

と定める.

4.5　指数法則［III］（指数が有理数のとき）

$a > 0$ で，m, n を正の整数，$r = \dfrac{m}{n}$ とするとき，

$$a^{\frac{m}{n}} = \sqrt[n]{a^m}, \quad a^{-r} = \frac{1}{a^r}$$

このように指数を有理数まで拡張すると，指数法則の拡張 4.3 は $a > 0, b > 0$ のとき，m, n が有理数であっても成り立つ．

例 4.4

(1)　$9^{\frac{1}{2}} = \sqrt{9} = 3$

(2)　$8^{\frac{2}{3}} = \sqrt[3]{8^2} = \sqrt[3]{64} = \sqrt[3]{4^3} = 4$

(3)　$32^{-\frac{1}{5}} = \dfrac{1}{32^{\frac{1}{5}}} = \dfrac{1}{\sqrt[5]{2^5}} = \dfrac{1}{2}$

(4)　$\left(\dfrac{8}{27}\right)^{\frac{1}{3}} = \left(\dfrac{2^3}{3^3}\right)^{\frac{1}{3}} = \left\{\left(\dfrac{2}{3}\right)^3\right\}^{\frac{1}{3}} = \dfrac{2}{3}$

(5)　$32^{0.2} \div 9^{1.5} = \dfrac{(2^5)^{\frac{1}{5}}}{(3^2)^{\frac{3}{2}}} = \dfrac{2^1}{3^3} = \dfrac{2}{27}$　■

Let's TRY

問 4.4　次の値を求めよ．

(1)　$9^{\frac{3}{2}}$　(2)　$8^{\frac{2}{3}}$　(3)　$25^{-\frac{3}{2}}$　(4)　$\sqrt[3]{27}\sqrt[3]{64}$　(5)　$16^{-1.5}$

(6)　$\left\{\left(\dfrac{9}{16}\right)^{\frac{3}{4}}\right\}^{-\frac{2}{3}}$　(7)　$9^{\frac{1}{3}} \times 9^{\frac{1}{4}} \div 9^{\frac{1}{12}}$　(8)　$\left(\sqrt[3]{3} \times \sqrt{3} \div \sqrt[3]{9}\right)^6$

底 a が正のとき，指数 r が無理数のときも累乗 a^r の値を定めることができる．例えば，$r = \sqrt{2} = 1.4142\cdots$ のとき，$a^1, a^{1.4}, a^{1.41}, a^{1.414}, a^{1.4142}, \ldots$ と続けていくと，ある一定の値に近づいていくことが知られている．その値を $a^{\sqrt{2}}$ と定める．このようにして一般の実数 r について累乗 a^r の値が定まる．指数法則の拡張 4.3 は指数が実数の場合も成り立つことが知られている．

4.2 指数関数とそのグラフ

$a > 0$ かつ $a \neq 1$ とする．このとき，$y = a^x$ は x の関数である．この関数を a を底とする**指数関数《しすうかんすう》**という（$a = 1$ の場合，$y = 1^x = 1$ は定数値関数であり，指数関数とはいわない）．

2 を底にもつ指数関数 $y = 2^x$ のグラフを考えてみよう．表は x のいろいろな値に対する $y = 2^x$ の近似値を電卓で求めて作ったものである．

x	$-\frac{5}{2}$	-2	$-\frac{3}{2}$	-1	$-\frac{1}{2}$	0	$\frac{1}{2}$	1	$\frac{3}{2}$	2	$\frac{5}{2}$
$y = 2^x$	0.18	0.25	0.35	0.5	0.71	1	1.41	2	2.83	4	5.66

このようにいろいろな x の値について関数 $y = 2^x$ の値を求め，それらの値を元に座標平面上で点 (x, y) をなめらかな曲線で結ぶと，図のような曲線がえられる．これが底 2 とする指数関数 $y = 2^x$ のグラフである．

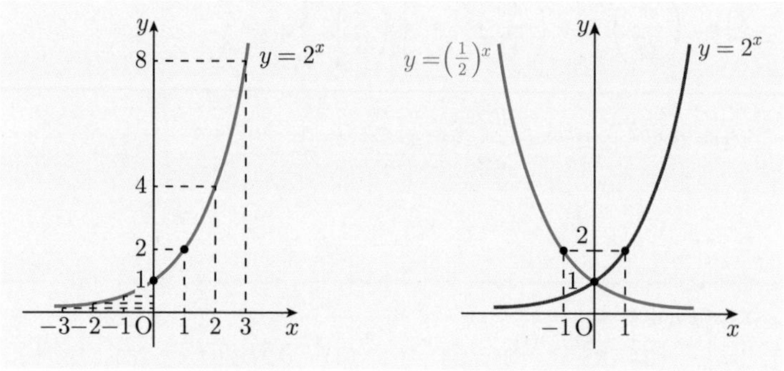

また，$y = \left(\frac{1}{2}\right)^x = 2^{-x}$ であるから，$y = \left(\frac{1}{2}\right)^x$ のグラフは $y = 2^x$ のグラフと y 軸に関して対称である．

4.6　指数関数の性質

指数関数 $y = a^x$（$a > 0,\ a \neq 1$）は次の性質をもつ．

(1)　定義域は実数全体であり，値域は正の実数全体である．

(2)　$x_1 = x_2 \iff a^{x_1} = a^{x_2}$

(3)　$a > 1$ のとき，$x_1 < x_2 \iff a^{x_1} < a^{x_2}$　（単調増加）

　　$0 < a < 1$ のとき，$x_1 < x_2 \iff a^{x_1} > a^{x_2}$　（単調減少）

(4)　グラフは x 軸を漸近線にもち，2 点 $(0, 1)$, $(1, a)$ を通る．

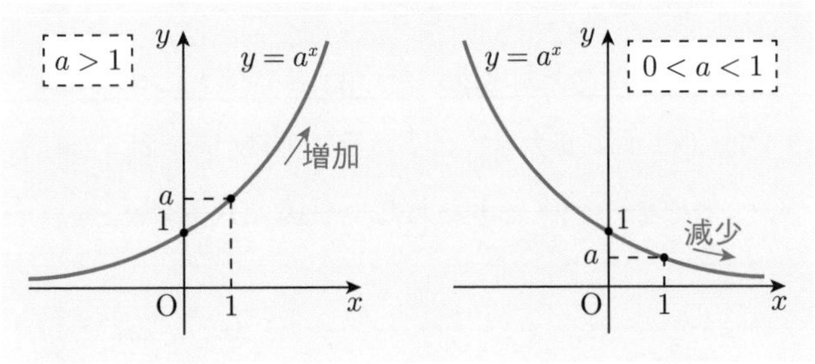

例 4.5　$y=2^{x-1}$ のグラフは $y=2^x$ のグラフを x 軸方向に -1 だけ平行移動したものである．$y=2^x-1$ のグラフは $y=2^x$ のグラフを y 軸方向に -1 だけ平行移動したものである．

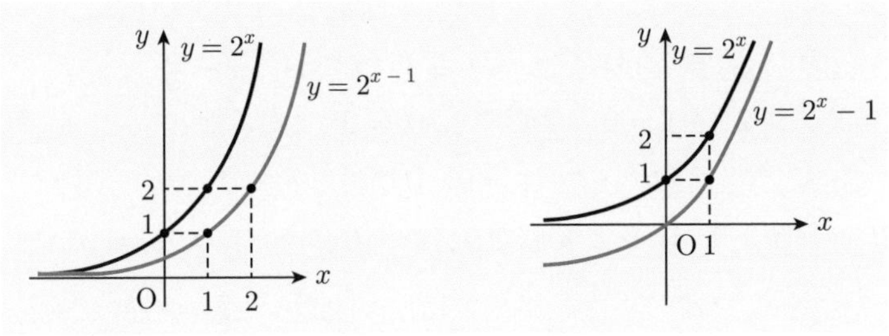

■

Let's TRY

問 4.5　次の関数のグラフをかけ．

(1) $y=\left(\dfrac{3}{2}\right)^x$　(2) $y=\left(\dfrac{2}{3}\right)^x$　(3) $y=\dfrac{3}{2}\times\left(\dfrac{3}{2}\right)^x$　(4) $y=\dfrac{3}{2}-\left(\dfrac{3}{2}\right)^x$

例題 4.1　$\sqrt[5]{16}$ と $\sqrt[7]{64}$ の大小を比較せよ．

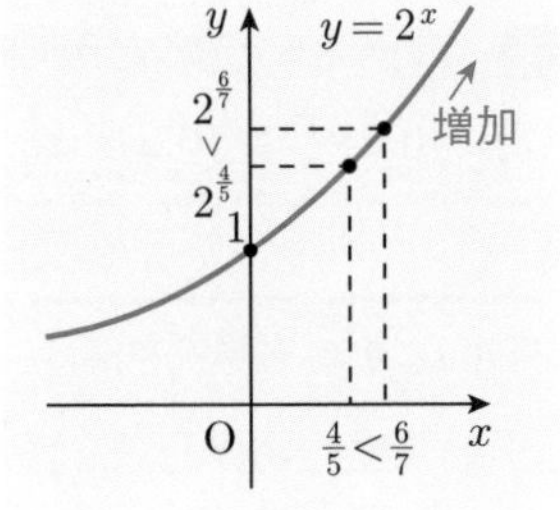

解 両方の数を底 2 の累乗の形にかくと

$$\sqrt[5]{16} = (2^4)^{\frac{1}{5}} = 2^{\frac{4}{5}}, \quad \sqrt[7]{64} = (2^6)^{\frac{1}{7}} = 2^{\frac{6}{7}}$$

である．ここで底 2 は 1 より大きく，$\frac{4}{5} < \frac{6}{7}$ と関数 $y = 2^x$ の単調増加性より

$$2^{\frac{4}{5}} < 2^{\frac{6}{7}} \quad \text{すなわち} \quad \sqrt[5]{16} < \sqrt[7]{64}$$

■

Let's TRY

問 4.6 次を小さい順に並べよ．

(1) $\sqrt[7]{81}$, $\sqrt[3]{9}$, $\sqrt{3}$　　(2) $\sqrt[3]{0.5}$, $\frac{1}{2}$, $\sqrt[4]{0.25}$

例題 4.2 次の方程式を解け．

(1) $3^{2x+1} = 81$　　(2) $2^{2x+1} + 2^x - 1 = 0$

解 (1) $3^{2x+1} = 3^4$ だから，$2x + 1 = 4$，すなわち $x = \frac{3}{2}$

(2) $2 \cdot (2^x)^2 + 2^x - 1 = 0$ と変形でき，$t = 2^x$ とおくと

$$2t^2 + t - 1 = 0 \quad (t > 0) \quad \cdots ①$$

①は $(2t - 1)(t + 1) = 0$ と変形でき，$t > 0$ より，$t = \frac{1}{2} = 2^{-1}$ すなわち $2^x = 2^{-1}$ となって，$x = -1$

■

Let's TRY

問 4.7 次の方程式を解け．

(1) $5^x = 125$　　(2) $3^{2x-1} = 243$　　(3) $4^x = 8$　　(4) $9^{x+1} + 3^{x+1} - 2 = 0$

例題 4.3 次の不等式を解け．

(1) $3^x < 81$　　(2) $(0.04)^x > \sqrt{0.2}$

解 (1) $3^x < 3^4$ だから，$x < 4$

(2) $(0.2)^{2x} > (0.2)^{\frac{1}{2}}$ だから，$2x < \frac{1}{2}$ すなわち $x < \frac{1}{4}$

■

Let's TRY

問 4.8 次の不等式を解け．

(1) $25^x > 5^{x+1}$　　(2) $(\sqrt{3})^x < 27$　　(3) $4^x - 32 \leqq 0$　　(4) $\left(\frac{1}{16}\right)^x < \frac{1}{8}$

4.3 対数とその性質

$a>0,\ a\neq 1$ のとき，任意の正の数 M について

$$a^r = M$$

を満たす実数 r がただ1つ定まる．この r の値を，a を**底**《てい》とする M の**対数**《たいすう》といい，

$$\log_a M$$

とかく（記号 log は，対数を意味する logarithm の略）．さらに，M をこの対数の**真数**《しんすう》という．

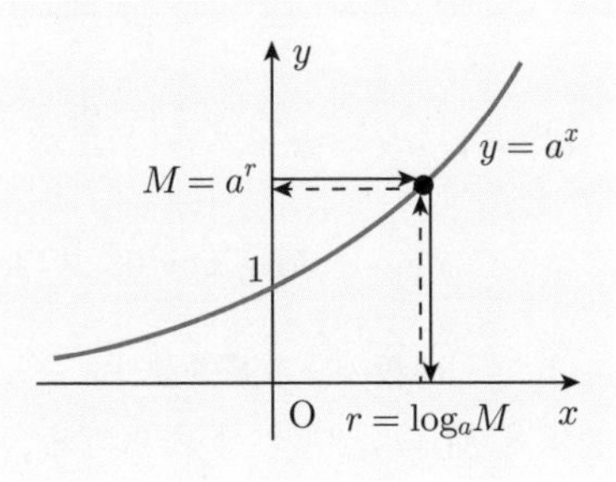

4.7　対数の定義（指数との対応）

$a^r = M \iff r = \log_a M$　ただし $a>0,\ a\neq 1,\ M>0$

■**注意**　$\log_a M$ に対し，$M>0$ という条件を真数条件という．

例 4.6　$2^3 = 8$ だから $3 = \log_2 8$ ■

Let's TRY

問 **4.9**　次の $a^r = M$ の形の等式を，対数を用いて $r = \log_a M$ の形に表せ．

(1)　$8^{\frac{1}{3}} = 2$　　(2)　$10^{-2} = \dfrac{1}{100}$　　(3)　$5^0 = 1$

例 4.7　$r = \log_3 81$ とおくと $3^r = 81$ より $3^r = 3^4$ となって

$$r = \log_3 81 = 4$$ ■

Let's TRY

問 **4.10**　次の対数の値を求めよ．

(1)　$\log_5 25$　　(2)　$\log_3 27$　　(3)　$\log_2 \sqrt{2}$　　(4)　$\log_{10} 0.001$

$a^0 = 1,\ a^1 = a,\ a^{-1} = \frac{1}{a}$ だから，次が成り立つ．

$$\log_a 1 = 0, \qquad \log_a a = 1, \qquad \log_a \frac{1}{a} = -1$$

また，対数の定義 4.7 「$r = \log_a M \iff M = a^r$」より，$r$ を消去すると関係式 $M = a^{\log_a M}$ が得られる．

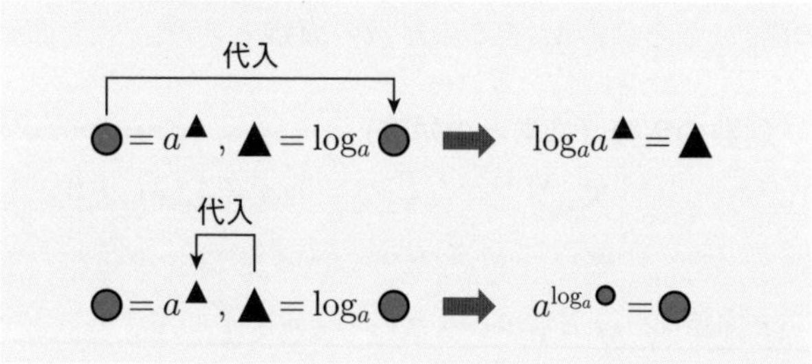

関係式 $r = \log_a a^r,\ M = a^{\log_a M}$ および指数法則 4.1, 4.2 より，次の公式が導かれる．

4.8 対数の性質

$a > 0,\ a \neq 1,\ M > 0,\ N > 0$ のとき

(1)　$\log_a 1 = 0, \quad \log_a a = 1$

(2)　$\log_a a^r = r, \quad a^{\log_a M} = M$

(3)　$\log_a MN = \log_a M + \log_a N$　（積の対数 = 対数の和）

(4)　$\log_a \dfrac{M}{N} = \log_a M - \log_a N$　（商の対数 = 対数の差）

特に，$\log_a \dfrac{1}{N} = -\log_a N$

(5)　$\log_a M^p = p \log_a M$　（p 乗の対数 = 対数の p 倍）

特に，$\log_a \sqrt[n]{M} = \dfrac{1}{n} \log_a M$

証明　(3)　$M = a^{\log_a M}$, $N = a^{\log_a N}$，および指数法則を用いて

$$MN = a^{\log_a M} \times a^{\log_a N} = a^{\log_a M + \log_a N}$$

だから $\log_a MN = \log_a a^{\log_a M + \log_a N} = \log_a M + \log_a N$．また

$$\frac{M}{N} = \frac{a^{\log_a M}}{a^{\log_a N}} = a^{\log_a M - \log_a N}$$

を用いると，(4) も同様に示せる．

(5)　$M^p = (a^{\log_a M})^p = a^{p \log_a M}$ と $r = \log_a a^r$ より

$$\log_a M^p = \log_a a^{p \log_a M} = p \log_a M$$

■

例 4.8

(1)　$\log_6 2 + \log_6 3 = \log_6(2 \times 3) = \log_6 6 = 1$

(2)　$\log_3 45 - \log_3 5 = \log_3 \dfrac{45}{5} = \log_3 9 = \log_3 3^2 = 2$

(3)　$\log_2 \sqrt[5]{8} = \log_2 \sqrt[5]{2^3} = \log_2 2^{\frac{3}{5}} = \dfrac{3}{5}$

■

Let's TRY

問 4.11　次の値を求めよ．

(1)　$\log_6 4 + \log_6 9$　(2)　$\log_5 4 - 2\log_5 10$　(3)　$\log_2 \sqrt{18} - \log_2 \dfrac{3}{2}$

(4)　$6\log_2 \sqrt[3]{3} - \log_2 18$　(5)　$4\log_2 \sqrt{2} + \dfrac{1}{2}\log_2 3 + \log_2 \dfrac{2}{\sqrt{3}}$

次の公式を用いると，ある数を底とする対数を，別の底をもつ対数に書き換える（**底**《てい》**の変換**《へんかん》という）ことができる．

4.9　底の変換公式

$a > 0$, $a \neq 1$, $b > 0$, $c > 0$, $c \neq 1$ のとき

$$\log_a b = \frac{\log_c b}{\log_c a} \qquad \text{特に,} \quad \log_a c = \frac{1}{\log_c a}$$

この公式は，分母を払った

$$\log_c a \, \log_a b = \log_c b$$

の形で用いられることも多い．

証明

$$\log_c a \log_a b = \log_a b \log_c a = \log_c a^{\log_a b} = \log_c b$$

である．両辺を $\log_c a$ で割ると $\log_a b = \frac{\log_c b}{\log_c a}$ が得られる． ■

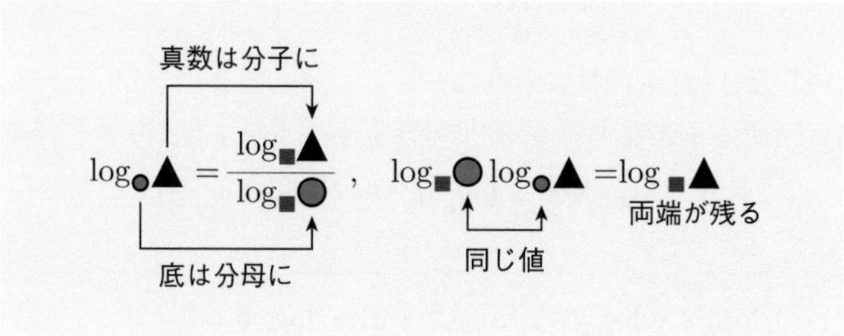

底の異なった対数が混ざっている計算を行う場合には，底の変換公式を用いて，底をそろえてから解くとよい．

例 4.9

(1)　$\log_8 32 = \dfrac{\log_2 32}{\log_2 8} = \dfrac{\log_2 2^5}{\log_2 2^3} = \dfrac{5}{3}$

(2)　$\log_3 4 \cdot \log_2 9 = \dfrac{\log_2 4}{\log_2 3} \log_2 9 = \dfrac{\log_2 2^2}{\log_2 3} \log_2 3^2$

$$= \frac{2}{\log_2 3} \cdot 2 \log_2 3 = 4$$ ■

Let's TRY

問 4.12　次の値を求めよ．

(1)　$\log_2 3 \cdot \log_3 4$　　(2)　$\log_{\sqrt[3]{4}} 8$　　(3)　$\dfrac{\log_4 27}{\log_2 3}$　　(4)　$\log_{16} 2$

(5)　$\log_9 \sqrt{27}$　　(6)　$\log_{\frac{1}{4}} 8$　　(7)　$\log_3 125 \cdot \log_5 81$

4.4 対数関数とそのグラフ

a を 1 でない正の定数とする．このとき

$$y = \log_a x \quad (x > 0)$$

は x の関数である．この関数を a を底とする**対数関数**《たいすうかんすう》という．

2 を底とする対数関数 $y = \log_2 x$ のグラフを考えてみよう．

x	$\frac{1}{4}$	$\frac{1}{2}$	1	2	4
$y = \log_2 x$	-2	-1	0	1	2

この表を元に，$y = \log_2 x$ のグラフをかくと次のようになる．

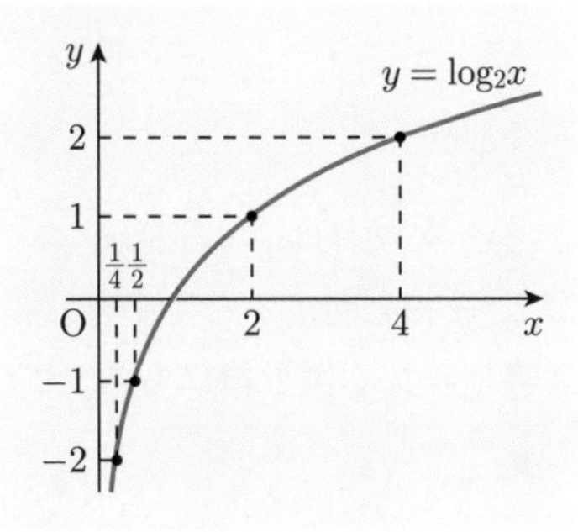

$y = \log_a x$ で x と y を交換すると $x = \log_a y$ すなわち $y = a^x$ となり，$y = \log_a x$ は $y = a^x$ の逆関数である．

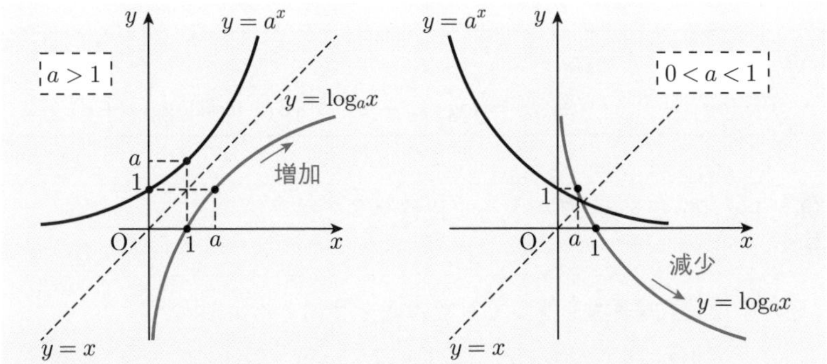

4.10 対数関数の性質

対数関数 $y = \log_a x$（$a > 0$, $a \neq 1$）は次の性質をもつ．

(1) 定義域は正の実数全体（$x > 0$）であり，値域は実数全体である．

(2) $x_1 = x_2 \iff \log_a x_1 = \log_a x_2$

(3) $a > 1$ のとき，$x_1 < x_2 \iff \log_a x_1 < \log_a x_2$　（単調増加）

$0 < a < 1$ のとき，$x_1 < x_2 \iff \log_a x_1 > \log_a x_2$　（単調減少）

(4) グラフは y 軸を漸近線にもち，2 点 $(1, 0)$, $(a, 1)$ を通る．

例題 4.4　次のグラフをかけ.

(1)　$y = \log_{\frac{1}{3}} x$　　(2)　$y = \log_2(x-2)+1$

解　(1)　グラフは y 軸を漸近線にもち，2 点 $(1, 0)$, $\left(\dfrac{1}{3}, 1\right)$ を通り単調減少.

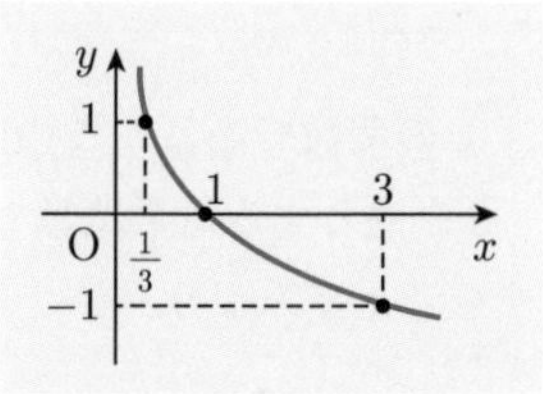

(2)　グラフは $y = \log_2 x$ のグラフを x 軸方向に 2，y 軸方向に 1 だけ平行移動したものである. 直線 $x = 2$ を漸近線にもち，2 点 $(3, 1)$, $(4, 2)$ を通る.　■

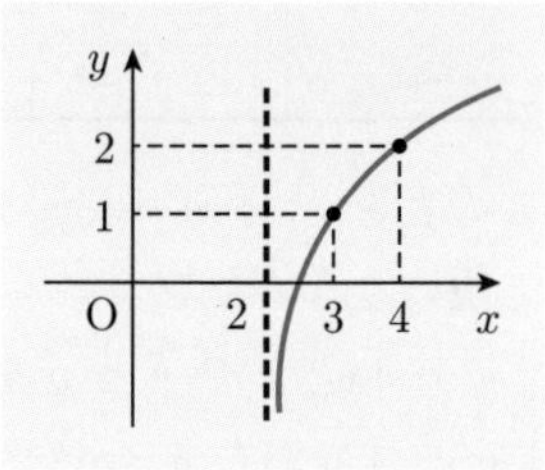

Let's TRY

問 **4.13**　次のグラフをかけ.

(1)　$y = \log_2(-x)$　　(2)　$y = \log_{\frac{1}{2}}(x+2)$　　(3)　$y = \log_3(x+3)-2$

例題 4.5　$\log_4 25$ と $\log_8 27$ の大小を比較せよ.

解　底の変換公式 **4.9** を使って対数の底を 2 にそろえると

$$\log_4 25 = \frac{\log_2 25}{\log_2 4} = \frac{\log_2 5^2}{\log_2 2^2} = \frac{2\log_2 5}{2} = \log_2 5$$

$$\log_8 27 = \frac{\log_2 27}{\log_2 8} = \frac{\log_2 3^3}{\log_2 2^3} = \frac{3\log_2 3}{3} = \log_2 3$$

底 2 は 1 より大きいので **4.10** より単調に増加する.
$3 < 5$ だから，

$$\log_2 3 < \log_2 5$$

すなわち $\log_8 27 < \log_4 25$　■

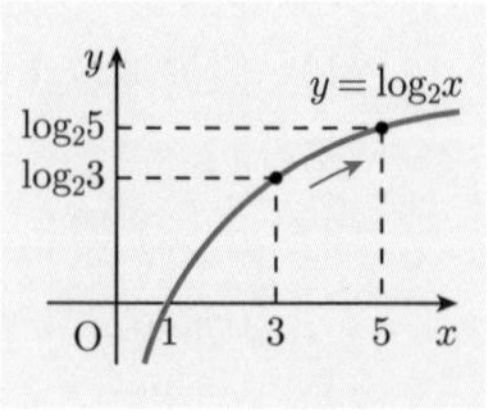

Let's TRY

問 4.14　次を小さい順に並べよ．

(1)　$\frac{2}{3}, \log_2 3, \log_4 7$　　(2)　$\log_3 2, \log_9 5, \frac{1}{2}$

例題 4.6　次の方程式と不等式をそれぞれ解け．

(1)　$\log_2 x = 3$　　(2)　$\log_2 x > 3$　　(3)　$\log_2 x < 3$

解く前に　右辺の 3 を底 2 の対数で表して解く．真数条件 $x > 0$ に注意する．

解　(1)　$\log_2 x = \log_2 2^3 = \log_2 8$ より $x = 8$

(2)　不等式は $\log_2 x > \log_2 8$ と変形でき，底 2 は 1 より大きいので $x > 8$

(3)　(2) と同様に $x < 8$ であるが，真数条件 $x > 0$ より $0 < x < 8$　■

Let's TRY

問 4.15　次の方程式と不等式を解け．

(1)　$\log_{\frac{1}{2}} x = -1$　　(2)　$\log_3 x \geqq 2$　　(3)　$\log_{\frac{1}{3}} x < 2$

(4)　$\log_3 3x = 4$　　(5)　$\log_3(x + 2) < 2$　　(6)　$\log_{\frac{1}{2}}(x - 2) < 2$

例題 4.7　次の方程式を解け．

$$\log_2(x - 1) + \log_2(x + 2) = 2$$

解く前に　一般に対数を含む式の変形を行うとき，真数条件を確認することが重要である．

解　真数条件より，$x - 1 > 0$ かつ $x + 2 > 0$，すなわち $x > 1$．方程式を変形すると $\log_2(x - 1)(x + 2) = 2$ より，$(x - 1)(x + 2) = 2^2$

これを整理して $x^2 + x - 6 = 0$，因数分解して $(x + 3)(x - 2) = 0$

ここで，$x > 1$ より，$x = 2$　■

Let's TRY

問 4.16　次の方程式と不等式を解け．

(1)　$2\log_2(x - 2) = \log_2(x + 4)$　　(2)　$2\log_2(2 - x) \geqq \log_2 x$

(3)　$2\log_2(x - 2) < \log_2(2x - 1)$

4.5 常用対数

10 を底とする対数を **常用対数《じょうようたいすう》** という．

例 4.10　$\log_{10} 100 = 2, \quad \log_{10} 10000 = 4,$
$\log_{10} 0.1 = -1, \quad \log_{10} 0.001 = -3$ ■

$\log_{10} 2$ の概数を調べてみよう．
$2^{10} = 1024 > 10^3$ より

$$10 \log_{10} 2 = \log_{10} 2^{10} > \log_{10} 10^3 = 3$$

だから，$\log_{10} 2 > \frac{3}{10}$ である．また同様に $2^{13} = 8192 < 10^4$ より

$$13 \log_{10} 2 < 4$$

となり，$\log_{10} 2$は $\frac{3}{10} = 0.3$ と $\frac{4}{13} \fallingdotseq 0.308$ の間の値であることがわかる．

巻末に 1.00 から 9.99 までの数について，その常用対数の値の小数第 5 位を四捨五入したものが表にまとめてある．このように常用対数を表にまとめたものを **常用対数表《じょうようたいすうひょう》** という．

一般にすべての正の数は，次の形で表すことができる：

$$a \times 10^n \quad (1 \leqq a < 10,\ n \text{ は整数})$$

すると

$$\log_{10}(a \times 10^n) = \log_{10} a + \log_{10} 10^n = \log_{10} a + n$$

だから，1.00 から 9.99 までの常用対数表があれば，任意の正の数の常用対数の近似値を計算できることになる．

例 4.11　$\log_{10} 672 = \log_{10}(6.72 \times 10^2) = \log_{10} 6.72 + \log_{10} 10^2$
$\fallingdotseq 0.8274 + 2 = 2.8274$ ■

また，底が 10 ではない対数の値も，底の変換公式 4.9 を用いると求めることができる．

例 4.12 $\log_2 3 = \dfrac{\log_{10} 3}{\log_{10} 2} \fallingdotseq \dfrac{0.4771}{0.3010} \fallingdotseq 1.585$ ■

常用対数を利用すると，正の数の大まかな大きさを調べることができる．例えば，N が

$$2 \leqq \log_{10} N < 3$$

を満たすとき

$$\log_{10} 10^2 \leqq \log_{10} N < \log_{10} 10^3$$

だから $10^2 \leqq N < 10^3$，すなわち N は 100 以上かつ 1000 未満の数であるから，3 桁の数であるとわかる．

また，N が $-3 \leqq \log_{10} N < -2$ を満たすとき

$$\log_{10} 10^{-3} \leqq \log_{10} N < \log_{10} 10^{-2}$$

だから $10^{-3} \leqq N < 10^{-2}$，すなわち N は 0.001 以上かつ 0.01 未満の数である．このことから，小数第 3 桁にはじめて 0 でない数字が出てくることがわかる．

例題 4.8 5^{20} の桁数を求めよ．ただし $\log_{10} 2 = 0.3010$ とする．

解 $\log_{10} 5^{20} = 20 \log_{10} 5 = 20 \log_{10} \dfrac{10}{2} = 20(\log_{10} 10 - \log_{10} 2)$

$$= 20 \times (1 - 0.3010) = 20 \times 0.6990 = 13.98$$

だから $5^{20} = 10^{13.98}$ となり

$$10^{13} \leqq 5^{20} = 10^{13.98} < 10^{14}$$

ゆえに 5^{20} の桁数は 14 桁である． ■

Let's TRY

問 4.17 $\left(\dfrac{1}{3}\right)^{20}$ を小数表記したとき，小数第何位にはじめて 0 でない数字が出てくるか求めよ．ただし $\log_{10} 3 = 0.4771$ とする．

第 4 章　演習問題 A

1　次の式を簡単にせよ．ただし，$a > 0$ とする．

(1)　$2^{\frac{4}{3}} \times 3^{\frac{1}{2}} \times 6^{\frac{1}{3}} \div (2^{\frac{2}{3}} \times 3^{-\frac{1}{6}})$　　(2)　$\sqrt[3]{a^4} \times \sqrt[6]{a^7} \div a^{\frac{1}{2}}$

(3)　$4\log_2 \sqrt{2} - \dfrac{1}{2}\log_2 \dfrac{1}{3} + \log_2 \dfrac{2}{\sqrt{3}}$　　(4)　$\log_8 \sqrt{2}$

(5)　$\log_2 24 - \log_4 36$　　(6)　$\log_2 3(\log_9 2 + \log_{27} 2)$

2　次の数を小さい順に並べよ．

(1)　$\sqrt[3]{4}, \sqrt{2}, \sqrt[9]{16}$　　(2)　$2, \log_2 3, \log_4 10$

3　次の方程式と不等式を解け．

(1)　$4^x = 8^{x-1}$　　(2)　$2^{4x} - 4^{x-1} = 0$

(3)　$\left(\dfrac{1}{2}\right)^x < 32 < 2^{4-x}$　　(4)　$3^{2x} - 2 \cdot 3^x - 3 < 0$

(5)　$\log_2 x + \log_2(x+2) = 3$　　(6)　$\log_2(2x+1) + \log_2 x = 0$

(7)　$\log_3(2-x) \leqq 2$　　(8)　$\log_{\frac{1}{3}}(x+1)(2x+1) > -1$

4　$-2 \leqq x \leqq 2$ のとき，関数 $y = 1 - \left(\dfrac{3}{2}\right)^{x-1}$ の最大値・最小値を求めよ．

5　$\dfrac{1}{4} \leqq x \leqq 1$ のとき，関数 $y = \log_{\frac{1}{2}} x$ の最大値・最小値を求めよ．

6　次の関数のグラフについて，$y = 3^x$ のグラフとの位置関係を述べよ．

(1)　$y = -3^x$　　(2)　$y = \left(\dfrac{1}{3}\right)^x$　　(3)　$y = -3^{-x}$

7　次の関数のグラフについて，$y = \log_3 x$ のグラフとの位置関係を述べよ．

(1)　$y = \log_3 3x$　　(2)　$y = \log_3 \dfrac{x}{9}$　　(3)　$y = \log_3 \dfrac{1}{x}$

第 4 章　演習問題 B

8　3 つの数 $2^{\frac{1}{2}}$, $3^{\frac{1}{3}}$, $7^{\frac{1}{6}}$ を小さい順に並べよ．

9　次を簡単にせよ．

(1)　$9^{\log_3 \sqrt{2}}$　　(2)　$5^{2+\log_5 4}$

(3)　$\left(\dfrac{1}{3}\right)^{\log_3 \sqrt{2}}$　　(4)　$(\sqrt{2})^{\log_2 9}$

(5)　$(\sqrt[3]{2}-1)(\sqrt[3]{4}+\sqrt[3]{2}+1)$

(6)　$(\log_2 9+\log_4 3)(\log_3 2+\log_9 4)$

10　$x^{\frac{1}{3}}+x^{-\frac{1}{3}}=3$ のとき，次の値をそれぞれ求めよ．

(1)　$x^{\frac{2}{3}}+x^{-\frac{2}{3}}$　　(2)　$x+\dfrac{1}{x}$

11　関数 $y=4^x+4^{-x}-(2^x+2^{-x})+1$ について，次の問いに答えよ．

(1)　$t=2^x+2^{-x}$ とおくとき，y を t の式で表せ．

(2)　t のとり得る値の範囲を求めよ．

(3)　y の最小値とそのときの x を求めよ．

解く前に　(2)　相加平均と相乗平均の大小関係（$a>0$, $b>0$ のとき $a+b \geqq 2\sqrt{ab}$）を使おう．

12　次の不等式を満たす x の値の範囲を求めよ．

(1)　$2^{2x+1}+2^x-1 \leqq 0$

(2)　$9^x-3^{x+1}-54>0$

(3)　$(\log_2 x)^2+\log_2 x^5+4<0$

(4)　$\log_2(x-1)+\log_2(x-3)<3$

(5)　$2\log_{\frac{1}{5}}(x+1) \leqq \log_{\frac{1}{5}}(x+3)$

13　関数 $y=-4^x+4\cdot 2^x+2$（$-1 \leqq x \leqq 3$）について，次の問いに答えよ．

(1)　$t=2^x$ とおくとき，y を t の式で表せ．

(2)　t のとり得る値の範囲を求めよ．

(3)　y の最大値・最小値，およびそれぞれに対応する x の値を求めよ．

5 三角関数

歴史上，三角関数の概念が最初に現れたのは測量においてであるといわれている．三角関数は，現在では，力学や電磁気学，機械工学，電気工学など多くの分野の基礎となっている．

5.1 三角比

鋭角の三角比　2つの直角三角形$\triangle\mathrm{ABC}$と$\triangle\mathrm{A'BC'}$について

$$\angle\mathrm{ACB} = \angle\mathrm{A'C'B} = 90^\circ$$

$$\angle\mathrm{ABC} = \angle\mathrm{A'BC'}\ (= \theta \text{ とおく})$$

とする．

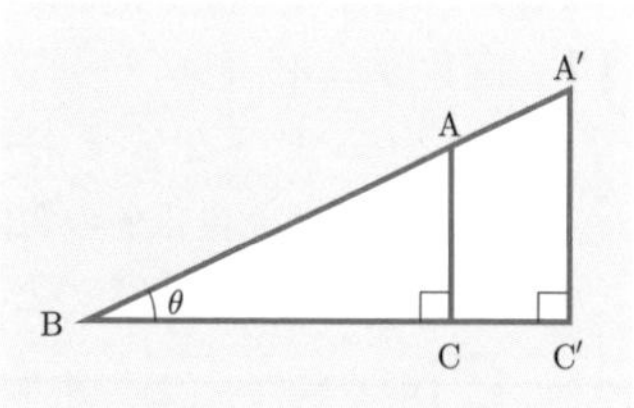

この2つの直角三角形は相似であり，

$$\frac{\mathrm{BC}}{\mathrm{AB}} = \frac{\mathrm{BC'}}{\mathrm{A'B}},\quad \frac{\mathrm{AC}}{\mathrm{AB}} = \frac{\mathrm{A'C'}}{\mathrm{A'B}},\quad \frac{\mathrm{AC}}{\mathrm{BC}} = \frac{\mathrm{A'C'}}{\mathrm{BC'}}$$

が成り立つ．これらの比の値は三角形の大きさにはよらず，角θによってのみ定まる．そこでこれらをそれぞれ，角θの**余弦**《よげん》，**正弦**《せいげん》，**正接**《せいせつ》といい，記号$\cos\theta$, $\sin\theta$, $\tan\theta$で表す．これらを総称して角θの**三角比**《さんかくひ》という．

5.1　三角比の定義

θとx, y, rを図のようにとるとき，

$$\cos\theta = \frac{x}{r} = \frac{(\text{底辺})}{(\text{斜辺})}\qquad \sin\theta = \frac{y}{r} = \frac{(\text{高さ})}{(\text{斜辺})}$$

$$\tan\theta = \frac{y}{x} = \frac{(\text{高さ})}{(\text{底辺})}$$

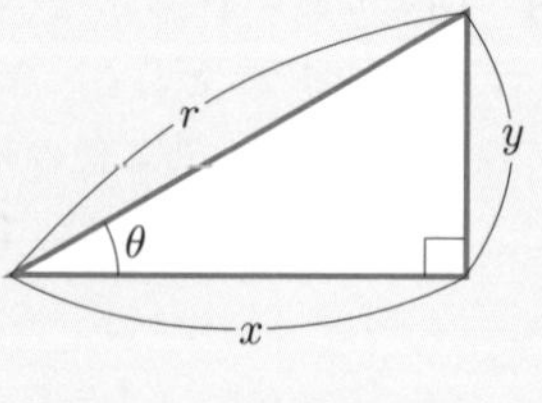

例 5.1 右図の直角三角形 ABC について三平方の定理から $\mathrm{CA}^2 = 4 + 1 = 5$．これより

$$\mathrm{CA} = \sqrt{5}$$

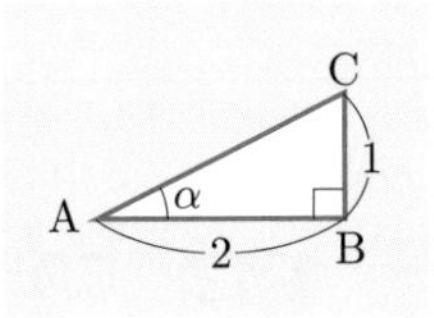

よって

$$\cos\alpha = \frac{2}{\sqrt{5}}, \quad \sin\alpha = \frac{1}{\sqrt{5}}, \quad \tan\alpha = \frac{1}{2} \quad ■$$

Let's TRY

問 5.1 次の角 α の三角比を求めよ．

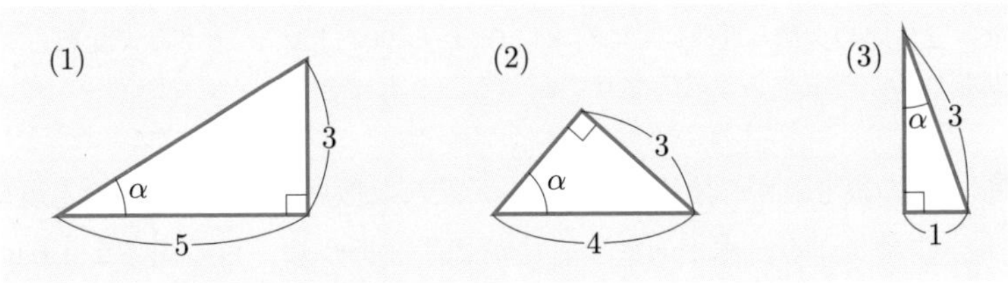

特に，30°, 45°, 60° の三角比については次のようになる．

θ	30°	45°	60°
$\sin\theta$	$\frac{1}{2}$	$\frac{1}{\sqrt{2}}$	$\frac{\sqrt{3}}{2}$
$\cos\theta$	$\frac{\sqrt{3}}{2}$	$\frac{1}{\sqrt{2}}$	$\frac{1}{2}$
$\tan\theta$	$\frac{1}{\sqrt{3}}$	1	$\sqrt{3}$

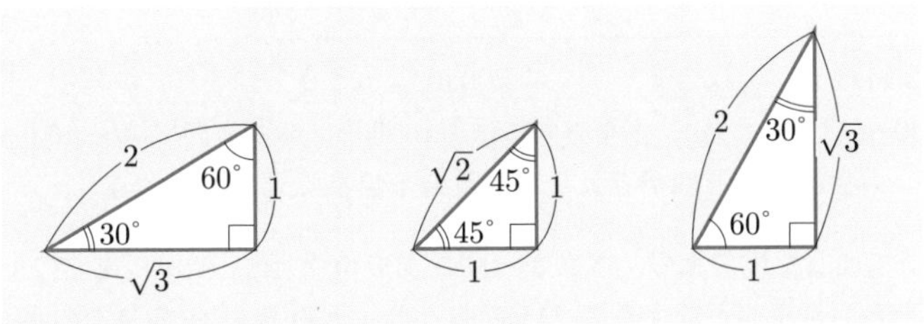

また，三角比の定義の式 $\cos\theta = \dfrac{x}{r}$, $\sin\theta = \dfrac{y}{r}$, $\tan\theta = \dfrac{y}{x}$ より

$$x = r\cos\theta,\ y = r\sin\theta,\ y = x\tan\theta$$

が成り立つ．これは簡単な式変形であるが，覚えておくと便利である．

5.2 三角比の応用

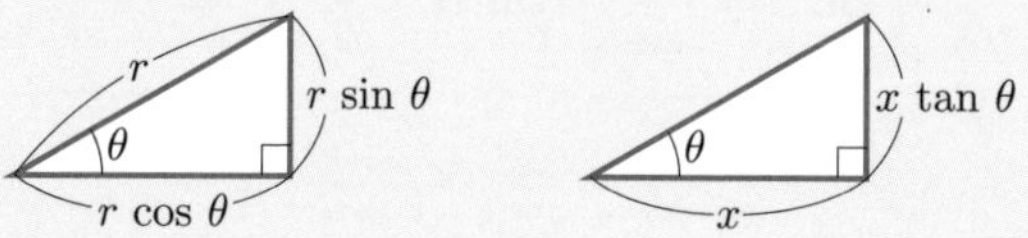

■ **注意**　三角比の数値（近似値）は巻末に 0° から 90° まで 1° きざみで記載してある．関数電卓やスマートフォンのアプリで調べることもできる．

例題 5.1　木の根もとから水平方向に 10 m 離れた地点に立って，木の先端を見上げたところ，水平面となす角が 28° であった．目の高さを 1.6 m として，木の高さを求めよ．ただし，小数第 2 位を四捨五入せよ．

解　右図において

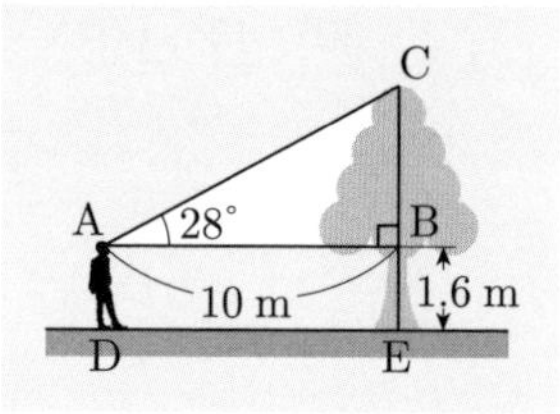

$$\mathrm{BC} = \mathrm{AB}\tan 28^\circ$$

$$= 10 \times 0.5317 = 5.317 \fallingdotseq 5.3\,\mathrm{m}$$

よって，木の高さは

$$\mathrm{CE} = \mathrm{BE} + \mathrm{BC} = 1.6 + 5.3 = 6.9\,\mathrm{m}$$ ■

Let's TRY

問 5.2　傾斜角 18° の坂をまっすぐに 200 m 登るとき（つまり，坂に沿って測った距離が 200 m であるとき），水平方向には何 m 進み，鉛直方向には何 m 上がることになるか．小数第 2 位を四捨五入して小数第 1 位まで求めよ．

問 5.3　海に面した崖の上の，水面から高さ 100 m の地点 A から遠くの小船 B を見下ろしたら，水平面となす角は 24° であった．小船 B は A の真下の水面と同じ高さの地点 C から何 m 離れているか，小数第 2 位を四捨五入して小数第 1 位まで求めよ．

Let's TRY

問 **5.4** 右の図において $0^\circ < \alpha < \beta < 90^\circ$ とする．次の問いに答えよ．

(1) 線分 CD の長さ h を線分 AB の長さ a と角 α, β を用いて表せ．

(2) $a = 10, \alpha = 30^\circ, \beta = 45^\circ$ のとき，h の値を求めよ．

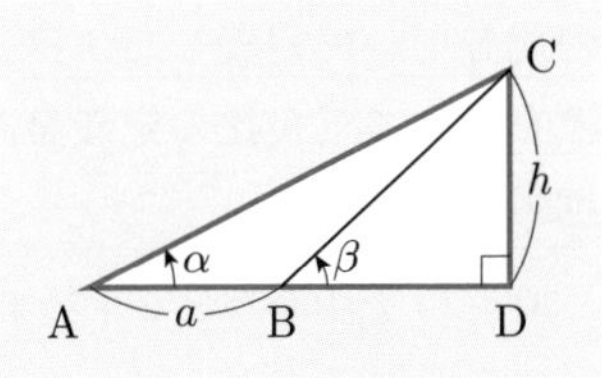

$90^\circ - \theta$ の三角比 三角比の定義より，図の直角三角形について次が成り立つ．

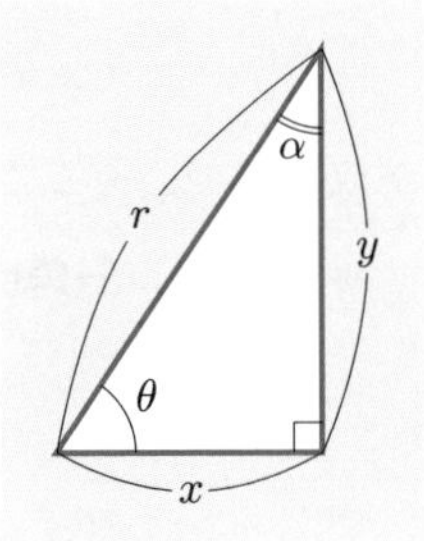

$$\sin\alpha = \frac{x}{r} = \cos\theta$$

$$\cos\alpha = \frac{y}{r} = \sin\theta$$

$$\tan\alpha = \frac{x}{y} = \frac{1}{\tan\theta}$$

$\alpha = 90^\circ - \theta$ から，次の式が成立する．

5.3 **$90^\circ - \theta$ の三角比**

$$\sin(90^\circ - \theta) = \cos\theta$$

$$\cos(90^\circ - \theta) = \sin\theta$$

$$\tan(90^\circ - \theta) = \frac{1}{\tan\theta}$$

例 5.2 $72^\circ + 18^\circ = 90^\circ$，および，$80^\circ + 10^\circ = 90^\circ$ から，

$$\sin 72^\circ = \cos 18^\circ, \quad \tan 80^\circ = \frac{1}{\tan 10^\circ}$$ ■

Let's TRY

問 **5.5** 次の三角比を 45° より小さい正の角の三角比で表せ．

(1) $\sin 65^\circ$ (2) $\cos 70^\circ$ (3) $\tan 88^\circ$

三角比の拡張 鋭角の三角比は直角三角形の辺の比を用いて定義した．ここでは円周上の点の座標を用いて三角比の定義を直角や鈍角の場合まで拡張する．

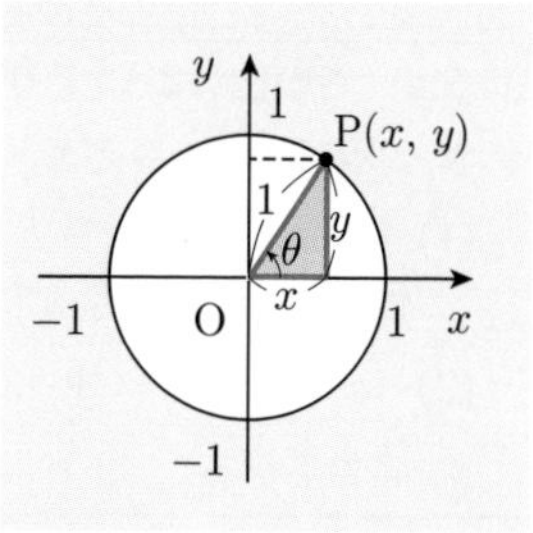

原点Oを中心とする半径1の円(この円を**単**《たん》**位**《い》**円**《えん》という）を考える．原点Oとx軸の正の部分からなる半直線をOを中心として反時計回りに角θ回転させて得られる半直線と単位円との交点を$\mathrm{P}(x,y)$とおく．θが鋭角であるとき，鋭角の三角比の定義から

$$\cos\theta=\frac{x}{1}=x,\qquad \sin\theta=\frac{y}{1}=y,\qquad \tan\theta=\frac{y}{x}$$

が成り立つ．そこで，θが鋭角でないときもこの式で三角比を定義する．

5.4 三角比の拡張

$$\cos\theta=x$$

$$\sin\theta=y$$

$$\tan\theta=\frac{y}{x}$$

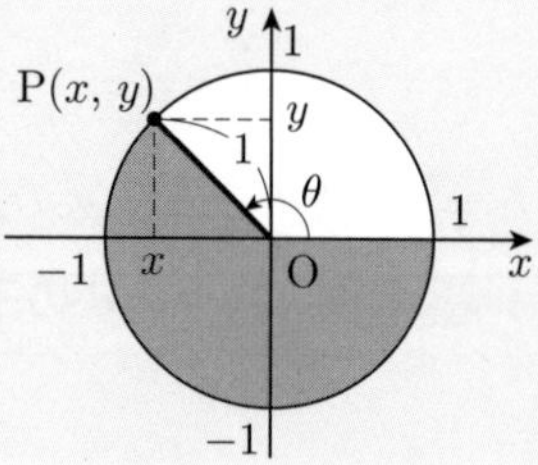

注意 $x=0$のとき，$\tan\theta$は定義されない．

例 5.3 $\theta=150^\circ$のときの三角比の値を求める．右図で点Pの座標は$(x,y)=\left(-\dfrac{\sqrt{3}}{2},\dfrac{1}{2}\right)$である．よって

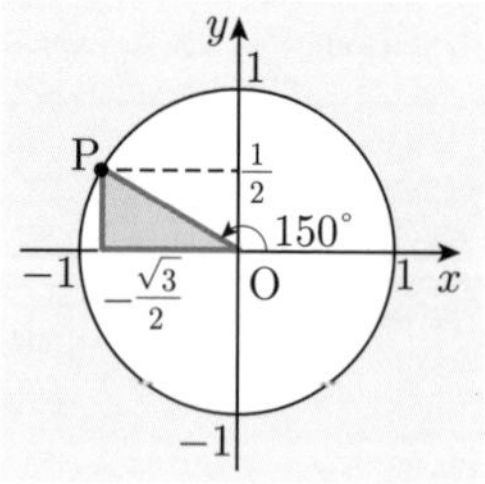

$$\cos150^\circ=-\frac{\sqrt{3}}{2},\quad \sin150^\circ=\frac{1}{2}$$

$$\tan150^\circ=\frac{1}{2}\div\left(-\frac{\sqrt{3}}{2}\right)=-\frac{1}{\sqrt{3}}=-\frac{\sqrt{3}}{3}\quad ■$$

注意 30° や 45° の整数倍の角の三角比を単位円を用いて求めるには斜辺の長さが 1 である，次の直角三角形の形を覚えておくとよい．

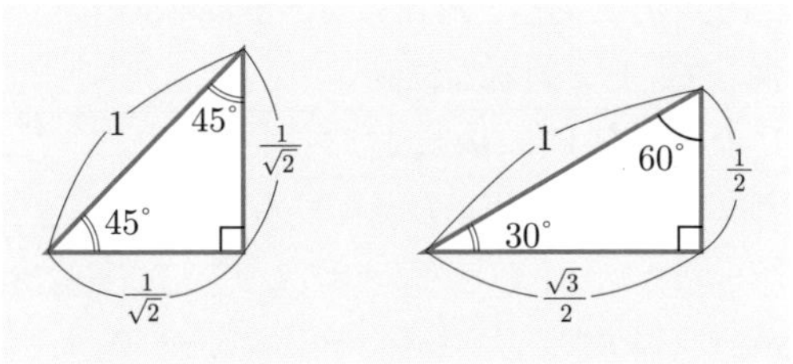

ここで $\dfrac{\sqrt{3}}{2} \fallingdotseq \dfrac{1.7320}{2} = 0.8660,\ \dfrac{1}{\sqrt{2}} = \dfrac{\sqrt{2}}{2} \fallingdotseq \dfrac{1.4142}{2} = 0.7071$ である．

この三角比の定義は鈍角だけでなく，$0^\circ \leqq \theta \leqq 360^\circ$ まで適用される．

例 5.4 $\theta = 225^\circ$ に対応する単位円周上の点 P の座標は $(x, y) = \left(-\dfrac{1}{\sqrt{2}}, -\dfrac{1}{\sqrt{2}}\right)$ である．よって

$$\cos 225^\circ = -\frac{1}{\sqrt{2}}, \quad \sin 225^\circ = -\frac{1}{\sqrt{2}}$$

$$\tan 225^\circ = \frac{-\frac{1}{\sqrt{2}}}{-\frac{1}{\sqrt{2}}} = 1$$ ■

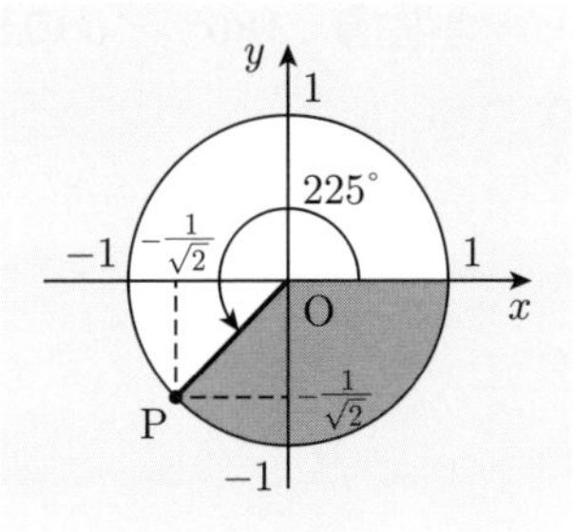

例 5.5 $\theta = 90^\circ$ に対応する単位円周上の点の座標は $(0, 1)$ である．よって，

$$\cos 90^\circ = 0, \quad \sin 90^\circ = 1, \quad \tan\theta \text{ は定義されない}$$

$\theta = 180^\circ$ に対応する単位円周上の点の座標は $(-1, 0)$ である．よって，

$$\cos 180^\circ = -1, \quad \sin 180^\circ = 0, \quad \tan\theta = \frac{0}{-1} = 0$$ ■

Let's TRY

問 **5.6** 次の角 θ の三角比を求めよ．

(1) 120°　(2) 135°　(3) 330°　(4) 270°

$180° - \theta$ の三角比 $0° \leqq \theta \leqq 180°$ である角 θ に対して $\theta + \alpha = 180°$ となる角 α を考える．例えば，$\theta = 30°$ のとき，$\alpha = 150°$ である．角 θ に対応する単位円周上の点を $\mathrm{P}(x, y)$ とおき，角 α に対応する単位円周上の点を Q とおく．

点 Q は y 軸に関して，P と対称な位置にあるから，点 P の座標を $\mathrm{P}(x, y)$ とおくと，$\mathrm{Q}(-x, y)$ となる．座標を用いた三角比の定義より

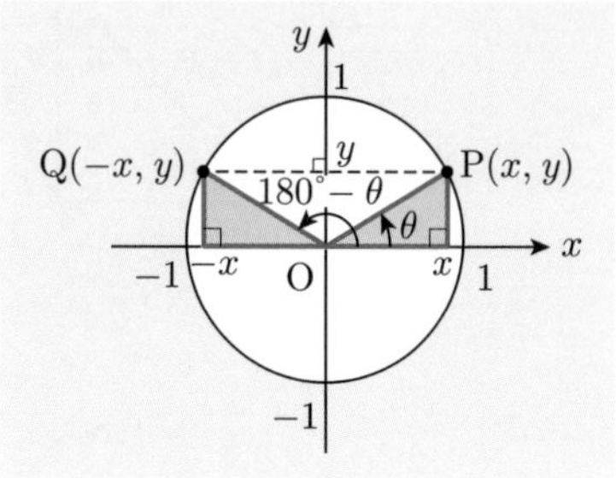

$$\cos\alpha = -x = -\cos\theta$$

$$\sin\alpha = y = \sin\theta$$

$$\tan\alpha = \frac{y}{-x} = -\frac{y}{x} = -\tan\theta$$

が成り立つ．$\alpha = 180° - \theta$ であるので，次の式が成り立つ．

5.5 $180° - \theta$ の三角比

$$\cos(180° - \theta) = -\cos\theta$$

$$\sin(180° - \theta) = \sin\theta$$

$$\tan(180° - \theta) = -\tan\theta$$

例 5.6 $163° + 17° = 180°$ から，

$$\cos 163° = -\cos 17°$$

$$\sin 163° = \sin 17°$$

$$\tan 163° = -\tan 17°$$

■

Let's TRY

問 5.7 次の式を簡単にせよ．

(1) $\tan 130° \tan 40°$

(2) $\sin(90° - \theta)\cos(180° - \theta) - \cos(90° - \theta)\sin(180° - \theta)$

三角比の相互関係　原点 O を中心に点 $(1, 0)$ を反時計回りに角 θ 回転した点を $\mathrm{P}(x, y)$ とする．三角比の定義より

$$\cos\theta = x, \quad \sin\theta = y, \quad \tan\theta = \frac{y}{x} \quad \cdots (*)$$

であるが，これらの式より，x, y を消去すると

$$\tan\theta = \frac{\sin\theta}{\cos\theta} \quad \cdots ①$$

を得る．三平方の定理より，$x^2 + y^2 = 1$ が成り立つので上記の式 $(*)$ を用いて，x, y を消去すると

$$(\cos\theta)^2 + (\sin\theta)^2 = 1$$

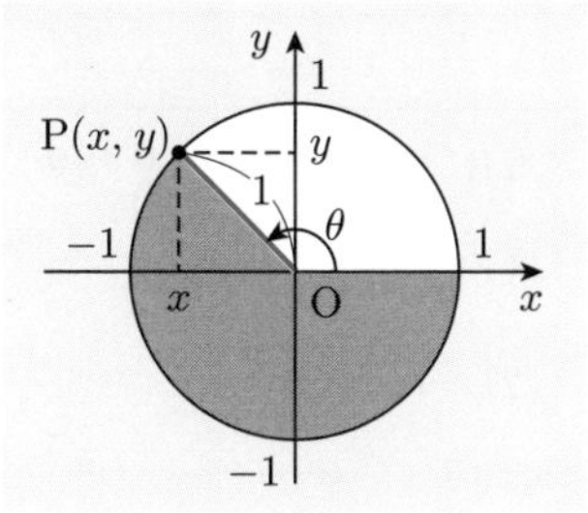

が成り立つ．通常，$(\cos\theta)^2, (\sin\theta)^2$ をそれぞれ $\cos^2\theta, \sin^2\theta$ と表記する（下の注意）．この表記を用いると，すぐ上の式は

$$\cos^2\theta + \sin^2\theta = 1 \quad \cdots ②$$

となる．②の両辺を $\cos^2\theta$ で割ると

$$1 + \tan^2\theta = \frac{1}{\cos^2\theta} \quad \cdots ③$$

を得る．①, ②, ③をまとめて，**三角比《さんかくひ》の相互関係《そうごかんけい》**という．

5.6　三角比の相互関係

$$\cos^2\theta + \sin^2\theta = 1, \quad \tan\theta = \frac{\sin\theta}{\cos\theta}, \quad 1 + \tan^2\theta = \frac{1}{\cos^2\theta}$$

■**注意**　n を 2 以上の整数とするとき，$(\cos\theta)^n$ を $\cos^n\theta$ と表すことが多い．$\sin\theta$ や $\tan\theta$ についても同様である．

例題 5.2　$90^\circ < \theta < 180^\circ$ で，$\sin\theta = \dfrac{2}{3}$ のとき，$\cos\theta$ と $\tan\theta$ の値を求めよ．

解　$\sin^2\theta + \cos^2\theta = 1$ に代入すると

$$\frac{4}{9} + \cos^2\theta = 1 \quad よって， \quad \cos^2\theta = \frac{5}{9}$$

$90° < \theta < 180°$ より，$\cos\theta < 0$ であるから $\cos\theta = -\dfrac{\sqrt{5}}{3}$．また，

$$\tan\theta = \frac{\sin\theta}{\cos\theta} = \frac{2}{3} \div \left(-\frac{\sqrt{5}}{3}\right) = -\frac{2}{\sqrt{5}}$$ ■

Let's TRY

問 **5.8** 次のとき，残りの 2 つの三角比の値を求めよ．

(1) $\sin\theta = \dfrac{\sqrt{7}}{4}$ ただし，$90° < \theta < 180°$ とする．

(2) $\cos\theta = -\dfrac{1}{3}$ ただし，$0° < \theta < 180°$ とする．

例題 5.3 $0° < \theta < 180°$ で $\tan\theta = -2$ のとき，$\sin\theta$ と $\cos\theta$ の値を求めよ．

解 $1 + \tan^2\theta = \dfrac{1}{\cos^2\theta}$ に $\tan\theta$ の値を代入すると $1 + 4 = \dfrac{1}{\cos^2\theta}$．よって，

$$\cos^2\theta = \frac{1}{5}$$

$0° < \theta < 180°$ かつ $\tan\theta < 0$ であるので $90° < \theta < 180°$ となる．これより，$\cos\theta < 0$．よって，

$$\cos\theta = -\frac{1}{\sqrt{5}}$$

さらに，$\tan\theta = \dfrac{\sin\theta}{\cos\theta}$ の両辺に $\cos\theta$ をかけて

$$\sin\theta = \tan\theta\cos\theta = (-2)\cdot\left(-\frac{1}{\sqrt{5}}\right) = \frac{2}{\sqrt{5}}$$ ■

Let's TRY

問 **5.9** $\tan\theta = \dfrac{1}{3}$ のとき，$\sin\theta$ と $\cos\theta$ の値を求めよ．ただし，$0° < \theta < 180°$ とする．

5.2 三角形への応用

以下では，△ABC において，∠A, ∠B, ∠C の大きさをそれぞれ，A, B, C で表し，それらの角に向かい合う辺の長さをそれぞれ，a, b, c で表す．また，三角形の 3 つの頂点を通る円を三角形の**外接円**《がいせつえん》といい，外接円の中心を**外心**《がいしん》という．

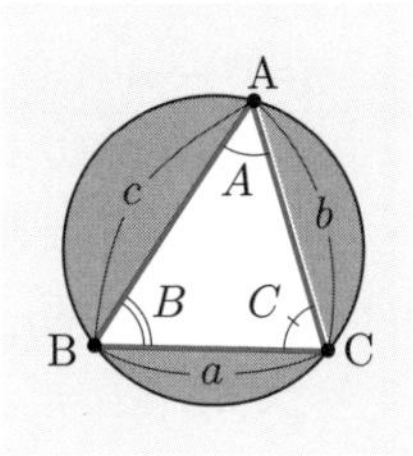

正弦定理　三角形の辺の長さと内角，および外接円の半径について次の定理が成り立つ．

5.7 正弦定理《せいげんていり》

△ABC の外接円の半径を R とおくと

$$\frac{a}{\sin A}=\frac{b}{\sin B}=\frac{c}{\sin C}=2R$$

証明　$\dfrac{a}{\sin A}=2R$, すなわち, $a=2R\sin A$ を示せばよい．残りの $\dfrac{b}{\sin B}=2R$ も $\dfrac{c}{\sin C}=2R$ も同様に示すことができる．

[1]　$0^\circ < A < 90^\circ$ のとき，右図において線分 BA′ が外接円の直径になるように点 A′ をとる。円周角の定理より

$$\angle \mathrm{A}'=\angle \mathrm{A}=A, \quad \angle \mathrm{BCA}'=90^\circ$$

よって

$$a=2R\sin A$$

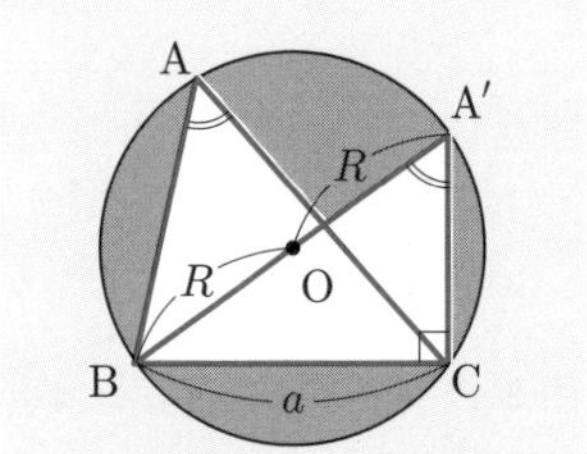

[2]　$A=90^\circ$ のとき，右図のように BC は直径となるので $a=2R$ となる．また，$\sin A=\sin 90^\circ=1$．よって，このときも，$a=2R\sin A$ が成り立つ．

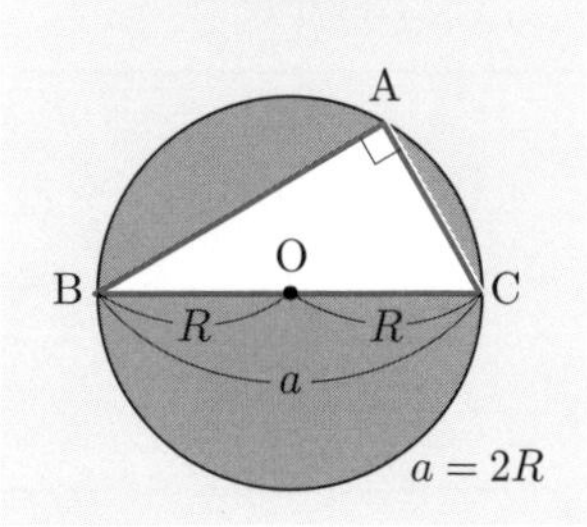

[3]　$90^\circ < A < 180^\circ$ のとき，△ABC の外接円に図のように直径 BD を引く．円に内接する四角形の対角の和は 180° であることより $D = 180^\circ - A$ である．△BCD は $\angle\mathrm{BCD} = 90^\circ$ の直角三角形であり，$\mathrm{BD} = 2R$ であるから，三角比の定義より，$a = 2R\sin D$ が成り立つ．

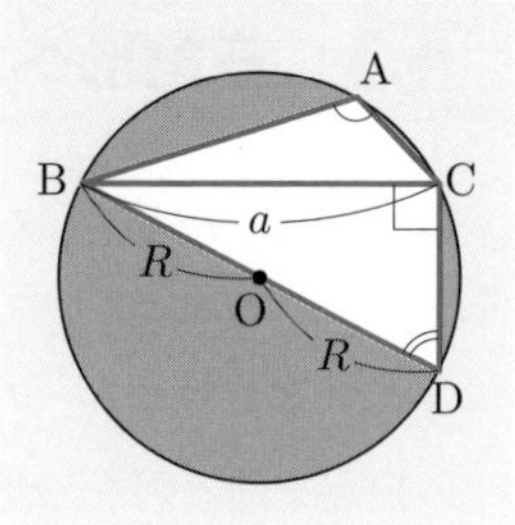

$\sin D = \sin(180^\circ - A) = \sin A$ であるから，この場合にも $a = 2R\sin A$ が成り立つ．■

例題 5.4　△ABC において，$A = 45^\circ$, $C = 60^\circ$, $a = 4$ であるとき，c と外接円の半径 R を求めよ．

解　正弦定理より

$$\frac{4}{\sin 45^\circ} = \frac{c}{\sin 60^\circ} = 2R$$

ゆえに

$$c = \frac{\sin 60^\circ}{\sin 45^\circ} \cdot 4 = \frac{\sqrt{3}}{2} \cdot \frac{\sqrt{2}}{1} \cdot 4 = 2\sqrt{6}, \quad R = \frac{4}{2\sin 45^\circ} = 2\sqrt{2}$$

■

Let's TRY

問 5.10　△ABC において，次の問いに答えよ．

(1)　$A = 120^\circ$, $B = 15^\circ$, $c = 10$ であるとき，a および外接円の半径 R を求めよ．

(2)　$A = 75^\circ$, $C = 60^\circ$, $b = 6$ であるとき，c および外接円の半径 R を求めよ．

問 5.11　$A = 135^\circ$, $a = 4\sqrt{2}$, $b = 4$ であるとき，角 B および外接円の半径 R を求めよ．

なお，正弦定理を次のように変形して使用することも多い．

$$\sin A = \frac{a}{2R}, \quad \sin B = \frac{b}{2R}, \quad \sin C = \frac{c}{2R}$$

Let's TRY

問 5.12　等式 $a\sin A = b\sin B$ が成り立つとき，△ABC はどんな三角形か．

余弦定理　三角形の 2 辺の長さとその間の角の大きさがわかると残りの辺の長さを求められるというのが次の**余《よ》弦《げん》定《てい》理《り》**である．

5.8 余弦定理

$$a^2 = b^2 + c^2 - 2bc\cos A$$

$$b^2 = c^2 + a^2 - 2ca\cos B$$

$$c^2 = a^2 + b^2 - 2ab\cos C$$

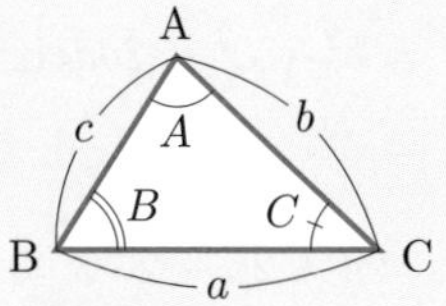

証明　△ABC において頂点 C から直線 AB に下した垂線を CH とする．

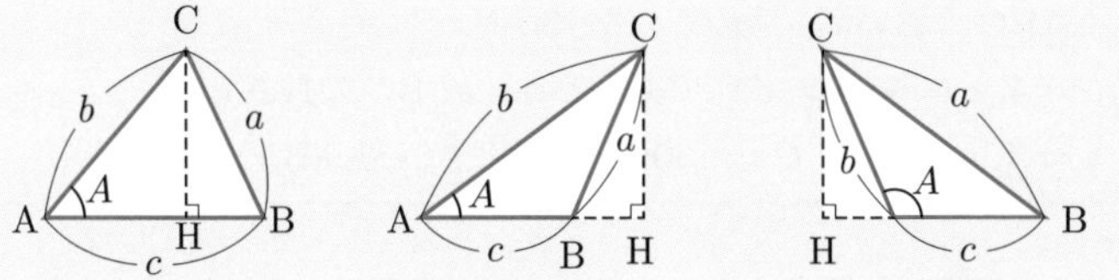

・$\underline{\text{CH}} = \underline{b \sin A}$
・$\underline{\text{BH}} = \text{AB} - \text{AH}$
　$= \underline{c - b \cos A}$

・$\underline{\text{CH}} = \underline{b \sin A}$
・$\underline{\text{BH}} = \text{AH} - \text{AB}$
　$= \underline{b \cos A - c}$

・$\underline{\text{CH}} = b \sin(180^\circ - A)$
　$= \underline{b \sin A}$
・$\underline{\text{BH}} = \text{AB} + \text{AH}$
　$= c + b \cos(180^\circ - A)$
　$= \underline{c - b \cos A}$

上記のいずれの場合も

$$\text{CH} = b\sin A, \quad \text{BH} = c - b\cos A \text{ または } b\cos A - c$$

が成り立つ．直角三角形 △CBH において三平方の定理を用いると

$$a^2 = \text{BC}^2 = \text{CH}^2 + \text{BH}^2 = (b\sin A)^2 + (c - b\cos A)^2$$

$$= b^2\sin^2 A + (c^2 - 2bc\cos A + b^2\cos^2 A)$$

$$= b^2(\sin^2 A + \cos^2 A) + c^2 - 2bc\cos A$$

$\sin^2 A + \cos^2 A = 1$ であるから

$$a^2 = b^2 + c^2 - 2bc\cos A$$

が成り立つ．同様にして，残りの 2 つの等式も成り立つ．　■

例題 5.5 △ABC において，$b=3,\ c=5,\ A=120^\circ$ であるとき，辺 BC の長さ a を求めよ．

解 余弦定理より

$$
\begin{aligned}
a^2 &= b^2+c^2-2bc\cos A \\
&= 3^2+5^2-2\cdot 3\cdot 5\cdot \cos 120^\circ \\
&= 9+25-2\cdot 3\cdot 5\cdot \left(-\frac{1}{2}\right)=49
\end{aligned}
$$

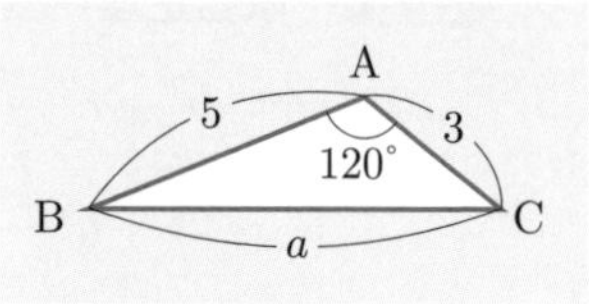

$a>0$ であるから，$a=\sqrt{49}=7$ ■

Let's TRY

問 5.13 △ABC において，次のものを求めよ．

(1) $b=4,\ c=5,\ A=60^\circ$ であるとき，辺 BC の長さ a

(2) $a=4,\ b=2\sqrt{3},\ C=150^\circ$ であるとき，辺 AB の長さ c

また，余弦定理の公式を次のようにも書き換えることができる．

$$
\cos A=\frac{b^2+c^2-a^2}{2bc},\quad \cos B=\frac{c^2+a^2-b^2}{2ca},\quad \cos C=\frac{a^2+b^2-c^2}{2ab}
$$

この式を用いると，3 辺の長さがわかっているとき，3 つの角の大きさを求めることができる．

例題 5.6 △ABC において，$a=7,\ b=5,\ c=8$ であるとき，角 A を求めよ．

解 余弦定理より

$$
\cos A=\frac{b^2+c^2-a^2}{2bc}=\frac{5^2+8^2-7^2}{2\cdot 5\cdot 8}=\frac{1}{2}
$$

$0^\circ<A<180^\circ$ であるから $A=60^\circ$ ⟵ この角の求め方について例題 5.12 参照 ■

Let's TRY

問 5.14 △ABC において，次の問いに答えよ．

(1) $a=8,\ b=13,\ c=7$ であるとき，角 B を求めよ．

(2) $a=3,\ b=\sqrt{2},\ c=\sqrt{5}$ であるとき，角 C を求めよ．

三角形の面積　2 辺とその間の角を使って，三角形の面積を表してみよう．$\triangle$ABC において，頂点 C から，底辺 AB またはその延長へ下した垂線を CH とする．

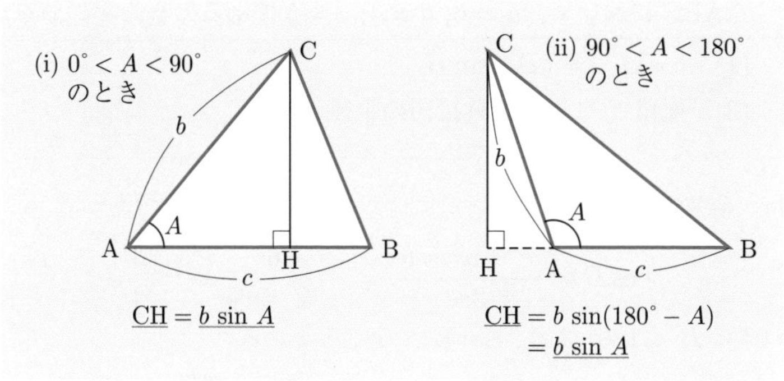

いずれの場合も $\mathrm{CH} = b \sin A$ が成り立つから，$\triangle$ABC の面積 S は

$$S = \frac{1}{2}\text{底辺} \times \text{高さ} = \frac{1}{2}\mathrm{AB} \times \mathrm{CH} = \frac{1}{2}bc \sin A$$

となる．同じように考えて次の公式が成り立つ．

5.9　三角形の面積

$\triangle$ABC の面積を S とすると

$$S = \frac{1}{2}bc \sin A = \frac{1}{2}ca \sin B = \frac{1}{2}ab \sin C$$

例 5.7　$a = 10,\ b = 6,\ C = 30^\circ$ である $\triangle$ABC の面積 S は

$$S = \frac{1}{2}ab \sin C = \frac{1}{2} \cdot 10 \cdot 6 \sin 30^\circ = \frac{1}{2} \cdot 10 \cdot 6 \cdot \frac{1}{2} = 15$$ ■

Let's TRY

問 5.15　次のような $\triangle$ABC の面積 S を求めよ．

(1)　$a = 10,\ c = 8,\ B = 30^\circ$　　(2)　$b = \sqrt{2},\ c = 5,\ A = 45^\circ$

問 5.16　$\mathrm{AB} = 3,\ \mathrm{BC} = 4,\ \angle\mathrm{B} = 60^\circ$ である平行四辺形 ABCD の面積 S を求めよ．

三角形のいろいろな問題 正弦定理や余弦定理を用いて三角形に関するいろいろな値を求めてみよう．

例題 5.7 △ABC において，$a=6,\ b=4,\ c=5$ であるとき，次の値を求めよ．

(1) $\cos B$ (2) $\sin B$

(3) 面積 S (4) 外接円の半径 R

解 (1) 余弦定理より

$$\cos B = \frac{c^2+a^2-b^2}{2ca} = \frac{5^2+6^2-4^2}{2\cdot 5\cdot 6} = \frac{3}{4}$$

(2) $0° < B < 180°$ より，$\sin B > 0$ であるから

$$\sin B = \sqrt{1-\cos^2 B} = \sqrt{1-\frac{9}{16}} = \sqrt{\frac{7}{16}} = \frac{\sqrt{7}}{4}$$

(3) 三角形の面積の公式より

$$S = \frac{1}{2}ca\sin B = \frac{1}{2}\cdot 5\cdot 6\cdot \frac{\sqrt{7}}{4} = \frac{15\sqrt{7}}{4}$$

(4) 正弦定理の式 $\dfrac{b}{\sin B} = 2R$ より

$$R = \frac{b}{2\sin B} = \frac{4}{2} \div \frac{\sqrt{7}}{4} = \frac{8}{\sqrt{7}} = \frac{8\sqrt{7}}{7}$$ ■

Let's TRY

問 5.17 △ABC において，$a=5,\ b=7,\ c=9$ であるとき，次の値を求めよ．

(1) $\cos A$ (2) $\sin A$

(3) 面積 S (4) 外接円の半径 R

問 5.18 △ABC において，$\mathrm{AB}=3,\ \mathrm{AC}=4,\ \angle\mathrm{BAC}=120°$ とする．∠A の 2 等分線と辺 BC の交点を D とするとき，線分 AD の長さを求めよ．

▶ ヘロンの公式

前頁の例題のように 3 辺の長さがわかると三角形の面積がわかる．△ABC の面積 S を 3 辺の長さ a, b, c から直接求める以下の式を**ヘロンの公式《こうしき》**という．

5.10　ヘロンの公式

$$S = \sqrt{s(s-a)(s-b)(s-c)} \qquad \text{ただし，} s = \tfrac{a+b+c}{2}$$

証明　$\sin^2 A = 1 - \cos^2 A = (1+\cos A)(1-\cos A)$

$$= \left(1 + \frac{b^2+c^2-a^2}{2bc}\right)\left(1 - \frac{b^2+c^2-a^2}{2bc}\right)$$

$$= \frac{\{(b+c)^2 - a^2\}}{2bc} \cdot \frac{\{a^2 - (b-c)^2\}}{2bc}$$

$$= \frac{(b+c+a)(b+c-a)(a-b+c)(a+b-c)}{(2bc)^2}$$

$$= \frac{4}{(bc)^2}\left(\frac{a+b+c}{2}\right)\left(\frac{-a+b+c}{2}\right)\left(\frac{a-b+c}{2}\right)\left(\frac{a+b-c}{2}\right)$$

ここで，$s = \frac{a+b+c}{2}$ より，$\frac{-a+b+c}{2} = s - a$ となる．残りの 2 つも同様に変形できるから

$$\sin^2 A = \frac{4}{(bc)^2} s(s-a)(s-b)(s-c)$$

となる．$0° < A < 180°$ より $\sin A > 0$ だから，

$$S = \frac{1}{2} bc \sin A = \frac{1}{2} bc \cdot \frac{2}{bc}\sqrt{s(s-a)(s-b)(s-c)} = \sqrt{s(s-a)(s-b)(s-c)}$$

■

例 5.8　$a = 4$, $b = 5$, $c = 7$ である △ABC の面積 S は $s = \frac{a+b+c}{2} = 8$ だから $S = \sqrt{8 \cdot (8-4) \cdot (8-5) \cdot (8-7)} = \sqrt{8 \cdot 4 \cdot 3 \cdot 1} = 4\sqrt{6}$　■

Let's TRY

問 5.19　△ABC において，3 辺の長さが次のとき，ヘロンの公式を用いて △ABC の面積 S を求めよ．　(1)　$a = 5, b = 8, c = 9$　　(2)　$a = 6, b = 7, c = 8$

5.3 一般角と三角関数

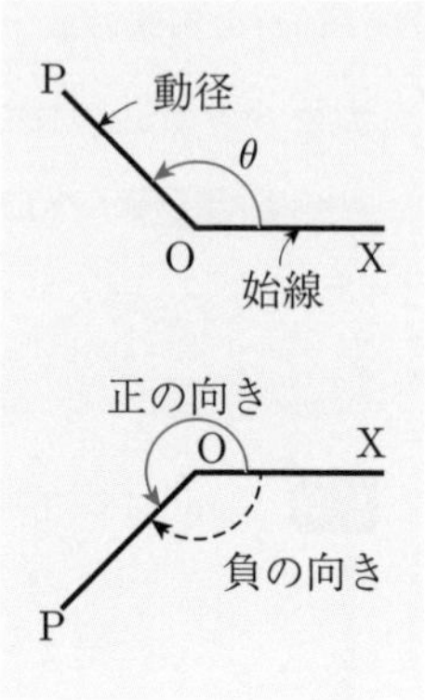

一般角 平面上で定点 O を中心に回転する半直線 OP を考える．このとき，回転する半直線を**動径**《どうけい》といい，その最初の位置 OX を**始線**《しせん》という．動径が回転する向きは2通りある．時計の針と反対向きに回るとき，正の符号をつけ，時計の針と同じ向きに回るとき，負の符号をつけて回転する角を表すことにする．

また，動径がひとまわり以上，すなわち，360° 以上回転するときも考えることにする．回転する向きや 360° 以上回転する場合も考えた角を**一般角**《いっぱんかく》という．

例 5.9 210°, 480°, -60° の角を図示すると次のようになる．

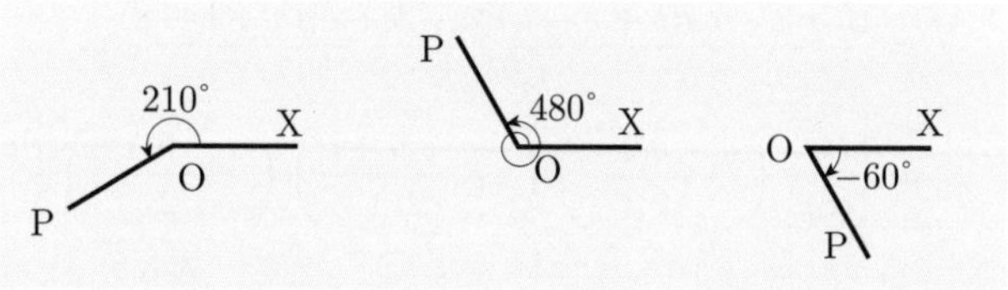

■

弧度法 60° や 180° などのように，これまで使ってきた度（°）を単位とする角の表し方を，**60分法**《ぶんほう》または**度数法**《どすうほう》という．

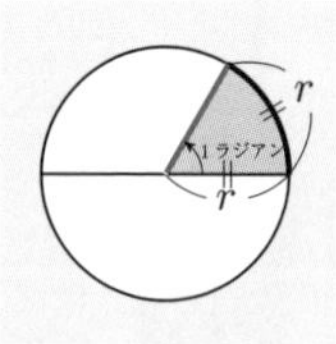

これに対して，円において中心角と対応する弧の長さに着目した角の測り方がある。半径と同じ長さの弧に対する中心角の大きさは半径の大きさに関わらず同じである．この中心角の大きさを 1 **ラジアン**といい，1（**rad**）などと表す．この単位を用いた角度の表し方を**弧度法**《こどほう》という．

半径 r の円の円周の長さは $2\pi r$ であるから，$360^\circ = 2\pi$（rad）が成り立つ．よって，$180^\circ = \pi$（rad），$1^\circ = \frac{\pi}{180}$（rad）の関係がある．

なお，弧度法の角度の単位ラジアン（rad）は省略することが多い．例えば 60° は $\dfrac{\pi}{3}$ と表す．

Let's TRY

問 **5.20**　度数法の角を弧度法で表し，弧度法の角を度数法で表せ．

(1)　90°　(2)　45°　(3)　15°　(4)　36°　(5)　-135°

(6)　3π　(7)　1　(8)　$\dfrac{7}{4}\pi$　(9)　$-\dfrac{5}{12}\pi$　(10)　$\dfrac{31}{6}\pi$

弧度法と扇形　半径が r, 中心角が θ ラジアンの扇形を考える．この扇形の弧の長さを l とし，面積を S とする．弧度法の定義より，$l = r\theta$ となる．また，扇形の面積は中心角に比例し，中心角が 2π のとき面積は πr^2 であるから，

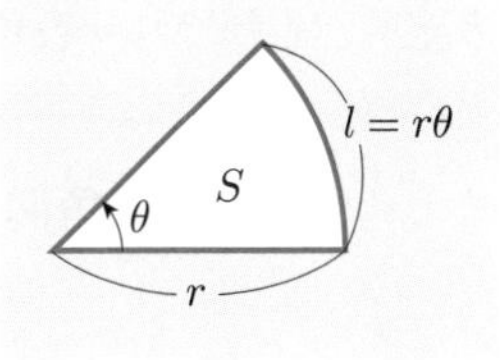

$$S = \pi r^2 \times \frac{\theta}{2\pi} = \frac{1}{2}r^2\theta$$

が成り立つ．また，これは $S = \dfrac{1}{2}rl$ と表すこともできる．以上をまとめると次のようになる．

5.11　扇形の弧の長さと面積

半径 r，中心角 θ ラジアンの扇形の弧の長さ l と面積 S は

$$l = r\theta, \qquad S = \frac{1}{2}r^2\theta = \frac{1}{2}rl$$

例 5.10　半径 10，中心角 $\dfrac{\pi}{4}$ の扇形の弧の長さを l，面積を S とすると

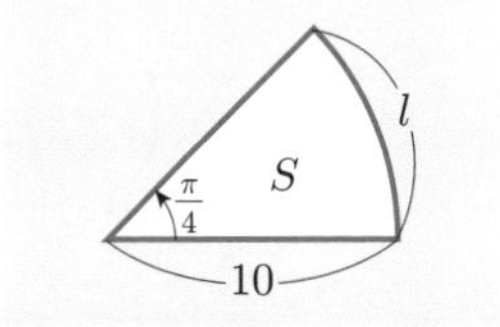

$$l = 10\times\frac{\pi}{4} = \frac{5}{2}\pi, \quad S = \frac{1}{2}\times 10^2\times\frac{\pi}{4} = \frac{25}{2}\pi \quad ■$$

Let's TRY

問 **5.21**　次の半径と中心角をもつ扇形の弧の長さ l と面積 S を求めよ．

(1)　半径 4，中心角 $\dfrac{\pi}{3}$　(2)　半径 12，中心角 $\dfrac{\pi}{8}$

問 **5.22**　母線の長さが 5，底面の円の半径が 3 である直円すいの表面積 S との体積 V を求めよ．

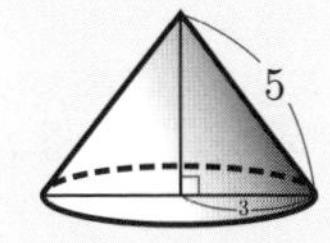

三角関数 座標平面上で，右図のように x 軸の正の部分に始線をとり，一般角 θ の表す動径と単位円の交点を $\mathrm{P}(x, y)$ とする．$\cos\theta, \sin\theta, \tan\theta$ を

$$\cos\theta = x, \quad \sin\theta = y, \quad \tan\theta = \frac{y}{x}$$

と定め，それぞれ一般角 θ の**余弦《よげん》**，**正弦《せいげん》**，**正接《せいせつ》**という．これらはいずれも角 θ の関数であり，まとめて角 θ の**三角関数《さんかくかんすう》**という．

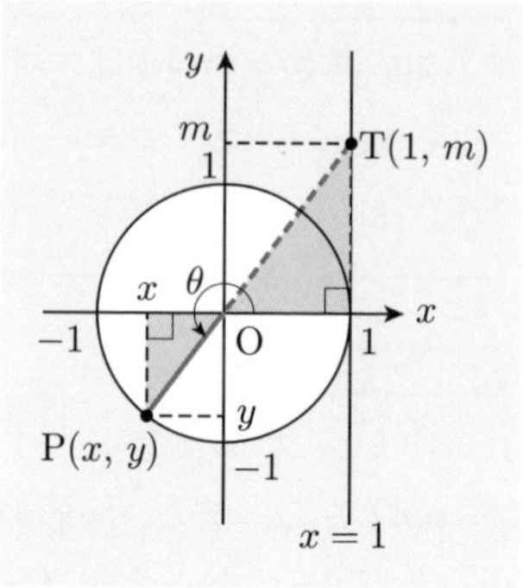

■**注意** $\theta = \dfrac{\pi}{2}$ や $\theta = -\dfrac{\pi}{2}$ などのように，$x = 0$ となるような角 θ については $\tan\theta$ は定義されない．

例 5.11 $\theta = \dfrac{7}{6}\pi$ のとき，三角関数の値を求めよう．図のように単位円を考え，動径 OP を考えると $\mathrm{P}\left(-\dfrac{\sqrt{3}}{2}, -\dfrac{1}{2}\right)$ となるから

$$\cos\frac{7}{6}\pi = -\frac{\sqrt{3}}{2}, \quad \sin\frac{7}{6}\pi = -\frac{1}{2}$$

$$\tan\frac{7}{6}\pi = \left(-\frac{1}{2}\right) \div \left(-\frac{\sqrt{3}}{2}\right) = \frac{1}{\sqrt{3}}$$

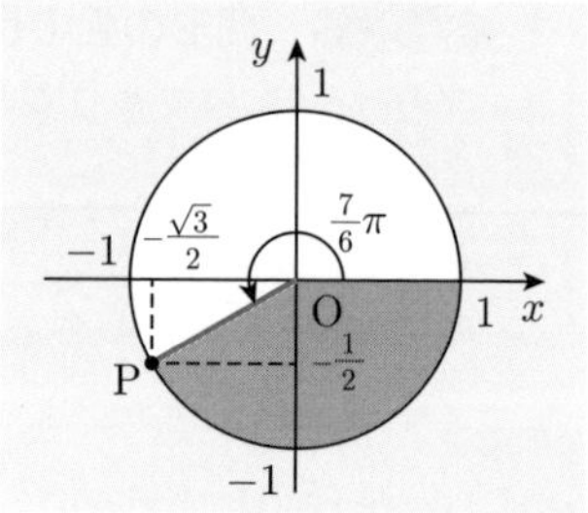

■

Let's TRY

問 5.23 次の角 θ の三角関数 $\sin\theta, \cos\theta, \tan\theta$ の値を求めよ．

(1) $\dfrac{5}{3}\pi$ (2) $-\dfrac{3}{4}\pi$ (3) $\dfrac{17}{6}\pi$ (4) $\dfrac{9}{2}\pi$ (5) -3π

上の三角関数の定義において，点 $\mathrm{P}(x, y)$ は単位円上の点であったから，

$$-1 \leqq x \leqq 1, \quad -1 \leqq y \leqq 1$$

が成り立つ．また，直線 OP と直線 $x = 1$ との交点を $\mathrm{T}(1, m)$ とすると，

$$\tan\theta = \frac{y}{x} = \frac{m}{1} = m = (\text{直線 OP の傾き})$$

が成り立つ．θ が変わると交点 T は直線 $x=1$ のすべての点を動くから m はあらゆる実数値をとる．以上より，三角関数の値域について次のことが成り立つ．

5.12　三角関数の値域

$$-1 \leqq \cos\theta \leqq 1, \quad -1 \leqq \sin\theta \leqq 1, \quad \tan\theta \text{の値域は実数全体}$$

また，三角関数の定義より，三角関数の符号は次の図のようになる．

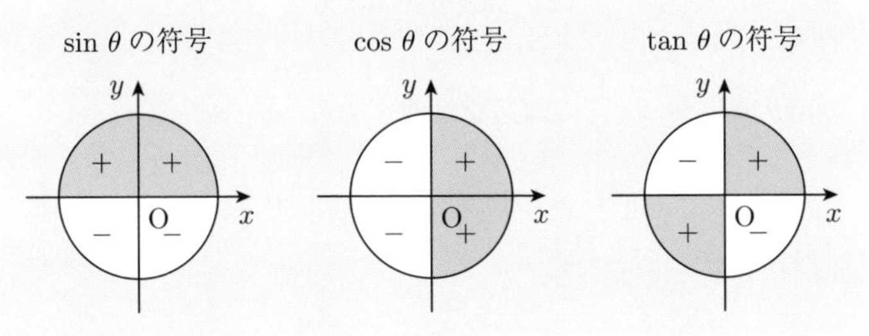

三角関数の相互関係　三角比と同様に一般角の三角関数においても次の関係式が成立する．

5.13　三角関数の相互関係

$$\cos^2\theta + \sin^2\theta = 1, \quad \tan\theta = \frac{\sin\theta}{\cos\theta}, \quad 1 + \tan^2\theta = \frac{1}{\cos^2\theta}$$

この関係式は，三角関数の $\sin\theta$, $\cos\theta$, $\tan\theta$ のどれか 1 つの値から他の三角関数の値を求める場合や，式の変形などに利用される．

例題 5.8　θ の動径が第 3 象限にあり（このとき，θ は第 3 象限の角という），$\cos\theta = -\frac{3}{4}$ のとき，$\sin\theta$, $\tan\theta$ の値を求めよ．

解　θ が第 3 象限の角であるから，$\sin\theta < 0$．よって

$$\sin\theta = -\sqrt{1-\cos^2\theta} = -\sqrt{\frac{7}{16}} = -\frac{\sqrt{7}}{4}$$

また，

$$\tan\theta = \frac{\sin\theta}{\cos\theta} = \left(-\frac{\sqrt{7}}{4}\right) \div \left(-\frac{3}{4}\right) = \frac{\sqrt{7}}{3}$$

■

Let's TRY

問 5.24　θ が第 4 象限の角で，$\sin\theta = -\dfrac{4}{5}$ のとき，$\cos\theta$, $\tan\theta$ の値を求めよ．

問 5.25　θ が第 3 象限の角で，$\tan\theta = 3$ のとき，$\sin\theta$, $\cos\theta$ の値を求めよ．

例題 5.9　$\sin\theta + \cos\theta = \dfrac{1}{3}$ のとき，次の式の値を求めよ．

(1)　$\sin\theta\cos\theta$　　(2)　$\sin^3\theta + \cos^3\theta$

解　(1)　$\sin\theta + \cos\theta = \dfrac{1}{3}$ の両辺を 2 乗すると

$$\sin^2\theta + 2\sin\theta\cos\theta + \cos^2\theta = \frac{1}{9}$$

$\sin^2\theta + \cos^2\theta = 1$ であるから，

$$1 + 2\sin\theta\cos\theta = \frac{1}{9}$$

よって，

$$\sin\theta\cos\theta = -\frac{4}{9}$$

(2)　$$\sin^3\theta + \cos^3\theta = (\sin\theta + \cos\theta)(\sin^2\theta - \sin\theta\cos\theta + \cos^2\theta)$$

$$= \frac{1}{3}\cdot\left\{1 - \left(-\frac{4}{9}\right)\right\} = \frac{13}{27}$$ ■

Let's TRY

問 5.26　$\sin\theta - \cos\theta = \dfrac{1}{2}$ のとき，次の式の値を求めよ．

(1)　$\sin\theta\cos\theta$　　(2)　$\sin^3\theta - \cos^3\theta$　　(3)　$\tan\theta + \dfrac{1}{\tan\theta}$

例題 5.10　次の等式を証明せよ．

$$\frac{\cos\theta}{1 - \sin\theta} + \frac{1 - \sin\theta}{\cos\theta} = \frac{2}{\cos\theta}$$

解く前に　左辺の式を通分して整理し，右辺の式まで変形する．$\sin^2\theta + \cos^2\theta = 1$ を用いる．

証明

$$\frac{\cos\theta}{1-\sin\theta}+\frac{1-\sin\theta}{\cos\theta}=\frac{\cos^2\theta+(1-\sin\theta)^2}{(1-\sin\theta)\cos\theta}$$

$$=\frac{\cos^2\theta+1-2\sin\theta+\sin^2\theta}{(1-\sin\theta)\cos\theta}=\frac{2(1-\sin\theta)}{(1-\sin\theta)\cos\theta}=\frac{2}{\cos\theta}$$ ■

Let's TRY

問 **5.27**　次の等式を証明せよ．

(1)　$\sin^4\theta-\cos^4\theta=2\sin^2\theta-1$　　(2)　$\tan\theta+\dfrac{1}{\tan\theta}=\dfrac{1}{\sin\theta\cos\theta}$

▶ 円運動

原点を中心とする単位円と角 θ の動径との交点の座標は定義により，$(\cos\theta, \sin\theta)$ であるが，同じ動径と半径 r の円との交点の座標は $(r\cos\theta, r\sin\theta)$ となる．

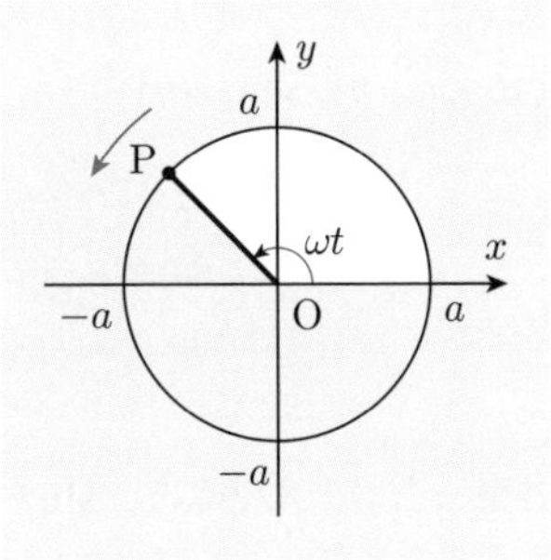

原点を中心とする半径 a の円周上を反時計回りに 1 秒間に f 回，一定の速度で回転する点を P とする．$t=0$ のときの位相（角）を 0 とすると，角度は 1 秒間に $2\pi f$（$=\omega$）ラジアンだけ増加するので，t 秒後の点 P の座標は

$$\mathrm{P}(a\cos\omega t, a\sin\omega t)$$

と表される．発電機では水流や高温の蒸気の力がタービンを回転させて交流の電気が作られることにより，回転運動のエネルギーが電気エネルギーに変換される．上記の回転運動によって交流の電気が同じような式で作り出されるわけである．各家庭の普通の 100 ボルト交流電源の電圧 V は次の式で表される．

$$V=100\sqrt{2}\sin\omega t \fallingdotseq 141.4\sin(2\pi ft)\ \text{ボルト}$$

ここで，f は周波数と呼ばれるもので西日本では $f=60$ (Hz)，東日本では $f=50$ (Hz) である．電力会社が供給する交流電源は正確な正弦曲線の形をしている．

三角関数の性質　x 軸の正の部分を始線とする，一般角 θ の動径と単位円の交点を $\mathrm{P}(x, y)$ とすると

$$\cos\theta = x, \quad \sin\theta = y, \quad \tan\theta = \frac{y}{x}$$

である．このことを用いて三角関数の性質を導こう．以下，Q は単位円周上の点とする．

- **$\boldsymbol{\theta + 2n\pi}$ の三角関数**　n を整数とするとき，角 $\theta + 2n\pi$ の動径は角 θ の動径と一致するから，次の式が成り立つ．

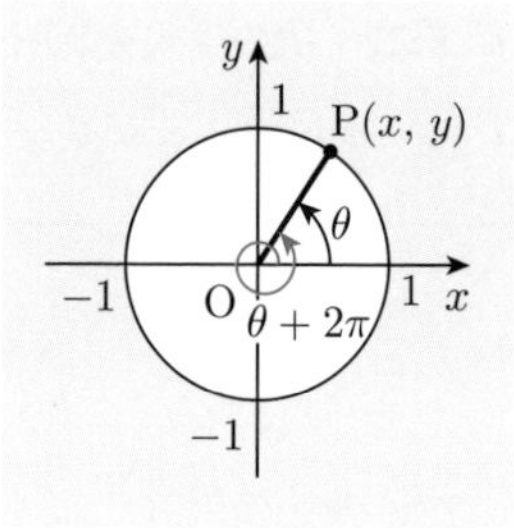

$$\begin{aligned}\cos(\theta + 2n\pi) &= \cos\theta \\ \sin(\theta + 2n\pi) &= \sin\theta \\ \tan(\theta + 2n\pi) &= \tan\theta\end{aligned} \quad \cdots①$$

- **$\boldsymbol{-\theta}$ の三角関数**　角 θ の動径 OP と角 $-\theta$ の動径 OQ は x 軸に関して対称である．よって，P の座標を (x, y) とすると Q の座標は $(x, -y)$ となる．$\mathrm{Q}(\cos(-\theta),\ \sin(-\theta))$ であるから

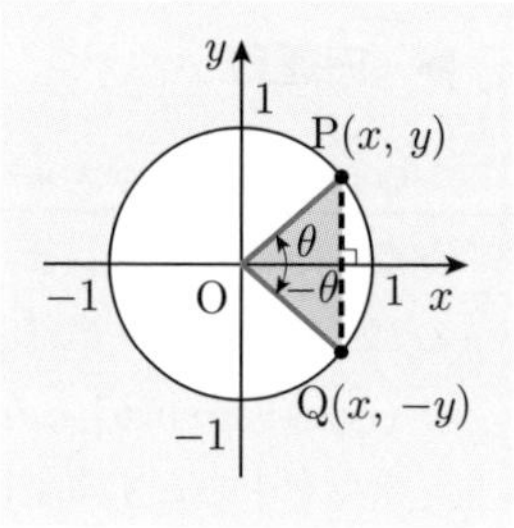

$$\begin{aligned}\cos(-\theta) &= \cos\theta \\ \sin(-\theta) &= -\sin\theta \\ \tan(-\theta) &= -\tan\theta\end{aligned} \quad \cdots②$$

■**注意**　上の公式②より，$\sin\theta$ と $\tan\theta$ は奇関数であり，$\cos\theta$ は偶関数であることがわかる．

例 5.12　$\sin\left(-\dfrac{\pi}{6}\right) = -\sin\dfrac{\pi}{6} = -\dfrac{1}{2}$　■

Let's TRY

問 5.28　次の式の値を求めよ．

(1)　$\sin\dfrac{17}{3}\pi$　　(2)　$\cos\left(-\dfrac{25}{6}\pi\right)$　　(3)　$\tan\left(-\dfrac{\pi}{4}\right)$　　(4)　$\cos\left(-\dfrac{2021}{3}\pi\right)$

● **$\theta+\pi$ の三角関数**　角 $\theta+\pi$ の動径 OQ は，角 θ の動径 OP と原点 O に関してに対称である．$\mathrm{P}(x,y)$ とすると，$\mathrm{Q}(-x,-y)$ となるから

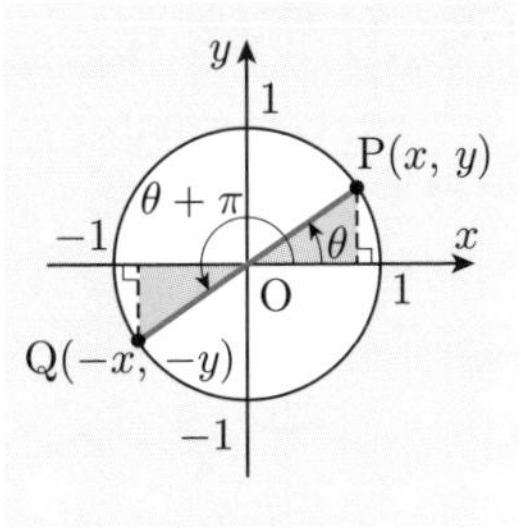

$$\cos(\theta+\pi)=-\cos\theta$$
$$\sin(\theta+\pi)=-\sin\theta \qquad \cdots③$$
$$\tan(\theta+\pi)=\tan\theta$$

● **$\theta+\dfrac{\pi}{2}$ の三角関数**　角 $\theta+\dfrac{\pi}{2}$ の動径を OQ とする．$\mathrm{P}(x,y)$ とすると，図より $\mathrm{Q}(-y,x)$ となるから次の式が成り立つ．

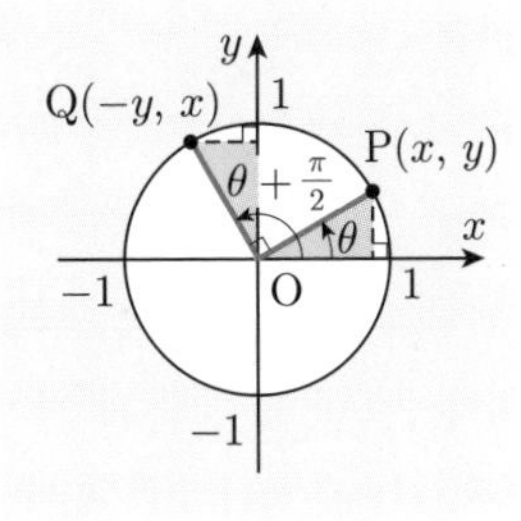

$$\cos\left(\theta+\frac{\pi}{2}\right)=-\sin\theta$$
$$\sin\left(\theta+\frac{\pi}{2}\right)=\cos\theta \qquad \cdots④$$
$$\tan\left(\theta+\frac{\pi}{2}\right)=-\frac{1}{\tan\theta}$$

● **$\pi-\theta$ と $\dfrac{\pi}{2}-\theta$ の三角関数**　公式③と公式④の θ に $-\theta$ を代入し，公式②を用いると次の公式が得られる．

$$\cos(\pi-\theta)=-\cos\theta$$
$$\sin(\pi-\theta)=\sin\theta \qquad \cdots⑤$$
$$\tan(\pi-\theta)=-\tan\theta$$

$$\cos\left(\frac{\pi}{2}-\theta\right)=\sin\theta$$
$$\sin\left(\frac{\pi}{2}-\theta\right)=\cos\theta \qquad \cdots⑥$$
$$\tan\left(\frac{\pi}{2}-\theta\right)=\frac{1}{\tan\theta}$$

■**注意**　これらの公式は，後に学ぶ加法定理から導くこともできる．

Let's TRY

問 **5.29**　次の式を簡単にせよ．

$$\cos\left(\theta+\frac{\pi}{2}\right)\sin(\pi-\theta)+\sin\left(\theta+\frac{\pi}{2}\right)\cos(\pi-\theta)$$

$y=\sin\theta,\ y=\cos\theta$ のグラフ　角 θ の動径と単位円の交点を $\mathrm{P}(x,y)$ とすると $\cos\theta=x,\ \sin\theta=y$ である．このことを用いて $y=\sin\theta,\ y=\cos\theta$ のグラフをかくと次のようになる．

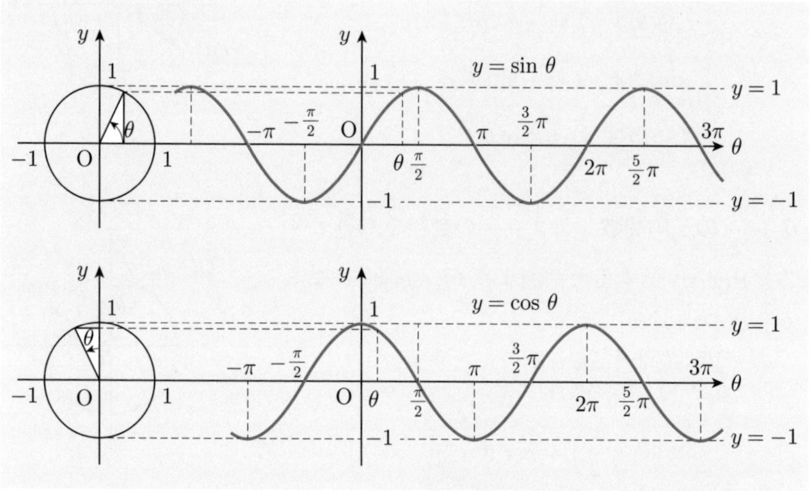

$y=\sin\theta$ のグラフで表される曲線を**正弦《せいげん》曲線《きょくせん》**（または，**サインカーブ**）という．$\cos\theta=\sin\left(\theta+\dfrac{\pi}{2}\right)$ が成り立つから $y=\cos\theta$ のグラフは $y=\sin\theta$ のグラフを θ 軸の方向に $-\dfrac{\pi}{2}$ だけ，平行移動したグラフである．

三角関数の性質

$$\sin(\theta+2\pi)=\sin\theta,\quad \cos(\theta+2\pi)=\cos\theta$$

により，$y=\sin\theta$ や $y=\cos\theta$ のグラフは 2π ごとに同じ形が繰り返される．

一般に関数 $y=f(\theta)$ が 0 でない定数 c に対して常に

$$f(\theta+c)=f(\theta)$$

となるとき，$y=f(\theta)$ のグラフは θ 軸方向に c ごとに同じ形を繰り返す．このような関数を**周期《しゅうき》**c の**周期関数《しゅうきかんすう》**という．関数 $f(\theta)$ が c を周期にもつとき，$f(\theta)$ は $2c,\ 3c,\ -c$ など c の整数倍も周期にもつ．普通，周期といえば，正の最小のものを指す．

$y=\sin\theta$ や $y=\cos\theta$ は周期 2π の周期関数である．

例 5.13　$y = 2\sin\theta$ のグラフは，$y = \sin\theta$ のグラフを（θ 軸を中心として）y 軸方向に 2 倍拡大したグラフで周期は 2π である．値域は $-1 \leqq \sin\theta \leqq 1$ より $-2 \leqq y \leqq 2$ ■

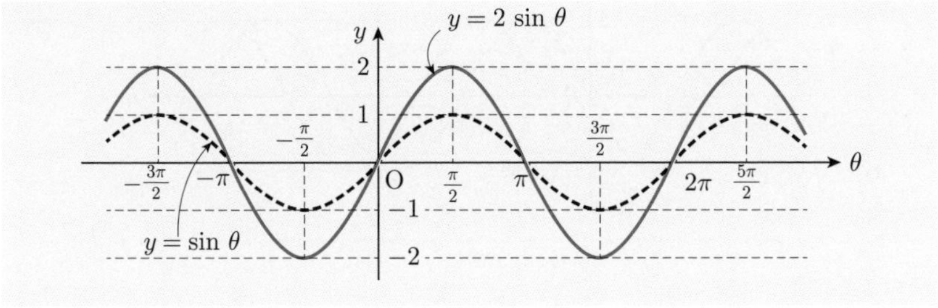

Let's TRY

問 5.30　次の関数のグラフをかけ．また，その周期と値域を答えよ．

(1)　$y = \dfrac{1}{2}\sin\theta$　　(2)　$y = 3\cos\theta$

例 5.14　$y = \sin 2\theta$ のグラフは，$y = \sin\theta$ のグラフを（y 軸を中心として）θ 軸方向に $\frac{1}{2}$ 倍に縮小したグラフで周期は π である．値域は $-1 \leqq y \leqq 1$ ■

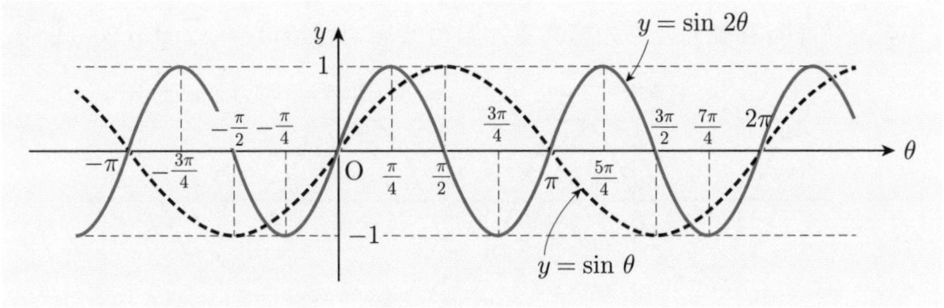

Let's TRY

問 5.31　次の関数のグラフをかけ．また，その周期と値域を答えよ．

(1)　$y = \sin\dfrac{\theta}{2}$　　(2)　$y = \cos 3\theta$

例 5.15 $y = \sin\left(\theta - \frac{\pi}{3}\right)$ のグラフは，$y = \sin\theta$ のグラフを θ 軸方向に $\frac{\pi}{3}$ だけ平行移動したグラフで周期は 2π である．値域は $-1 \leqq y \leqq 1$ ■

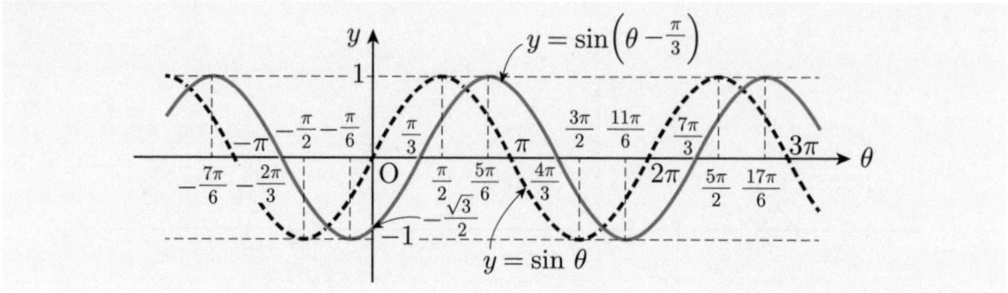

Let's TRY

問 **5.32** 次の関数のグラフをかけ．また，その周期と値域を答えよ．

(1) $y = \sin\left(\theta + \dfrac{\pi}{4}\right)$ (2) $y = 2\cos\left(\theta + \dfrac{\pi}{3}\right)$

例題 5.11 $y = \sqrt{2}\sin\left(2\theta + \frac{\pi}{4}\right)$ のグラフをかけ．また，その周期と値域を答えよ．

解 $y = \sqrt{2}\sin 2\left(\theta + \frac{\pi}{8}\right)$ と変形できるから，この関数のグラフは $y = \sin\theta$ のグラフを y 軸方向に $\sqrt{2}$ 倍拡大し，θ 軸方向に $\frac{1}{2}$ 倍に縮小し，その後，θ 軸方向に $-\frac{\pi}{8}$ だけ平行移動したものである．周期は π で値域は $-\sqrt{2} \leqq y \leqq \sqrt{2}$ ■

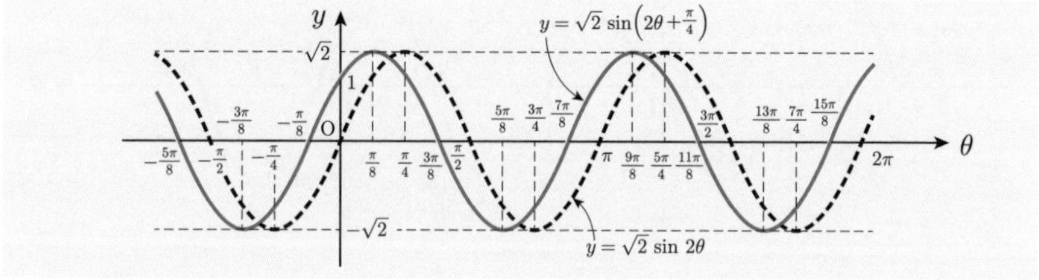

Let's TRY

問 **5.33** 次の関数のグラフをかけ．また，その周期と値域を答えよ．

(1) $y = \sin\left(2\theta - \dfrac{\pi}{3}\right)$ (2) $y = 4\cos\left(\dfrac{\theta}{2} + \dfrac{\pi}{4}\right)$

$y = \tan\theta$ のグラフ　角 θ の動径と単位円の交点を $\mathrm{P}(x, y)$，直線 $x = 1$ との交点を $\mathrm{T}(1, m)$ とする．原点を O とすると

$$\tan\theta = \frac{y}{x} = m = (\text{直線 OP の傾き})$$

である．このことを用いて $y = \tan\theta$ のグラフをかくと次のようになる．

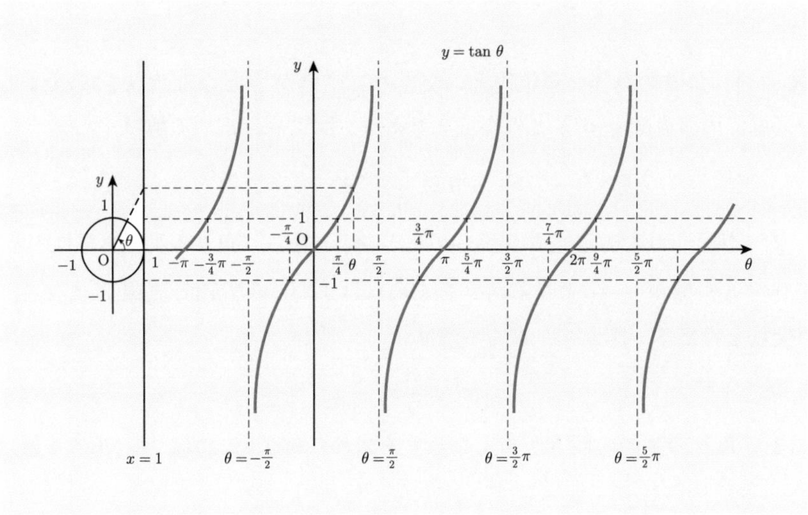

$y = \tan\theta$ は周期 π の周期関数であり，定義域は $\theta \neq n\pi + \dfrac{\pi}{2}$（$n$ は整数）で，値域は実数全体である．この関数は直線 $\theta = n\pi + \dfrac{\pi}{2}$（$n$ は整数）を漸近線にもつ．

Let's TRY

問 **5.34**　次の関数の周期と値域を求めよ．

(1)　$y = \tan 2\theta$　　(2)　$y = \tan\dfrac{\theta}{3}$

三角関数を含む方程式・不等式　単位円を用いて三角関数を含む方程式を解こう．

例題 5.12　$0 \leqq \theta < 2\pi$ のとき，次の方程式を解け．

(1)　$\sin\theta = \frac{1}{2}$　　(2)　$\sqrt{2}\cos\theta + 1 = 0$　　(3)　$\tan\theta = 1$

解　(1)　角 θ の動径と単位円との交点の y 座標が $\frac{1}{2}$ となる角 θ を求めればよい．単位円と直線 $y = \frac{1}{2}$ との交点を考える．図より，求める解は

$$\theta = \frac{\pi}{6},\ \frac{5}{6}\pi$$

(2)　与えられた方程式より，$\cos\theta = -\frac{1}{\sqrt{2}}$ となる．角 θ の動径と単位円との交点の x 座標が $-\frac{1}{\sqrt{2}}$ となる角 θ を求めればよい．単位円と直線 $x = -\frac{1}{\sqrt{2}}$ との交点を考える．図より，求める解は

$$\theta = \frac{3}{4}\pi,\ \frac{5}{4}\pi$$

(3)　角 θ の動径の傾きが 1 となる θ を求めればよい．図より，求める解は

$$\theta = \frac{\pi}{4},\ \frac{5}{4}\pi$$

■

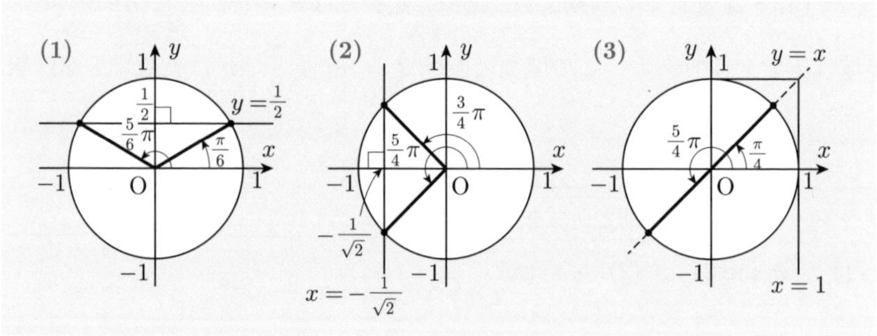

Let's TRY

問 5.35　$0 \leqq \theta < 2\pi$ のとき，次の方程式を解け．

(1)　$2\sin\theta = -\sqrt{2}$　　(2)　$\cos\theta = \dfrac{1}{2}$　　(3)　$\tan\theta = -\sqrt{3}$

方程式のときと同様に，単位円を用いて三角関数を含む不等式を解こう．

例題 5.13　$0 \leqq \theta < 2\pi$ のとき，次の不等式を解け．

(1)　$\sin\theta < -\frac{1}{2}$　　(2)　$\cos\theta \geqq -\frac{\sqrt{3}}{2}$　　(3)　$\tan\theta \geqq \frac{1}{\sqrt{3}}$

解　(1)　角 θ の動径と単位円との交点の y 座標が $-\frac{1}{2}$ より小さくなる θ の範囲を求めればよい．図より，求める解は

$$\frac{7}{6}\pi < \theta < \frac{11}{6}\pi$$

(2)　角 θ の動径と単位円との交点の x 座標が $-\frac{\sqrt{3}}{2}$ 以上となる θ の範囲を求めればよい．図より，求める解は

$$0 \leqq \theta \leqq \frac{5}{6}\pi,\quad \frac{7}{6}\pi \leqq \theta < 2\pi$$

(3)　角 θ の動径の傾きが $\frac{1}{\sqrt{3}}$ 以上となる θ の範囲を求めればよい．図より，求める解は

$$\frac{\pi}{6} \leqq \theta < \frac{\pi}{2},\quad \frac{7}{6}\pi \leqq \theta < \frac{3}{2}\pi$$

■

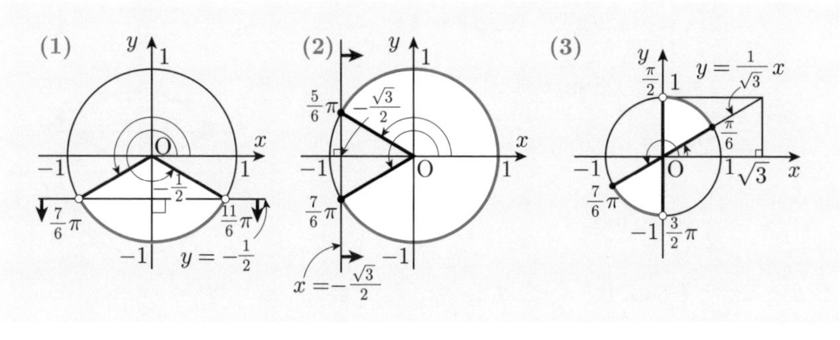

Let's TRY

問 5.36　$0 \leqq \theta < 2\pi$ のとき，次の不等式を解け．

(1)　$2\sin\theta \geqq -\sqrt{3}$　　(2)　$-\dfrac{1}{2} < \cos\theta \leqq 0$　　(3)　$\tan\theta \geqq -1$

例題 5.14 $0 \leqq \theta < 2\pi$ のとき，次の方程式・不等式を解け．

(1) $\sin\left(\theta + \dfrac{\pi}{3}\right) = \dfrac{1}{2}$ $\cdots$①

(2) $2\cos^2\theta \geqq -5\sin\theta + 4$ $\cdots$②

解く前に (1) $\theta + \frac{\pi}{3}$ の取り得る値の範囲を確認し，これを 1 つの角とみて単位円を用いて $\theta + \frac{\pi}{3}$ の値を定める．(2) 三角関数の相互関係を用いて，$\sin\theta$ の 2 次不等式にする．$\sin\theta$ の範囲を求め，単位円を用いて θ の範囲を求める．

解 (1) $0 \leqq \theta < 2\pi$ より

$$\frac{\pi}{3} \leqq \theta + \frac{\pi}{3} < \frac{7}{3}\pi \quad \cdots ③$$

①を満たす $\theta + \dfrac{\pi}{3}$ の値は③に注意すると

$$\theta + \frac{\pi}{3} = \frac{5}{6}\pi,\ \frac{13}{6}\pi$$

これより，$\theta = \dfrac{\pi}{2},\ \dfrac{11}{6}\pi$

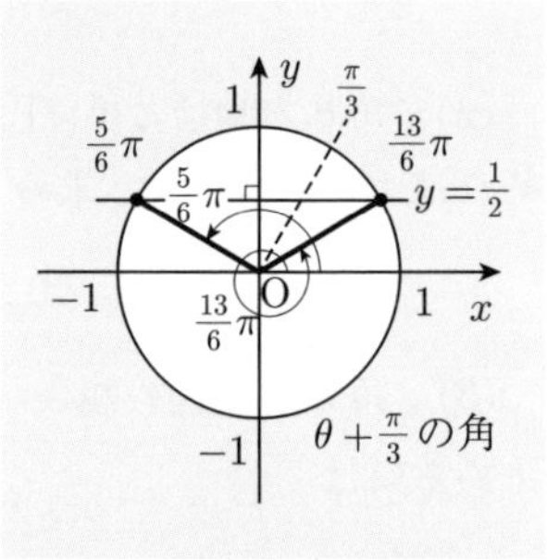

(2) $\sin^2\theta + \cos^2\theta = 1$ を用いると②より，

$$2(1 - \sin^2\theta) \geqq -5\sin\theta + 4$$

$$\Longleftrightarrow 2\sin^2\theta - 5\sin\theta + 2 \leqq 0$$

$$\Longleftrightarrow (2\sin\theta - 1)(\sin\theta - 2) \leqq 0$$

$$\Longleftrightarrow \frac{1}{2} \leqq \sin\theta \leqq 2$$

$0 \leqq \theta < 2\pi$ と右図より，$\dfrac{\pi}{6} \leqq \theta \leqq \dfrac{5}{6}\pi$ ■

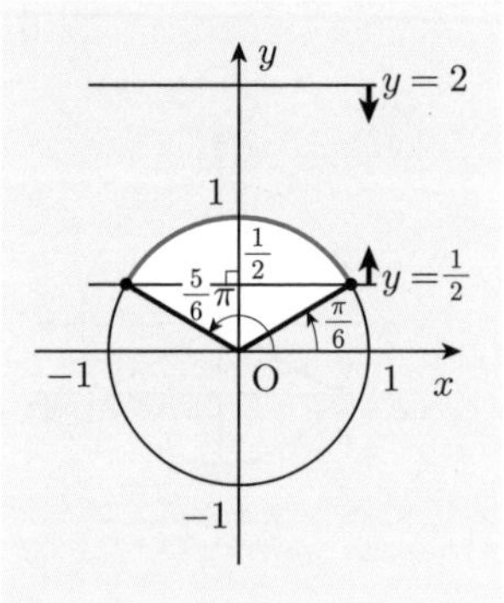

Let's TRY

問 5.37 $0 \leqq \theta < 2\pi$ のとき，次の方程式・不等式を解け．

(1) $\cos\left(\theta + \dfrac{\pi}{6}\right) > -\dfrac{1}{2}$ (2) $2\sin^2\theta + \cos\theta - 2 \geqq 0$

5.4 加法定理

加法定理　$\cos(\alpha-\beta)$ を α, β の三角関数で表すことを考える．下図のように原点 O を中心とする単位円周上に 2 点 $\mathrm{P}(\cos\alpha,\ \sin\alpha)$, $\mathrm{Q}(\cos\beta,\ \sin\beta)$ をとる．この 2 点を原点の周りに角 $-\beta$ 回転させた点をそれぞれ P', Q' とおくと

$$\mathrm{P}'(\cos(\alpha-\beta), \sin(\alpha-\beta)),\quad \mathrm{Q}'(1,0)$$

となる．

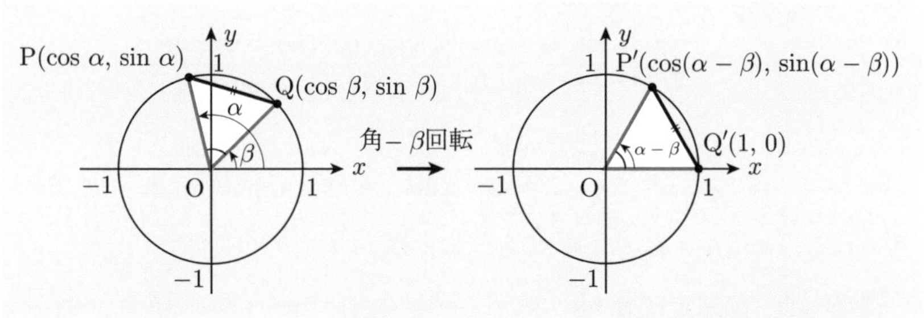

$\mathrm{P}'\mathrm{Q}'^2 = \mathrm{PQ}^2$ であるから，第 6 章の 2 点間の距離の公式 **6.1** を用いると

$$\{\cos(\alpha-\beta)-1\}^2+\sin^2(\alpha-\beta) = (\cos\alpha-\cos\beta)^2+(\sin\alpha-\sin\beta)^2$$

ここで両辺を展開し，公式 $\cos^2\theta+\sin^2\theta=1$ を用いて整理すると

$$2-2\cos(\alpha-\beta) = 2-2(\cos\alpha\cos\beta+\sin\alpha\sin\beta)$$

$$\cos(\alpha-\beta) = \cos\alpha\cos\beta+\sin\alpha\sin\beta$$

β を $-\beta$ におき換えると，$\cos(-\beta)=\cos\beta$, $\sin(-\beta)=-\sin\beta$ であるから，

$$\cos(\alpha+\beta) = \cos\alpha\cos\beta-\sin\alpha\sin\beta$$

が成り立つ．また，$\sin\theta=\cos\left(\dfrac{\pi}{2}-\theta\right)$ であるから，

$$\begin{aligned}\sin(\alpha+\beta) &= \cos\left\{\frac{\pi}{2}-(\alpha+\beta)\right\} = \cos\left\{\left(\frac{\pi}{2}-\alpha\right)-\beta\right\}\\ &= \cos\left(\frac{\pi}{2}-\alpha\right)\cos\beta+\sin\left(\frac{\pi}{2}-\alpha\right)\sin\beta\\ &= \sin\alpha\cos\beta+\cos\alpha\sin\beta\end{aligned}$$

となる．この式で，β を $-\beta$ におき換えると

$$\sin(\alpha-\beta) = \sin\alpha\cos\beta-\cos\alpha\sin\beta$$

を得る．

以上をまとめると

5.14 加《か》法《ほう》定《てい》理《り》 I

(1) $\sin(\alpha+\beta)=\sin\alpha\cos\beta+\cos\alpha\sin\beta$

(2) $\sin(\alpha-\beta)=\sin\alpha\cos\beta-\cos\alpha\sin\beta$

(3) $\cos(\alpha+\beta)=\cos\alpha\cos\beta-\sin\alpha\sin\beta$

(4) $\cos(\alpha-\beta)=\cos\alpha\cos\beta+\sin\alpha\sin\beta$

また，上の加法定理を用いると

$$\tan(\alpha+\beta)=\frac{\sin(\alpha+\beta)}{\cos(\alpha+\beta)}=\frac{\sin\alpha\cos\beta+\cos\alpha\sin\beta}{\cos\alpha\cos\beta-\sin\alpha\sin\beta}$$

$$=\frac{\frac{\sin\alpha}{\cos\alpha}\cdot 1+1\cdot\frac{\sin\beta}{\cos\beta}}{1-\frac{\sin\alpha}{\cos\alpha}\cdot\frac{\sin\beta}{\cos\beta}}=\frac{\tan\alpha+\tan\beta}{1-\tan\alpha\tan\beta}$$

が得られる．$\tan(\alpha-\beta)$ についても同様に以下の式が得られる．

5.15 加法定理 II

(5) $\tan(\alpha+\beta)=\dfrac{\tan\alpha+\tan\beta}{1-\tan\alpha\tan\beta}$

(6) $\tan(\alpha-\beta)=\dfrac{\tan\alpha-\tan\beta}{1+\tan\alpha\tan\beta}$

例題 5.15 次の三角関数の値を求めよ．

(1) $\sin 75^\circ$ (2) $\cos\dfrac{7}{12}\pi$

解

$$\sin 75^\circ=\sin(45^\circ+30^\circ)=\sin 45^\circ\cos 30^\circ+\cos 45^\circ\sin 30^\circ$$

$$=\frac{\sqrt{2}}{2}\cdot\frac{\sqrt{3}}{2}+\frac{\sqrt{2}}{2}\cdot\frac{1}{2}=\frac{\sqrt{6}+\sqrt{2}}{4}$$

$$\cos\frac{7}{12}\pi=\cos\left(\frac{\pi}{3}+\frac{\pi}{4}\right)=\cos\frac{\pi}{3}\cos\frac{\pi}{4}-\sin\frac{\pi}{3}\sin\frac{\pi}{4}$$

$$=\frac{1}{2}\cdot\frac{\sqrt{2}}{2}-\frac{\sqrt{3}}{2}\cdot\frac{\sqrt{2}}{2}=\frac{\sqrt{2}-\sqrt{6}}{4}$$

■

Let's TRY

問 5.38 次の三角関数の値を求めよ．

(1) $\sin\dfrac{\pi}{12}$ (2) $\cos 165^\circ$ (3) $\tan 15^\circ$

例題 5.16 2 直線 $y=3x$, $y=\dfrac{1}{2}x$ のなす角 θ $\left(0<\theta<\dfrac{\pi}{2}\right)$ を求めよ．

解 直線 $y=3x$ が x 軸となす角を α $\left(0<\alpha<\dfrac{\pi}{2}\right)$ とし，直線 $y=\dfrac{1}{2}x$ が x 軸となす角を β $\left(0<\beta<\dfrac{\pi}{2}\right)$ とすると $\tan\alpha=3$ と $\tan\beta=\dfrac{1}{2}$ が成り立つ．$\theta=\alpha-\beta$ であるから

$$\tan\theta=\tan(\alpha-\beta)=\frac{\tan\alpha-\tan\beta}{1+\tan\alpha\tan\beta}=\frac{3-\frac{1}{2}}{1+3\cdot\frac{1}{2}}=1$$

を得る．$0<\theta<\dfrac{\pi}{2}$ であるから，$\theta=\dfrac{\pi}{4}$ ■

Let's TRY

問 5.39 直線 $y=-x$ と $y=(2-\sqrt{3})x$ のなす角 θ $\left(0<\theta<\frac{\pi}{2}\right)$ を求めよ．

2 倍角の公式 加法定理から，次のように 2 倍角の公式を導くことができる．

$$\sin 2\alpha=\sin(\alpha+\alpha)=\sin\alpha\cos\alpha+\cos\alpha\sin\alpha=2\sin\alpha\cos\alpha$$

$$\begin{aligned}\cos 2\alpha&=\cos(\alpha+\alpha)=\cos\alpha\cos\alpha-\sin\alpha\sin\alpha\\&=\cos^2\alpha-\sin^2\alpha=2\cos^2\alpha-1=1-2\sin^2\alpha\end{aligned}$$

$$\tan 2\alpha=\tan(\alpha+\alpha)=\frac{2\tan\alpha}{1-\tan^2\alpha}$$

5.16 2 倍角《ばいかく》の公式《こうしき》

$$\sin 2\alpha=2\sin\alpha\cos\alpha$$

$$\cos 2\alpha=\cos^2\alpha-\sin^2\alpha=2\cos^2\alpha-1=1-2\sin^2\alpha$$

$$\tan 2\alpha=\frac{2\tan\alpha}{1-\tan^2\alpha}$$

例題 5.17 α は第4象限の角とする． $\cos\alpha = \dfrac{2}{3}$ のとき，$\sin 2\alpha$ と $\cos 2\alpha$，および $\tan 2\alpha$ の値を求めよ．

解 α は第4象限の角であるから，$\sin\alpha < 0$ よって

$$\sin\alpha = -\sqrt{1-\cos^2\alpha} = -\sqrt{1-\left(\frac{2}{3}\right)^2} = -\frac{\sqrt{5}}{3}$$

となる．2倍角の公式より

$$\cos 2\alpha = 2\cos^2\alpha - 1 = 2\cdot\frac{4}{9} - 1 = -\frac{1}{9}$$

$$\sin 2\alpha = 2\sin\alpha\cos\alpha = 2\cdot\left(-\frac{\sqrt{5}}{3}\right)\cdot\frac{2}{3} = -\frac{4\sqrt{5}}{9}$$

$$\tan 2\alpha = \frac{\sin 2\alpha}{\cos 2\alpha} = \left(-\frac{4\sqrt{5}}{9}\right) \div \left(-\frac{1}{9}\right) = 4\sqrt{5}$$ ■

Let's TRY

問 5.40 次の式を満たす α について，$\sin 2\alpha$, $\cos 2\alpha$, $\tan 2\alpha$ の値を求めよ．

(1) $\sin\alpha = \dfrac{1}{4}$ $\left(\dfrac{\pi}{2} < \alpha < \pi\right)$ (2) $\tan\alpha = 3$ $\left(\pi < \alpha < \dfrac{3}{2}\pi\right)$

問 5.41 $\tan\dfrac{\theta}{2} = t$ とおくとき，次の式を t の式で表せ．

(1) $\tan\theta$ (2) $\cos\theta$ (3) $\sin\theta$

半角の公式 $\cos 2\alpha = 2\cos^2\alpha - 1 = 1 - 2\sin^2\alpha$ より

$$\cos^2\alpha = \frac{1+\cos 2\alpha}{2}, \quad \sin^2\alpha = \frac{1-\cos 2\alpha}{2}$$

を得る．また，この2式より，

$$\tan^2\alpha = \frac{\sin^2\alpha}{\cos^2\alpha} = \frac{1-\cos 2\alpha}{1+\cos 2\alpha}$$

が導かれる．以上の式で $\alpha = \dfrac{\theta}{2}$ とおくと，$2\alpha = \theta$ となり，次の公式を得る．

5.17 半角《はんかく》の公式《こうしき》

$$\cos^2\frac{\theta}{2}=\frac{1+\cos\theta}{2}$$

$$\sin^2\frac{\theta}{2}=\frac{1-\cos\theta}{2}$$

$$\tan^2\frac{\theta}{2}=\frac{1-\cos\theta}{1+\cos\theta}$$

例題 5.18 $\cos\dfrac{\pi}{8}$ の値を求めよ.

解 半角の公式より,

$$\cos^2\frac{\pi}{8}=\frac{1+\cos\frac{\pi}{4}}{2}=\frac{1}{2}\left(1+\frac{\sqrt{2}}{2}\right)=\frac{2+\sqrt{2}}{4}$$

$0<\dfrac{\pi}{8}<\dfrac{\pi}{2}$ より, $\cos\dfrac{\pi}{8}>0$ だから

$$\cos\frac{\pi}{8}=\frac{\sqrt{2+\sqrt{2}}}{2}$$

■

Let's TRY

問 5.42 次の式の値を求めよ.

(1) $\sin\dfrac{\pi}{8}$ (2) $\tan\dfrac{\pi}{8}$ (3) $\cos\dfrac{5}{8}\pi$

問 5.43 $2\pi<\alpha<3\pi$ で $\cos\alpha=\dfrac{3}{5}$ のとき, 次の式の値を求めよ.

(1) $\cos\dfrac{\alpha}{2}$ (2) $\sin\dfrac{\alpha}{2}$ (3) $\tan\dfrac{\alpha}{2}$

三角関数の合成 加法定理を利用して $a\sin\theta+b\cos\theta$ の形の式を $r\sin(\theta+\alpha)$ の形の式に変形することができる.

座標が (a, b) である点 P をとり，動径 OP の一般角を α とすると $\mathrm{OP}=\sqrt{a^2+b^2}$ であるから，右図より

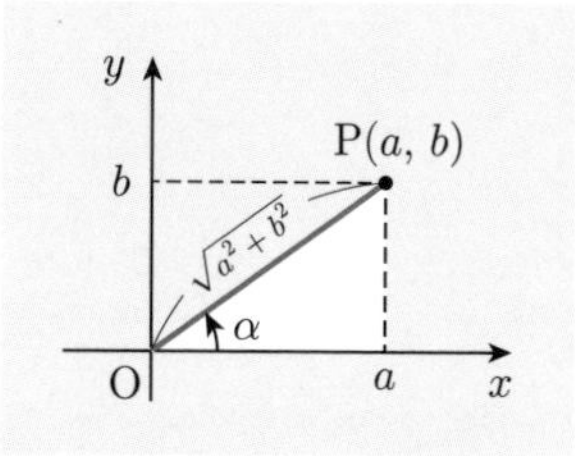

$$\cos\alpha=\frac{a}{\sqrt{a^2+b^2}},\quad \sin\alpha=\frac{b}{\sqrt{a^2+b^2}}$$

となる．これより，

$$a\sin\theta+b\cos\theta=\sqrt{a^2+b^2}\left(\sin\theta\cdot\frac{a}{\sqrt{a^2+b^2}}+\cos\theta\cdot\frac{b}{\sqrt{a^2+b^2}}\right)$$

$$=\sqrt{a^2+b^2}\,(\sin\theta\cdot\cos\alpha+\cos\theta\cdot\sin\alpha)=\sqrt{a^2+b^2}\sin(\theta+\alpha)$$

が成り立つ．このように変形することを**三角関数《さんかくかんすう》の合成《ごうせい》**という.

5.18 三角関数の合成

$$a\sin\theta+b\cos\theta=\sqrt{a^2+b^2}\sin(\theta+\alpha)$$

ここで α は右図の角

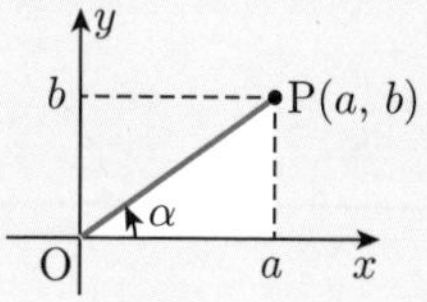

■**注意** a, b は正でなくても成立する.

例 5.16 $\sin\theta+\sqrt{3}\cos\theta$ を合成する.

$a=1,\ b=\sqrt{3}$ とおくと

$$\sqrt{a^2+b^2}=2$$

となり，右図より $\alpha=\frac{\pi}{3}$ となるから

$$\sin\theta+\sqrt{3}\cos\theta=2\sin\left(\theta+\frac{\pi}{3}\right)$$ ■

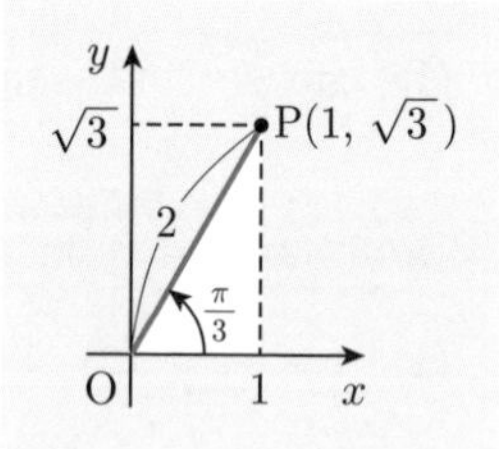

Let's TRY

問 5.44 次の式の $r\sin(\theta+\alpha)$ の形にせよ．ただし，$-\pi<\alpha<\pi$ とする.

(1) $\sqrt{6}\sin\theta+\sqrt{2}\cos\theta$ (2) $-\sin\theta+\cos\theta$

例題 5.19 $0 \leqq x < 2\pi$ のとき，次の方程式・不等式を解け．

(1) $\sin x - \sqrt{3}\cos x = 1$ (2) $\sin x + \cos x \geqq \dfrac{1}{\sqrt{2}}$

解 (1) 左辺を合成すると

$$2\sin\left(x - \frac{\pi}{3}\right) = 1 \Longleftrightarrow \sin\left(x - \frac{\pi}{3}\right) = \frac{1}{2} \quad \cdots ①$$

$0 \leqq x < 2\pi$ より，$-\frac{\pi}{3} \leqq x - \frac{\pi}{3} < \frac{5}{3}\pi$ であるから，①より，

$$x - \frac{\pi}{3} = \frac{\pi}{6}, \frac{5}{6}\pi. \text{ これより，} x = \frac{\pi}{2}, \frac{7}{6}\pi$$

(2) 左辺を合成すると

$$\sqrt{2}\sin\left(x + \frac{\pi}{4}\right) \geqq \frac{1}{\sqrt{2}} \Longleftrightarrow \sin\left(x + \frac{\pi}{4}\right) \geqq \frac{1}{2} \quad \cdots ②$$

$0 \leqq x < 2\pi$ より，$\frac{\pi}{4} \leqq x + \frac{\pi}{4} < \frac{9}{4}\pi$ であるから，②より，

$$\frac{\pi}{4} \leqq x + \frac{\pi}{4} \leqq \frac{5}{6}\pi, \quad \frac{13}{6}\pi \leqq x + \frac{\pi}{4} < \frac{9}{4}\pi$$

これより，求める x の値の範囲は $0 \leqq x \leqq \dfrac{7}{12}\pi,\ \dfrac{23}{12}\pi \leqq x < 2\pi$ ■

Let's TRY

問 5.45 $0 \leqq x < 2\pi$ のとき，次の方程式・不等式を解け．

(1) $\sin x + \sqrt{3}\cos x = -\sqrt{2}$ (2) $-\sin x + \cos x \geqq \dfrac{\sqrt{6}}{2}$

例題 5.20 次の関数のとる値の範囲（値域）を求めよ．

$$y = 3\sin x + 4\cos x$$

解 右辺を合成すると

$$y = 5\sin(x + \alpha)$$

ここで，α は右図の角．$-1 \leqq \sin(x + \alpha) \leqq 1$ より，

$$-5 \leqq y \leqq 5$$ ■

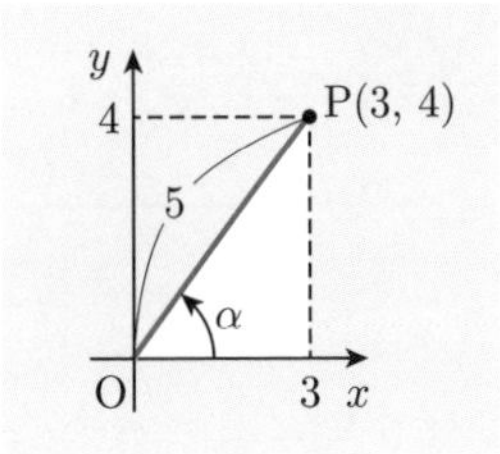

Let's TRY

問 **5.46** 次の関数の値域を求めよ．

(1) $y = 2\sin x - 3\cos x$ (2) $y = -\sqrt{7}\sin x + 3\cos x$

積和の公式・和積の公式 三角関数の積を三角関数の和に直す公式と三角関数の和を三角関数の積に直す公式を導こう．三角関数の加法定理より

$$\sin(\alpha+\beta) = \sin\alpha\cos\beta + \cos\alpha\sin\beta \quad \cdots①$$
$$\sin(\alpha-\beta) = \sin\alpha\cos\beta - \cos\alpha\sin\beta \quad \cdots②$$
$$\cos(\alpha+\beta) = \cos\alpha\cos\beta - \sin\alpha\sin\beta \quad \cdots③$$
$$\cos(\alpha-\beta) = \cos\alpha\cos\beta + \sin\alpha\sin\beta \quad \cdots④$$

① + ② より，$\sin(\alpha+\beta) + \sin(\alpha-\beta) = 2\sin\alpha\cos\beta$ を得る．この両辺を 2 で割ると

$$\sin\alpha\cos\beta = \frac{1}{2}\{\sin(\alpha+\beta) + \sin(\alpha-\beta)\}$$

が成り立つ．同様に ① − ②, ③ + ④, ③ − ④ から，次の公式を得る．

5.19 積和《せきわ》の公式《こうしき》

$$\sin\alpha\cos\beta = \frac{1}{2}\{\sin(\alpha+\beta) + \sin(\alpha-\beta)\}$$

$$\cos\alpha\sin\beta = \frac{1}{2}\{\sin(\alpha+\beta) - \sin(\alpha-\beta)\}$$

$$\cos\alpha\cos\beta = \frac{1}{2}\{\cos(\alpha+\beta) + \cos(\alpha-\beta)\}$$

$$\sin\alpha\sin\beta = -\frac{1}{2}\{\cos(\alpha+\beta) - \cos(\alpha-\beta)\}$$

例 5.17

$$\begin{aligned}\cos 37.5^\circ \cos 7.5^\circ &= \frac{1}{2}\{\cos(37.5^\circ + 7.5^\circ) + \cos(37.5^\circ - 7.5^\circ)\} \\ &= \frac{1}{2}(\cos 45^\circ + \cos 30^\circ) = \frac{1}{2}\left(\frac{\sqrt{2}}{2} + \frac{\sqrt{3}}{2}\right) \\ &= \frac{\sqrt{2}+\sqrt{3}}{4}\end{aligned}$$

■

Let's TRY

問 **5.47** 次の式の値を求めよ．

(1) $\sin 75^\circ \cos 15^\circ$ (2) $\sin 52.5^\circ \sin 7.5^\circ$

次に積和の公式の両辺を 2 倍した式において，

$$\alpha + \beta = A, \quad \alpha - \beta = B$$

とおくと，この 2 式より $\alpha = \dfrac{A+B}{2}$，$\beta = \dfrac{A-B}{2}$ となるから，次の式が成り立つ．

5.20 和積《わせき》の公式《こうしき》

$$\sin A + \sin B = 2\sin\frac{A+B}{2}\cos\frac{A-B}{2}$$

$$\sin A - \sin B = 2\cos\frac{A+B}{2}\sin\frac{A-B}{2}$$

$$\cos A + \cos B = 2\cos\frac{A+B}{2}\cos\frac{A-B}{2}$$

$$\cos A - \cos B = -2\sin\frac{A+B}{2}\sin\frac{A-B}{2}$$

例 5.18

(1) $\sin 3\theta + \sin\theta = 2\sin\dfrac{3\theta+\theta}{2}\cos\dfrac{3\theta-\theta}{2} = 2\sin 2\theta\cos\theta$

(2) $\cos 105^\circ + \cos 15^\circ = 2\cos\dfrac{105^\circ+15^\circ}{2}\cos\dfrac{105^\circ-15^\circ}{2}$

$= 2\cos 60^\circ \cos 45^\circ = 2\cdot\dfrac{1}{2}\cdot\dfrac{\sqrt{2}}{2} = \dfrac{\sqrt{2}}{2}$ ■

Let's TRY

問 **5.48** 次の式を三角関数の積の形に直せ．

(1) $\sin 3\theta + \sin 7\theta$ (2) $\cos 4\theta - \cos\theta$

問 **5.49** 次の式の値を求めよ．

(1) $\sin 75^\circ - \sin 15^\circ$ (2) $\cos 20^\circ + \cos 100^\circ + \cos 140^\circ$

第5章 演習問題A

1 θ が第4象限の角で，$\tan\theta = -2$ であるとき，$\cos\theta, \sin\theta$ の値を求めよ．

2 $\triangle$ABC において，$a = 5, b = 7, c = 8$ であり，辺 BC の中点を M とする．次の値を求めよ．

(1) $\cos C$　(2) $\sin C$　(3) 面積 S

(4) 外接円の半径 R　(5) 内接円の半径 r　(6) 辺 AM の長さ

3 原点を通り，直線 $y = \dfrac{1}{3}x$ と $\dfrac{\pi}{4}$ の角をなす直線の方程式を求めよ．

4 $0 \leqq \theta < 2\pi$ とするとき，次の方程式を解け．

(1) $2\sin\theta + \sqrt{3} = 0$　(2) $4\cos^2\theta = 3$　(3) $\sqrt{3}\tan\theta = -1$

5 $0 \leqq \theta < 2\pi$ とするとき，次の不等式を解け．

(1) $2\cos\theta + 1 \geqq 0$　(2) $\tan\theta \geqq -\sqrt{3}$　(3) $\cos 2\theta > \sin\theta$

6 次の値を求めよ．

(1) $\sin\theta - \cos\theta = \dfrac{2}{3}$ のとき，$\sin\theta\cos\theta$ と $\sin^3\theta - \cos^3\theta$ の値

(2) $\tan\theta = 2$ のとき，$\dfrac{1}{1+\sin\theta} + \dfrac{1}{1-\sin\theta}$ の値

(3) $\sin\theta + \sin^2\theta = 1$ のとき，$1 + \cos^2\theta + \cos^4\theta$ の値

7 次の等式が成り立つとき，$\triangle$ABC はどんな三角形か．

(1) $\sin A = \sin B\cos C$　(2) $a\cos A = b\cos B$

8 α, β, γ は鋭角で，$\tan\alpha = 1, \tan\beta = 2, \tan\gamma = 3$ のとき，$\alpha + \beta + \gamma$ の値を求めよ．

9 $0 < \alpha < \pi$ で $\cos\alpha = -\dfrac{1}{3}$ のとき，次の値を求めよ．

(1) $\sin 2\alpha$　(2) $\cos 2\alpha$　(3) $\tan 2\alpha$　(4) $\cos 3\alpha$

第5章　演習問題 B

10　2次方程式 $2x^2+3x-4=0$ の2つの解を $\tan\alpha$, $\tan\beta$ とするとき，次の式の値を求めよ．ただし，$0<\alpha<\dfrac{\pi}{2}$, $\dfrac{\pi}{2}<\beta<\pi$ とする．

(1)　$\tan(\alpha+\beta)$　　(2)　$\cos(\alpha+\beta)$　　(3)　$\sin(\alpha+\beta)$

11　次の関数の最大値と最小値を求めよ．ただし，最大値・最小値をとる x の値は求めなくてもよい．

(1)　$y=5\cos x-2\sqrt{6}\sin x$

(2)　$y=\sin^2 x+\cos x+1$

(3)　$y=3\cos^2 x+2\sin x\cos x-5\sin^2 x$

12　$0\leqq x\leqq\dfrac{\pi}{2}$ とするとき，次の関数の最大値と最小値を求めよ．

(1)　$y=\sin x+\sin\left(x+\dfrac{\pi}{3}\right)$　　(2)　$y=\sin 2x+\cos 2x$

13　$0\leqq\theta<2\pi$ とするとき，次の方程式を解け．

(1)　$\cos\theta+\sin 2\theta=0$　　(2)　$\cos\theta+\cos 3\theta=0$

14　$0\leqq\theta<2\pi$ とするとき，次の不等式を解け．

(1)　$2\sin^2\theta>1-\cos\theta$　　(2)　$\cos\theta-\sqrt{3}\sin\theta\leqq\sqrt{3}$

15　$3\theta=2\theta+\theta$ と考えて，次の **3 倍角《ばいかく》の公式《こうしき》**を証明せよ．

(1)　$\cos 3\theta=4\cos^3\theta-3\cos\theta$　　(2)　$\sin 3\theta=3\sin\theta-4\sin^3\theta$

16　円に内接する四角形 ABCD において AB $=3$, BC $=2$, CD $=2$, $\angle$B $=60^\circ$ であるとき，次の式の値を求めよ．

(1)　AC の長さ　　(2)　AD の長さ　　(3)　四角形 ABCD の面積

17　関数 $y=(\sin x+\cos x)+2\sin x\cos x+1$ について，次の問いに答えよ．

(1)　$\sin x+\cos x=t$ とおいて，y を t の式で表せ．

(2)　t のとる値の範囲を求めよ．

(3)　y の値域を求めよ．

6 図形と式

中学で三角形の合同や相似といった証明問題を学んだことであろうが，問題によっては，単純な計算で処理できる場合がある．ここでは，平面上の直線，曲線，図形を式で表せることを学び，それら図形的性質を式の計算から求めていく方法が有効であることを学んでいく．

6.1 平面上の点と座標

2 点間の距離 数直線上の点 P に対応する実数 x を点 P の**座**《ざ》**標**《ひょう》といい，$\mathrm{P}(x)$ (関数ではない) とかく．このとき数直線上の 2 点 $\mathrm{A}(x)$, $\mathrm{B}(y)$ の**距**《きょ》**離**《り》 AB は $|y-x|$ で与えられる．

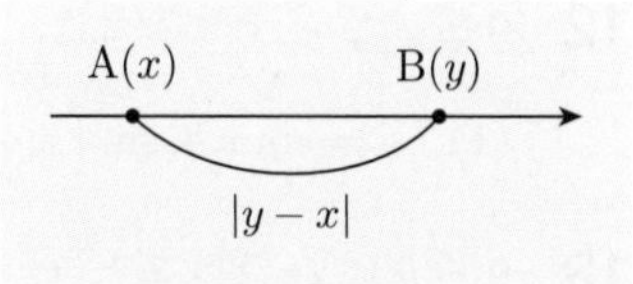

平面上の 2 点 $\mathrm{A}(x_1, y_1)$, $\mathrm{B}(x_2, y_2)$ の距離は次のように計算できる．2 点 A, B が図のように与えられているとき，点 A を通り x 軸と平行な直線と点 B を通り y 軸と平行な直線との交点を点 C とする．このとき $\mathrm{AC} = |x_2 - x_1|$, $\mathrm{BC} = |y_2 - y_1|$ であり，三平方の定理より

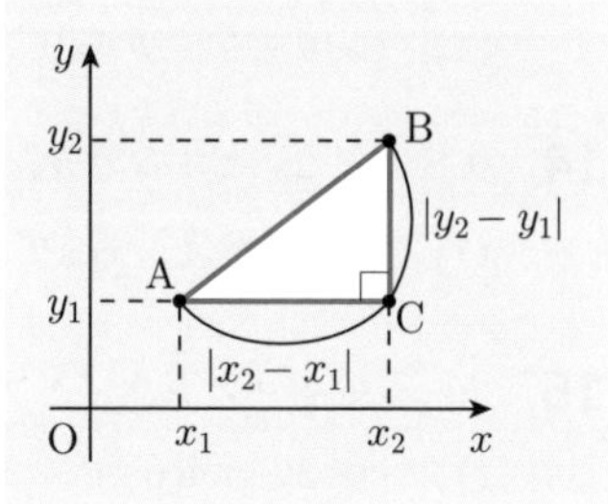

$$\mathrm{AB} = \sqrt{|x_2 - x_1|^2 + |y_2 - y_1|^2}$$
$$= \sqrt{(x_2 - x_1)^2 + (y_2 - y_1)^2}$$

6.1 2 点間の距離の公式

平面上の 2 点 $\mathrm{A}(x_1, y_1)$, $\mathrm{B}(x_2, y_2)$ との間の距離は

$$\mathrm{AB} = \sqrt{(x_2 - x_1)^2 + (y_2 - y_1)^2}$$

特に，原点 $\mathrm{O}(0, 0)$ と A との間の距離は

$$\mathrm{OA} = \sqrt{x_1^2 + y_1^2}$$

例 6.1　原点 $\mathrm{O}(0,0)$, $\mathrm{A}(-2,2)$, $\mathrm{B}(1,3)$ について

$$\mathrm{AB} = \sqrt{\{1-(-2)\}^2 + (3-2)^2}$$

$$= \sqrt{3^2 + 1^2} = \sqrt{10}$$

$$\mathrm{OA} = \sqrt{(-2)^2 + 2^2}$$

$$= \sqrt{8} = 2\sqrt{2}$$ ■

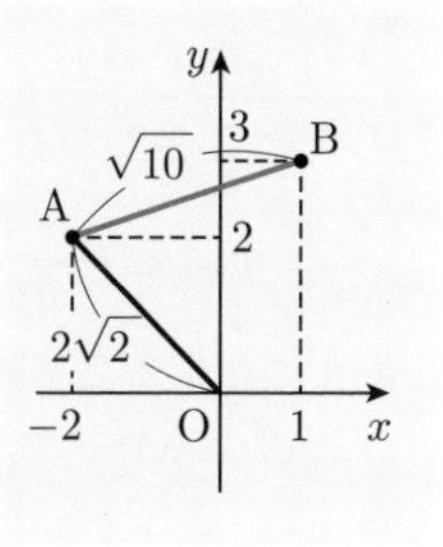

Let's TRY

問 **6.1**　次の 2 点間の距離を求めよ.

(1)　$\mathrm{A}(-1,1)$, $\mathrm{B}(1,-2)$　　(2)　$\mathrm{C}(5,2)$, $\mathrm{D}(3,4)$　　(3)　$\mathrm{O}(0,0)$, $\mathrm{E}(-1,2)$

例題 6.1　2 点 $\mathrm{A}(-1,3)$, $\mathrm{B}(4,2)$ から等距離にある x 軸上の点を求めよ.

解　求める点は x 軸上にあるので，y 座標が 0 である．これより求める点は $\mathrm{P}(x,0)$ とおけて，$\mathrm{AP}=\mathrm{BP}$ より

$$\mathrm{AP} = \sqrt{\{x-(-1)\}^2 + (0-3)^2}$$

$$\mathrm{BP} = \sqrt{(x-4)^2 + (0-2)^2}$$

$\mathrm{AP}=\mathrm{BP}$ より両辺を 2 乗すれば

$$(x+1)^2 + 9 = (x-4)^2 + 4 \qquad ①$$

①を整理して解くと $x=1$

よって，求める点 P は $(1,0)$ ■

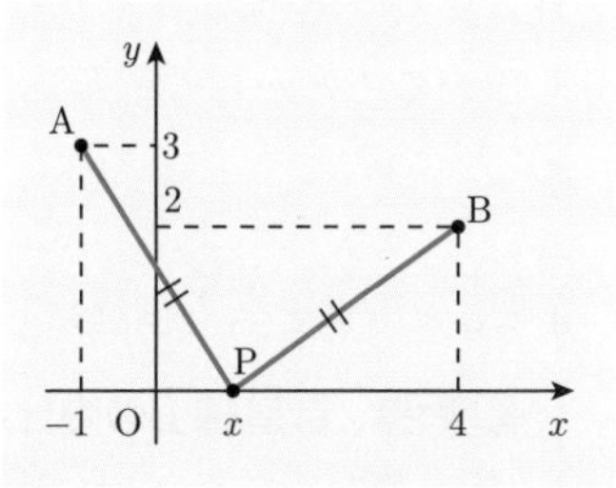

Let's TRY

問 **6.2**　2 点 $\mathrm{A}(-3,1)$, $\mathrm{B}(5,3)$ から等距離にある y 軸上の点を求めよ.

内分点と外分点　数直線上に 2 点 $\mathrm{A}(a)$, $\mathrm{B}(b)$ が与えられ，線分 AB 上に点 $\mathrm{P}(p)$ が $\mathrm{AP}:\mathrm{PB}=m:n$ となる位置にある．このとき, 点 P は AB を $m:n$ に**内分《ないぶん》する**といい, 点 P を**内分点《ないぶんてん》**という.

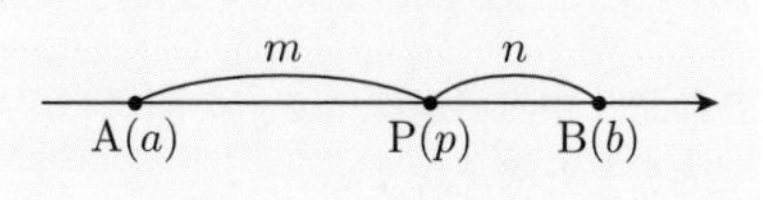

内分点 P の座標を求めよう．$a<p<b$ のとき，$\mathrm{AP}:\mathrm{PB}=m:n$ であることから，点 P は点 A から AB の距離 $b-a$ （$=|b-a|$）の $\frac{m}{m+n}$ 倍だけ右へ移動したところである．よって

$$p=a+\frac{m}{m+n}(b-a)=\frac{(m+n)a+m(b-a)}{m+n}=\frac{na+mb}{m+n}$$

$b<p<a$ のときも同様にして同じ公式がえられる．

次に線分 AB の延長線上に点 $\mathrm{Q}(q)$ が $\mathrm{AQ}:\mathrm{QB}=m:n$ となる位置にあるとき，点 Q は AB を $m:n$ に**外分《がいぶん》する**といい，点 Q を**外分点《がいぶんてん》**という．

■**注意**　$m>n$ のとき，外分点 Q は B の右側，$m<n$ のとき，外分点 Q は A の左側にくる．

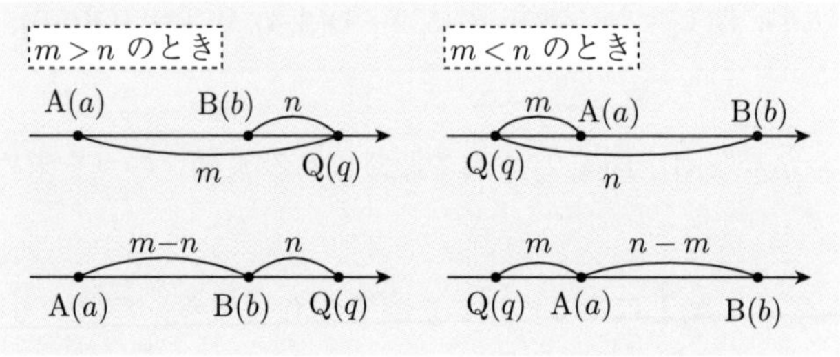

外分点 Q の座標は $a<b<q$ のとき，点 $\mathrm{B}(b)$ が線分 AQ を $m-n:n$ に内分していることから $b=\frac{na+(m-n)q}{m-n+n}$ となる．これより

$$q=\frac{-na+mb}{m-n}$$

$q<a<b$ のときも同様にして，次の公式が得られる．

6.2　数直線上の内分点・外分点の公式

数直線上に 2 点 $\mathrm{A}(a)$, $\mathrm{B}(b)$ が与えられ，線分 AB を $m:n$ に内分する点 $\mathrm{P}(p)$ の座標および $m:n$ に外分する点 $\mathrm{Q}(q)$ の座標は

$$p=\frac{na+mb}{m+n},\quad q=\frac{-na+mb}{m-n}$$

特に，線分 AB の中点 $\mathrm{P}(r)$ の座標は $r=\dfrac{a+b}{2}$

■**注意**　中点の座標は 2 点の座標の平均である．また「$m:n$ に外分」とは，「$m:-n$ に内分」と考えてよい．

例 6.2　A(1), B(5) について，線分 AB を $2:3$ に内分する点 P(p) の座標は

$$p = \frac{3 \cdot 1 + 2 \cdot 5}{2+3} = \frac{13}{5}$$

線分 AB を $2:3$ に外分する点 Q(q) の座標は

$$q = \frac{-3 \cdot 1 + 2 \cdot 5}{2-3} = -7$$

■

Let's TRY

問 6.3　2 点 A(-1), B(4) を結ぶ線分 AB について，次の点の座標を求めよ．またその点を数直線上に図示せよ．

(1)　$1:3$ に内分する点 P(p)　　(2)　中点 Q(q)

(3)　$1:3$ に外分する点 R(r)　　(4)　$5:2$ に外分する点 S(s)

座標平面上の 2 点 A(x_1, y_1), B(x_2, y_2) を結ぶ線分 AB を $m:n$ に内分する点 P(p_1, p_2) の座標を求めよう．ここで，線分 AB は x 軸にも y 軸にも平行でない場合を考える．このとき点 A, B, P から x 軸および y 軸に垂線を下ろして交わった点をそれぞれ A$'$, B$'$, P$'$, A$''$, B$''$, P$''$ とおく．

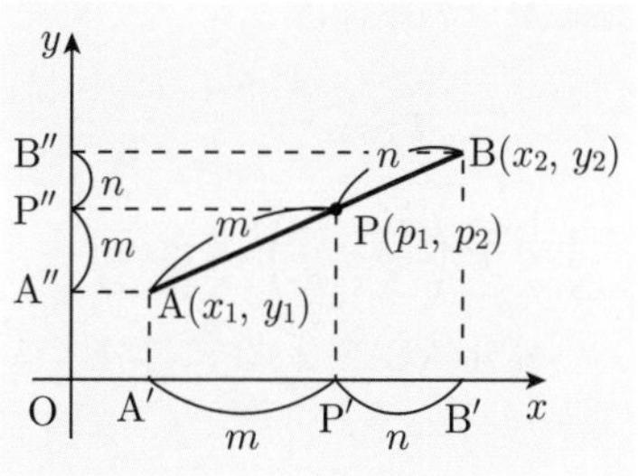

このとき，AB を $m:n$ に内分する点 P(p_1, p_2) は

(1)　$\mathrm{AP} : \mathrm{PB} = \mathrm{A'P'} : \mathrm{P'B'}$　　より　$p_1 = \dfrac{nx_1 + mx_2}{m+n}$

(2)　$\mathrm{AP} : \mathrm{PB} = \mathrm{A''P''} : \mathrm{P''B''}$　　より　$p_2 = \dfrac{ny_1 + my_2}{m+n}$

また，上で求めた座標の公式は線分 AB が x 軸か y 軸に平行な場合であっても成り立つので，線分 AB を $m:n$ に内分する点 P(p_1, p_2) の座標は

$$\left(\frac{nx_1 + mx_2}{m+n}, \frac{ny_1 + my_2}{m+n} \right)$$

さらに AB を $m:n$ に外分する点 Q(q_1, q_2) の座標も同様にして

$$\left(\frac{-nx_1 + mx_2}{m-n}, \frac{-ny_1 + my_2}{m-n} \right)$$

6.3 座標平面上の内分点・外分点の公式

座標平面上の2点 $A(x_1, y_1)$, $B(x_2, y_2)$ を結ぶ線分 AB を $m : n$ に内分する点 P の座標は

$$\left(\frac{nx_1 + mx_2}{m+n}, \frac{ny_1 + my_2}{m+n}\right)$$

AB を $m : n$ に外分する点 Q の座標は

$$\left(\frac{-nx_1 + mx_2}{m-n}, \frac{-ny_1 + my_2}{m-n}\right)$$

特に，線分 AB の中点 M の座標は $\left(\dfrac{x_1 + x_2}{2}, \dfrac{y_1 + y_2}{2}\right)$

例 6.3 $A(5, -2)$, $B(-1, 5)$ について，線分 AB を $2 : 3$ に内分する点 $P(p_1, p_2)$ の座標は

$$p_1 = \frac{3 \cdot 5 + 2 \cdot (-1)}{2+3} = \frac{13}{5}, \quad p_2 = \frac{3 \cdot (-2) + 2 \cdot 5}{2+3} = \frac{4}{5}$$

より $P\left(\dfrac{13}{5}, \dfrac{4}{5}\right)$

線分 AB を $2 : 3$ に外分する点 $Q(q_1, q_2)$ の座標は

$$q_1 = \frac{-3 \cdot 5 + 2 \cdot (-1)}{2-3} = 17, \quad q_2 = \frac{-3 \cdot (-2) + 2 \cdot 5}{2-3} = -16$$

より $Q(17, -16)$ ■

Let's TRY

問 6.4 2点 $A(-1, 3)$, $B(4, 2)$ を結ぶ線分 AB について，次の点の座標を求めよ．

(1) $1 : 3$ に内分する点 P　(2) 中点 Q

(3) $1 : 3$ に外分する点 R　(4) $5 : 2$ に外分する点 S

例題 6.2 点 $A(-1, 3)$ について，点 $P(4, 2)$ と対称な点 Q の座標を求めよ．

解く前に 線分 PQ の中点が A であることに注意する．

解　Q(x, y) とおくと PQ の中点の座標は **6.3** より

$$\left(\frac{x+4}{2},\ \frac{y+2}{2}\right)$$

これが点 A と等しいので

$$\frac{x+4}{2} = -1, \quad \frac{y+2}{2} = 3$$

これより $x=-6$, $y=4$ となる．
よって求める点 Q の座標は Q$(-6, 4)$　■

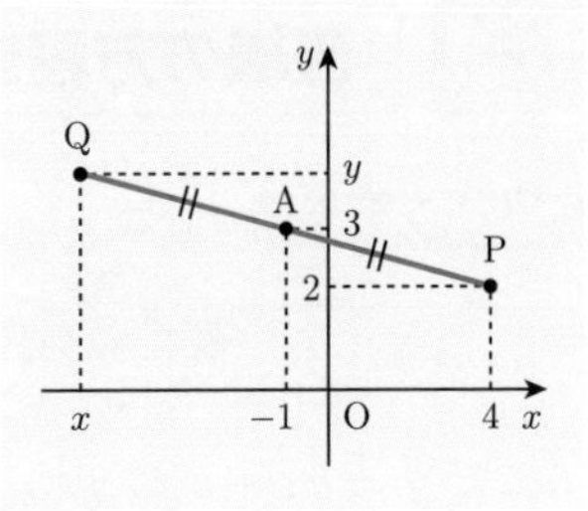

Let's TRY

問 **6.5**　3 点 A$(1, 3)$, P$(-4, 2)$, Q(x, y) について，点 A が線分 PQ を 2 : 3 に内分するように点 Q の座標を求めよ．

三角形の頂点とそれに向かい合う辺の中点を結ぶ線分 (= **中線**《ちゅうせん》) は 1 点で交わり，その交点を三角形の **重心**《じゅうしん》という．三角形の重心は各中線を 2 : 1 の比に内分している．このとき，A(x_1, y_1), B(x_2, y_2), C(x_3, y_3) を頂点とする △ABC の重心 G は

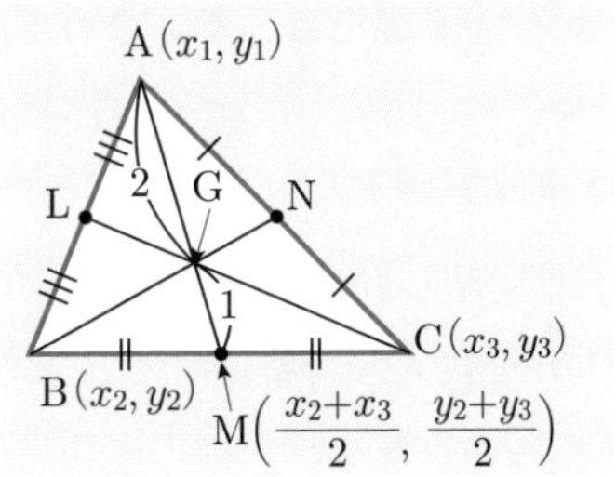

$$\left(\frac{x_1 + 2\cdot\frac{x_2+x_3}{2}}{1+2},\ \frac{y_1 + 2\cdot\frac{y_2+y_3}{2}}{1+2}\right) = \left(\frac{x_1+x_2+x_3}{3},\ \frac{y_1+y_2+y_3}{3}\right)$$

6.4　三角形の重心の公式

A(x_1, y_1), B(x_2, y_2), C(x_3, y_3) を頂点とする △ABC の重心 G の座標は

$$\left(\frac{x_1+x_2+x_3}{3},\ \frac{y_1+y_2+y_3}{3}\right)$$

Let's TRY

問 **6.6**　A$(-5, 1)$, B$(-2, 2)$, C$(1, 3)$ 頂点とする △ABC の重心 G の座標を求めよ．

6.2 直線の方程式

直線の方程式　直線 $y = ax + b$ の変化の割合は一定で

$$変化の割合 = \frac{y\,の増加量}{x\,の増加量} = 直線の傾き = a$$

ここで $y = ax + b$ と y 軸との交点 $(0, b)$ の y 座標 b をこの直線の **y 切片**《せっぺん》といい，x 軸との交点の x 座標を **x 切片**《せっぺん》（$a = 0$ のときは x 切片はない）という．直線の方程式に関して，次の場合の公式を導いてみよう．

① 傾きと通る点のうち1つの座標が既知

② 通る点のうち2つの座標が既知

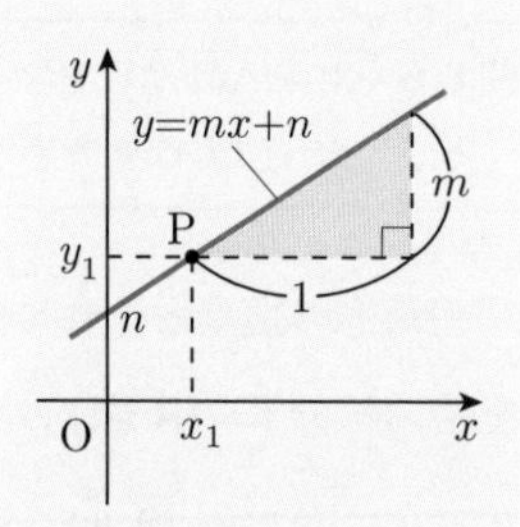

① まず，点 $\mathrm{P}(x_1, y_1)$ を通り y 軸に平行でない傾き m の直線を考える．求める直線の方程式を

$$y = mx + n$$

とおくと点 (x_1, y_1) を通るので

$$y_1 = mx_1 + n \quad より \quad n = y_1 - mx_1$$

これを代入して整理すると求める直線の方程式は（上図を参照）

$$y - y_1 = m(x - x_1)$$

一方，(x_1, y_1) を通り，y 軸に平行な直線は（下図を参照）

$$x = x_1$$

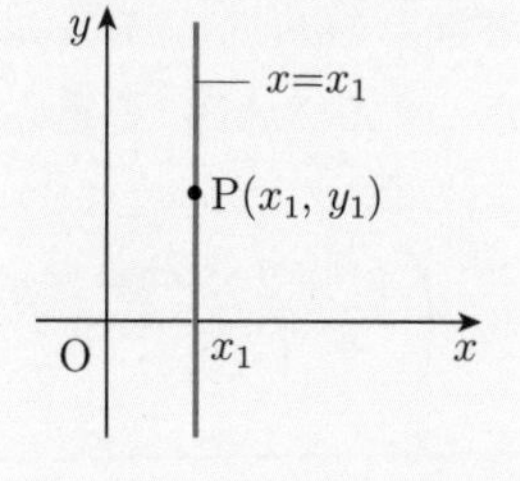

6.5　直線の方程式［Ⅰ］（傾きと1点が与えられた場合）

(1)　点 (x_1, y_1) を通り，傾き m の直線の方程式は

$$y - y_1 = m(x - x_1)$$

(2)　点 (x_1, y_1) を通り，y 軸に平行な直線の方程式は

$$x = x_1$$

例 6.4　点 $(-1, 3)$ を通り，傾き -2 の直線の方程式は **6.5** の (1) より

$$y - 3 = -2\{x - (-1)\}$$

であるので，整理すると $y = -2x + 1$ ■

② 次に，2 点 $\mathrm{P}(x_1, y_1)$, $\mathrm{Q}(x_2, y_2)$ が与えられた場合について考える．

まず，$x_1 \neq x_2$ の場合で考える．このとき直線の傾き m は

$$m = \frac{y_2 - y_1}{x_2 - x_1}$$

で与えられるので，点 $\mathrm{P}(x_1, y_1)$ を通り，傾き $m = \frac{y_2-y_1}{x_2-x_1}$ の直線の方程式を求めればよい．**6.5** の (1) より

$$y - y_1 = \frac{y_2 - y_1}{x_2 - x_1}(x - x_1)$$

次に，$x_1 = x_2$ の場合は，点 (x_1, y_1) を通り，y 軸に平行なので

$$x = x_1$$

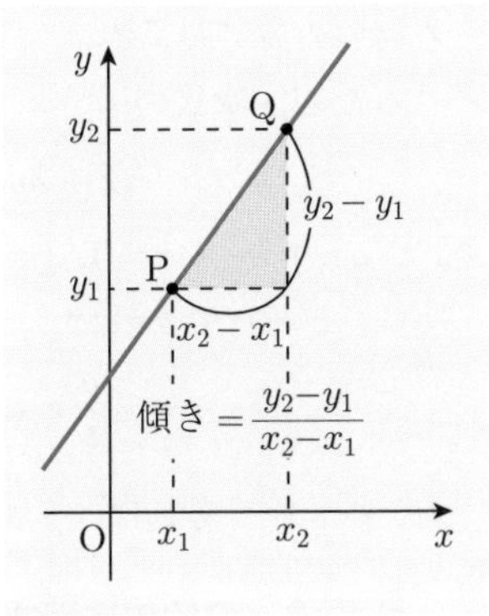

6.6　直線の方程式［II］（2 点が与えられた場合）

2 点 (x_1, y_1), (x_2, y_2) が与えられた場合の直線の方程式は

(1)　$x_1 \neq x_2$ のとき，$y - y_1 = \dfrac{y_2 - y_1}{x_2 - x_1}(x - x_1)$

(2)　$x_1 = x_2$ のとき，$x = x_1$

例 6.5　(1)　2 点 $(-1, 1)$, $(1, 9)$ を通る直線の方程式は，**6.6** の (1) より

$$y - 1 = \frac{9 - 1}{1 - (-1)}\{x - (-1)\}$$

整理して

$$y = 4x + 5$$

(2)　2 点 $(-1, 1)$, $(-1, 9)$ を通る直線の方程式は，x 座標が同じなので

$$x = -1$$ ■

■注意 6.6 の (1) は覚える必要はない．x 座標の異なる 2 点が与えられた場合，与えられた 2 点から変化の割合（= 傾き）を求めて，6.5 の (1) を使えばよい．

Let's TRY

問 6.7 次の 2 点を通る直線の方程式を求めよ．

(1) $A(-2,1)$, $B(3,11)$ (2) $C(-3,3)$, $D(-3,5)$

(3) $E(-1,2)$, $F(1,5)$ (4) $G(-2,1)$, $H(3,1)$

直線の方程式はこれまでにみてきたように $y = mx + n$ か $x = k$ の形で与えられるため，次式のようにかける．

$$ax + by + c = 0 \quad (a \neq 0 \text{ または } b \neq 0)$$

逆に，$ax + by + c = 0$（$a \neq 0$ または $b \neq 0$）は直線の方程式となる．

実際，$b \neq 0$ であれば，

$$y = -\frac{a}{b}x - \frac{c}{b} \quad \left(\text{傾き } -\frac{a}{b},\ y \text{ 切片 } -\frac{c}{b} \text{ の直線}\right)$$

一方，$b = 0$ であれば，y 軸と平行な直線 $x = -\dfrac{c}{a}$ である．

6.7 直線の方程式

直線の方程式は a, b, c を定数としたとき，一般に次式で与えられる．

$$ax + by + c = 0 \quad (a \neq 0 \text{ または } b \neq 0)$$

■注意 直線の方程式を 6.7 の形で扱うと x 軸や y 軸に平行な直線も区別せずに扱える利点がある．

例題 6.3 直線 $l_1 : x + 2y = 1$ と $l_2 : 2x - y = -3$ の交点を通り，かつ原点を通る直線の方程式を求めよ．

解 2 直線 l_1 と l_2 の交点の座標は次の連立方程式の解である．

$$\begin{cases} x + 2y = 1 & ① \\ 2x - y = -3 & ② \end{cases}$$

この連立方程式を解くと

$$(x, y) = (-1, 1)$$

ここで，原点 O$(0, 0)$ と点 $(-1, 1)$ を通る直線の方程式は 6.6 の (1) より

$$y - 0 = \frac{1-0}{-1-0}(x-0)$$

よって，求める直線の方程式は

$$y = -x$$

■

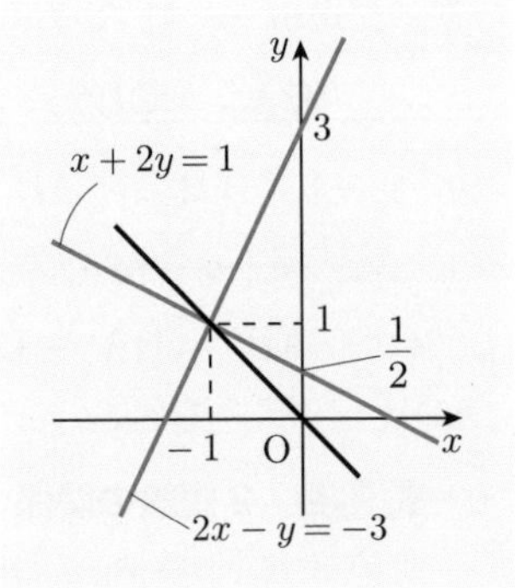

Let's TRY

問 6.8　直線 $l_1 : 3x + 4y = 1$ と $l_2 : 5x + 7y = 2$ の交点を通り，かつ点 P$(3, -2)$ を通る直線の方程式を求めよ．

直線の平行と垂直　2 直線 $l_1 : y = mx + n$, $l_2 : y = m'x + n'$ が平行，あるいは垂直となるための条件を調べてみよう．

2 直線 l_1, l_2 が平行であれば，2 直線の傾きが等しいので

$$m = m'$$

逆に，$m = m'$ であれば 2 直線 l_1, l_2 は平行である．なお，l_1 と l_2 が一致しているときは平行の特別な場合とする．

次に，$m \neq 0, m' \neq 0$ のとき，2 直線 l_1, l_2 が垂直となる条件を考える．このとき，l_1 と l_2 が垂直であれば，図のように交点が原点にくるように平行移動したものをそれぞれ l'_1 と l'_2 とする．ここで点 H$(1, 0)$ を通り，y 軸と平行な直線と l'_1, l'_2 との交点をそれぞれ A, B とすると

$$\triangle \mathrm{OAH} \backsim \triangle \mathrm{BOH}$$

よって，$\mathrm{BH} : \mathrm{OH} = \mathrm{OH} : \mathrm{AH} = 1 : m$ なので

$$\mathrm{BH} = \frac{1}{m}$$

これより直線 l'_2 の傾きは図より，$m' = -\dfrac{1}{m}$ となり

$$mm' = -1$$

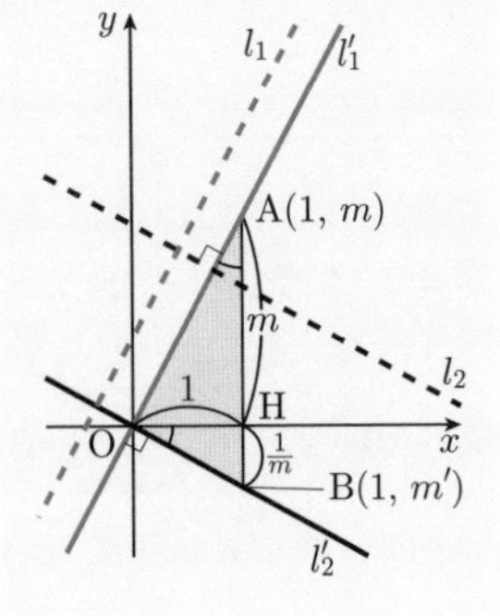

逆に，$mm' = -1$ ならば △OAB が直角三角形であることを示す．

$$\mathrm{OA}^2 + \mathrm{OB}^2 = 1 + m^2 + 1 + (m')^2 = 2 + m^2 + (m')^2 \qquad ①$$

$mm' = -1$ に注意して AB^2 を計算すれば

$$\mathrm{AB}^2 = (m - m')^2 = m^2 - 2mm' + (m')^2 = 2 + m^2 + (m')^2 \qquad ②$$

①, ②から $\mathrm{AB}^2 = \mathrm{OA}^2 + \mathrm{OB}^2$ となる．三平方の定理の逆が成立することから $\angle\mathrm{AOB} = 90^\circ$ となり，$l_1 \perp l_2$ である．

6.8　2 直線の関係

2 直線 $l_1 : y = mx + n$, $l_2 : y = m'x + n'$ について，以下が成立する．

(1)　$l_1 \,/\!/\, l_2 \iff m = m'$　　(2)　$l_1 \perp l_2 \iff mm' = -1$

例題 6.4　点 P(2, 3) を通り，直線 $l : y = 2x + 1$ と平行な直線 l_1 と垂直な直線 l_2 の方程式を求めよ．

解　直線 l_1 は直線 l と平行なので l_1 の傾きは 2 で点 P(2, 3) を通ることから，**6.5** より l_1 は $y - 3 = 2(x - 2)$ となる．整理して

$$l_1 : 2x - y - 1 = 0$$

次に，直線 l_2 の傾きを m' とおくと $2m' = -1$ より，$m' = -\dfrac{1}{2}$ となる．点 P(2, 3) を通ることから，l_2 は $y - 3 = -\dfrac{1}{2}(x - 2)$ となる．整理して

$$l_2 : x + 2y - 8 = 0$$ ■

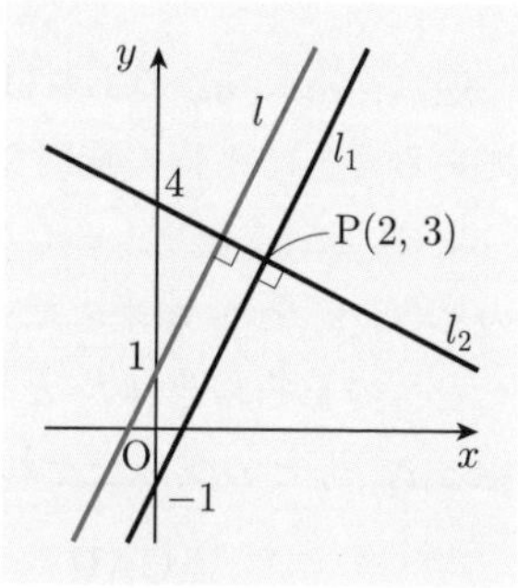

Let's TRY

問 6.9　点 P(−1, −2) を通り，次の直線と平行な直線と垂直な直線を求めよ．

(1)　$3x + y = 1$　　(2)　$x + 2y = 3$　　(3)　$y = 3$　　(4)　$x = -1$

問 6.10　2 点 A(−2, 1), B(3, 5) について，線分 AB の垂直 2 等分線を求めよ．

6.3 軌跡と 2 次曲線

軌跡と円　平面上で，ある条件を満たしながら動く点 $P(x, y)$ が描《えが》く図形をその条件を満たす点 $P(x, y)$ の**軌跡**《きせき》という．すなわち条件を満たす点 $P(x, y)$ の集合が軌跡ということである．また，条件を満たす点 $P(x, y)$ の x, y の関係式を**軌跡**《きせき》**の方程式**《ほうていしき》という．

例題 6.5　2 点 $O(0, 0)$, $A(2, 2)$ について，条件 $OP = AP$ を満たす点 P の軌跡を求めよ．

解　点 $P(x, y)$ とおくと条件 $OP = AP$ と **6.1** より

$$\sqrt{x^2 + y^2} = \sqrt{(x-2)^2 + (y-2)^2}$$

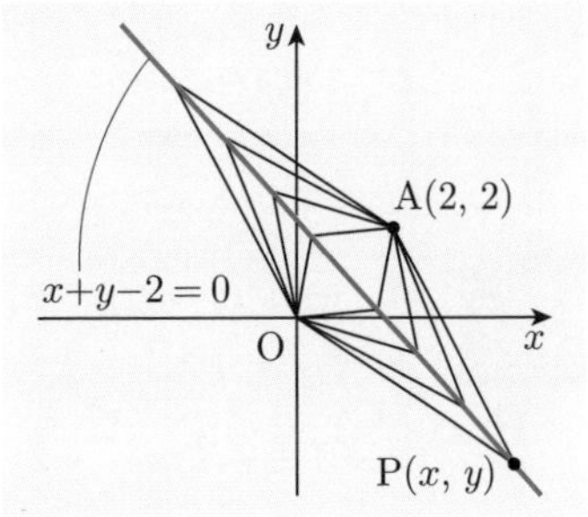

ここで両辺を 2 乗して右辺を展開すれば

$$\begin{aligned} x^2 + y^2 &= (x-2)^2 + (y-2)^2 \\ &= x^2 - 4x + 4 + y^2 - 4y + 4 \\ &= x^2 + y^2 - 4x - 4y + 8 \end{aligned}$$

これを整理すると軌跡の方程式は

$$x + y - 2 = 0$$

ゆえに，軌跡は直線 $x + y - 2 = 0$　■

■**注意**　軌跡の方程式 $x + y - 2 = 0$ を満たす点の集合は上の計算を逆にたどることで条件 $OP = AP$ を満たす．

Let's TRY

問 **6.11**　2 点 $A(1, 1)$, $B(3, 2)$ について，条件 $AP = BP$ を満たす点 P の軌跡を求めよ．

定点から一定の距離だけ離れた点の軌跡は円となる．このとき，中心 $\mathrm{C}(a, b)$，半径 r の円の軌跡の方程式を導いてみよう．この円上の点を $\mathrm{P}(x, y)$ としたとき，$\mathrm{CP} = r$ であるので，**6.1** より

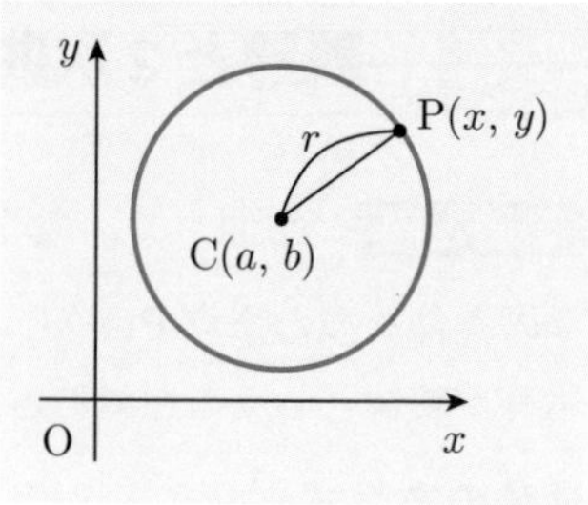

$$\sqrt{(x-a)^2+(y-b)^2} = r$$

両辺を 2 乗することにより

$$(x-a)^2+(y-b)^2 = r^2$$

この軌跡の方程式を**円**《えん》**の方程式**《ほうていしき》という．

6.9 円の方程式

中心 $\mathrm{C}(a, b)$，半径 r の円の方程式は

$$(x-a)^2+(y-b)^2 = r^2$$

特に，中心が原点 $\mathrm{O}(0, 0)$，半径 r の円の方程式は

$$x^2+y^2 = r^2$$

例 6.6 中心が $\mathrm{C}(1, -2)$，半径 3 の円の方程式は

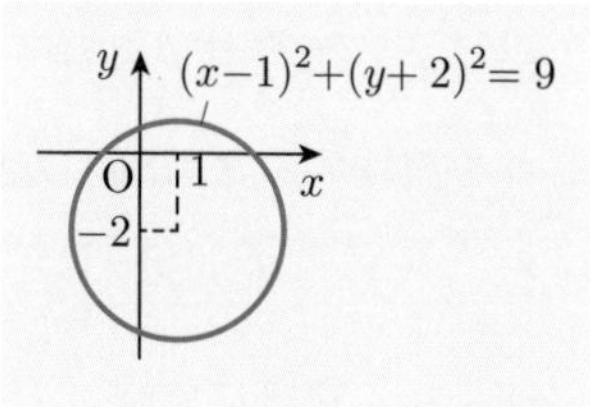

$$(x-1)^2+\left\{y-(-2)\right\}^2 = 3^2$$

より，$(x-1)^2+(y+2)^2 = 9$ ■

Let's TRY

問 **6.12** 次の円の方程式を求めよ．

(1) 中心が $\mathrm{C}(-1, 3)$，半径が $\sqrt{5}$ の円

(2) 中心が $\mathrm{C}(-2, 0)$ で点 $\mathrm{A}(1, 3)$ を通る円

(3) 2 点 $\mathrm{A}(1, 2)$, $\mathrm{B}(3, 5)$ を直径の両端とする円

円の方程式 $(x-a)^2+(y-b)^2=r^2$ を展開すると次のようになる．

$$x^2+y^2-2ax-2by+a^2+b^2-r^2=0$$

このとき $l=-2a,\ m=-2b,\ n=a^2+b^2-r^2$ とおくと $l,\ m,\ n$ は定数で円の方程式は次のように表せる．

$$x^2+y^2+lx+my+n=0 \qquad ①$$

逆に，①がどのような図形を表すのか考えよう．ここで $l=-2a,\ m=-2b$ とおくと次のように計算できる．

$$\begin{aligned} & x^2+y^2-2ax-2by+n=0 \\ \iff\ & x^2-2ax+a^2-a^2+y^2-2by+b^2-b^2+n=0 \\ \iff\ & (x-a)^2+(y-b)^2=a^2+b^2-n \end{aligned}$$

このとき $R=a^2+b^2-n$ とおくと，①は次のようにかける．

$$(x-a)^2+(y-b)^2=R \qquad ②$$

これより②が表す図形は R の符号により，次のようになる．

(1)　$R>0$ のとき，②は，中心が (a,b)，半径が $\sqrt{R}$ の円．

(2)　$R=0$ のとき，②は，1 点 (a,b)．

(3)　$R<0$ のとき，②が表す図形はない．

例 6.7　$x^2+y^2+4x-6y+1=0$ が表す図形を考える．

$$\begin{aligned} & x^2+y^2+4x-6y+1=0 \\ \iff\ & x^2+4x+4-4+y^2-6y+9-9+1=0 \\ \iff\ & (x+2)^2+(y-3)^2=12 \qquad \longleftarrow \text{このような計算を平方完成といった．} \\ \iff\ & (x+2)^2+(y-3)^2=(2\sqrt{3})^2 \end{aligned}$$

よって $x^2+y^2+4x-6y+1=0$ は中心が $(-2,3)$，半径が $2\sqrt{3}$ の円．■

Let's TRY

問 6.13　次の式が表す図形を求めよ．

(1)　$x^2+y^2-8x+2y+1=0$　　(2)　$x^2+y^2+3x-y+1=0$

(3)　$x^2+y^2+4x+2y+5=0$　　(4)　$x^2+y^2+2x-2y+3=0$

例題 6.6 3点 A$(-1,0)$, B$(3,-2)$, C$(1,4)$ を通る円の方程式を求めよ．また，その中心と半径を求めよ．

解 求める円の方程式を

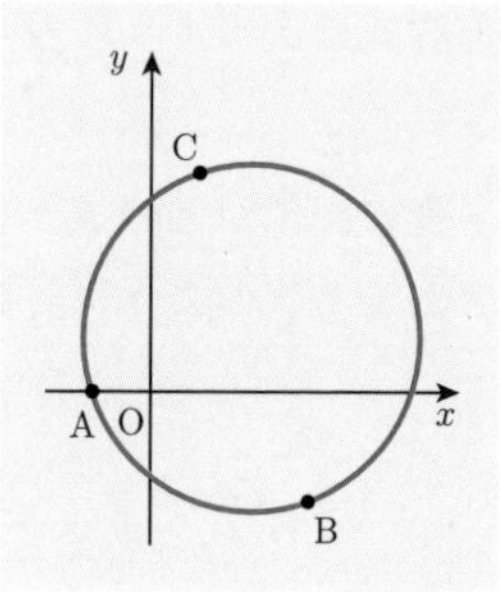

$$x^2+y^2+lx+my+n=0$$

とおくと3点 $(-1,0)$, $(3,-2)$, $(1,4)$ を通るので x と y にそれぞれ代入して，次の連立方程式を得る．

$$\begin{cases} -l \quad\quad\; + n = -1 & ① \\ 3l-2m+n=-13 & ② \\ l+4m+n=-17 & ③ \end{cases}$$

①より

$$n=-1+l \qquad ④$$

④を②, ③に代入して整理すると

$$\begin{cases} 2l-\;\, m=-6 & ②' \\ l+2m=-8 & ③' \end{cases}$$

②$'\times 2+$③$'$ より $l=-4$ となり，②$'$ より $m=2l+6=-2$，④より $n=-5$

ゆえに求める円の方程式は

$$x^2+y^2-4x-2y-5=0 \qquad ⑤$$

また，⑤は $(x-2)^2+(y-1)^2=10$ と変形できるので

$$中心\ (2,1), \quad 半径\sqrt{10}$$

■**注意** 例題で3点 A$(-1,0)$, B$(3,-2)$, C$(1,4)$ を通る円は，△ABCの外接円となっている．外接円の中心を**外心**《がいしん》という．上の計算により外心の座標は $(2,1)$ となる． ■

Let's TRY

問 **6.14** 次の円の方程式を求めよ．また，その中心と半径を求めよ．

(1) 3点 $(0,1)$, $(3,2)$, $(4,-1)$ を通る円

(2) 中心が x 軸上にあり，2点 $(-1,3)$, $(1,1)$ を通る円

例題 6.7　2 点 $A(-1, 0)$, $B(3, 0)$ からの距離の比が $AP : BP = 3 : 1$ であるような点 P の軌跡を求めよ．

解　求める軌跡上の点を $P(x, y)$ とおくと $AP : BP = 3 : 1$ であるので，$AP = 3BP$ を満たす．これと **6.1** より

$$\sqrt{(x+1)^2+y^2} = 3\sqrt{(x-3)^2+y^2}$$

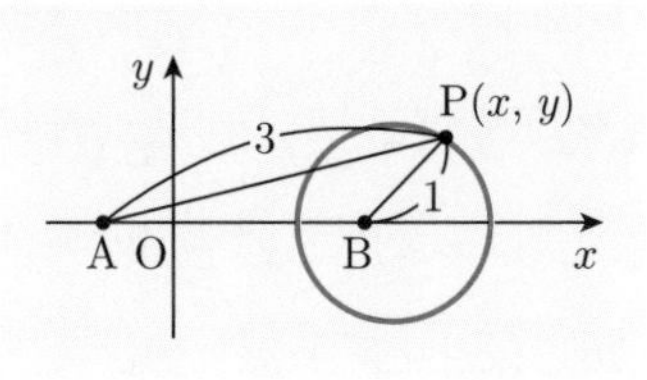

両辺を 2 乗すると

$$(x+1)^2+y^2 = 9\{(x-3)^2+y^2\}$$

展開して整理すれば

$$x^2-7x+y^2+10=0$$

よって軌跡の方程式は $\left(x-\dfrac{7}{2}\right)^2+y^2=\dfrac{9}{4}$

ゆえに求める軌跡は中心 $C\left(\dfrac{7}{2}, 0\right)$，半径 $\dfrac{3}{2}$ の円．■

■**注意**　$\left(x-\frac{7}{2}\right)^2+y^2=\frac{9}{4}$ を満たす点 $P(x, y)$ は上の計算式を逆にたどることで，条件 $AP : BP = 3 : 1$ を満たす．

■**注意**　一般に，2 点 A, B からの距離の比が $AP : BP = m : n$ $(m \neq n)$ である点 P の軌跡は線分 AB を $m : n$ に内分する点と外分する点を直径の両端にもつ円となる．これを**アポロニウスの円**《えん》という．

Let's TRY

問 **6.15**　2 点 $A(0, -2)$, $B(0, 1)$ からの距離の比が $AP : BP = 3 : 1$ であるような点 P の軌跡を求めよ．

楕円　図のように 2 点 F, F′ に糸を貼り，この糸を鉛筆などで張り，滑らせながら動かして線を引くと上下がつぶれたような形の円がかける．これを**楕円**《だえん》という．また 2 点 F, F′ を楕円の**焦点**《しょうてん》といい，A, A′, B, B′ を**頂点**《ちょうてん》という．この軌跡の方程式を求めてみよう．

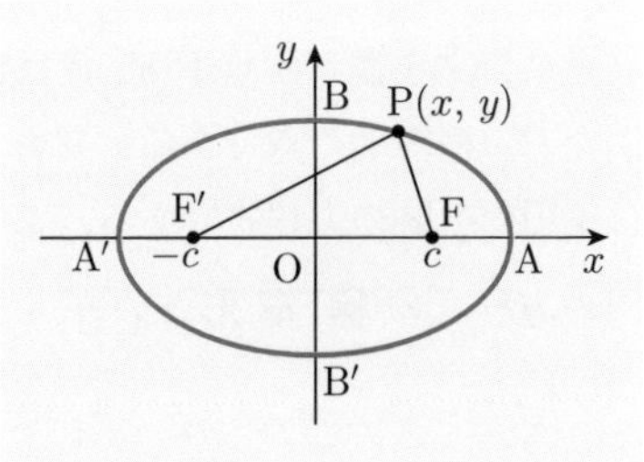

楕円上の点を P(x,y) とし，糸を張っている 2 点 F, F′ を F$(c,0)$, F′$(-c,0)$ とおく（$c>0$）．このとき上で説明したように，楕円は 2 点 F, F′ からの距離の和が一定という条件で描《えが》いているので，次式が成立する．

$$\mathrm{PF}+\mathrm{PF'}=\text{一定}$$

ここで，計算を簡単にするため，$\mathrm{PF}+\mathrm{PF'}=2a$（$a>c$）とおくことにする．

6.1 から

$$\sqrt{(x-c)^2+y^2}+\sqrt{(x+c)^2+y^2}=2a \qquad ①$$

$\sqrt{(x-c)^2+y^2}=2a-\sqrt{(x+c)^2+y^2}$ より両辺を 2 乗して，

$$(x-c)^2+y^2=4a^2-4a\sqrt{(x+c)^2+y^2}+(x+c)^2+y^2$$

$$4a\sqrt{(x+c)^2+y^2}=4a^2+\underbrace{(x+c)^2}_{x^2+2cx+c^2}+y^2-\underbrace{(x-c)^2}_{x^2-2cx+c^2}-y^2=4a^2+4cx$$

上式を整理すると

$$a\sqrt{(x+c)^2+y^2}=a^2+cx$$

さらに，上式の両辺を 2 乗して

$$a^2(x^2+2cx+c^2+y^2)=a^4+2ca^2x+c^2x^2$$

整理すると

$$(a^2-c^2)x^2+a^2y^2=a^2(a^2-c^2)$$

ここで $a>c$ より $a^2>c^2$，すなわち $a^2-c^2>0$ である．$b=\sqrt{a^2-c^2}$ とおき，$a^2-c^2=b^2$ を上式に代入すれば

$$b^2x^2+a^2y^2=a^2b^2$$

両辺を a^2b^2 で割ると

$$\frac{x^2}{a^2}+\frac{y^2}{b^2}=1 \qquad ②$$

逆に，②を満たす点 P(x,y) は条件①を満たし，楕円上の点である．これより，②は楕円の軌跡の方程式である．この②を楕円の方程式の**標準形**《ひょうじゅんけい》という．

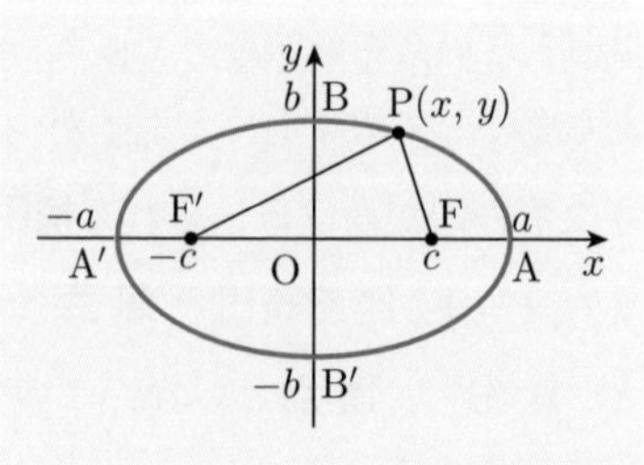

$b = \sqrt{a^2 - c^2}$ であるので $c = \sqrt{a^2 - b^2}$ となる．これより焦点の座標は $\mathrm{F}(\sqrt{a^2 - b^2}, 0)$，$\mathrm{F}'(-\sqrt{a^2 - b^2}, 0)$ である．また頂点の座標は $\mathrm{A}(a, 0)$，$\mathrm{A}'(-a, 0)$，$\mathrm{B}(0, b)$，$\mathrm{B}'(0, -b)$ である．ここで $a > b$ より $\mathrm{AA}' > \mathrm{BB}'$ である．このとき AA' を楕円の**長軸**《ちょうじく》，BB' を楕円の**短軸**《たんじく》という．さらに，長軸と短軸の交点を楕円の**中心**《ちゅうしん》という．

6.10　楕円の方程式［I］（横長の楕円）

楕円の方程式 $\dfrac{x^2}{a^2} + \dfrac{y^2}{b^2} = 1$ $(a > b > 0)$

(1) 長軸の長さは $2a$，短軸の長さは $2b$

(2) 焦点は $\mathrm{F}(c, 0)$，$\mathrm{F}'(-c, 0)$，ただし $a^2 = b^2 + c^2$

(3) 2 つの焦点からの距離の和が $2a$ である点の軌跡

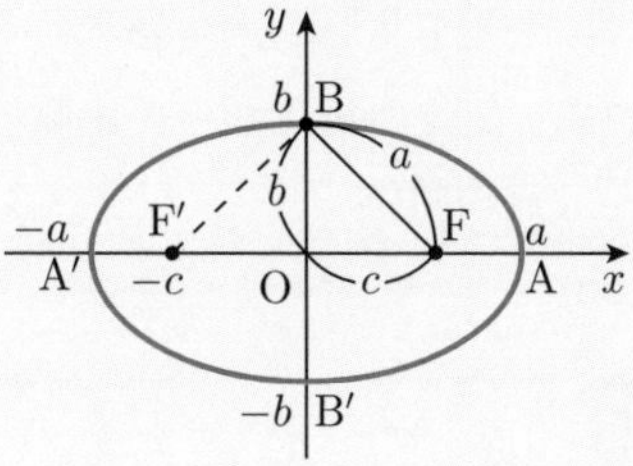

例 6.8　楕円 $\dfrac{x^2}{25} + \dfrac{y^2}{9} = 1$ について，$a = 5$，$b = 3$ より

・長軸の長さは $2 \cdot 5 = 10$

・短軸の長さは $2 \cdot 3 = 6$

・焦点の座標は $\sqrt{25 - 9} = 4$ より $(\pm 4, 0)$ ■

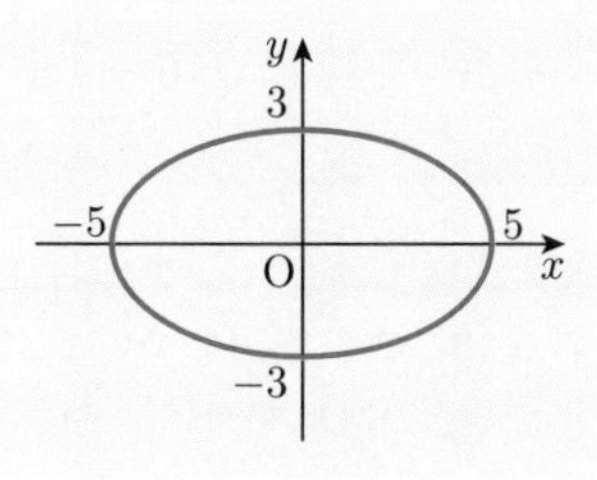

Let's TRY

問 6.16　次の楕円について，長軸の長さ，短軸の長さ，および焦点の座標を求めよ．またその概形をかけ．

(1) $\dfrac{x^2}{9} + y^2 = 1$　　(2) $\dfrac{x^2}{16} + \dfrac{y^2}{5} = 1$　　(3) $2x^2 + 5y^2 = 10$

問 6.17　2 点 $(\sqrt{2}, 0)$，$(-\sqrt{2}, 0)$ を焦点として，2 つの焦点からの距離の和が 6 である楕円の方程式を求めよ．

焦点を $\mathrm{F}(0,c)$, $\mathrm{F}'(0,-c)$（$c=\sqrt{b^2-a^2}$）とする楕円の方程式も同様に計算すると次のようになる．

$$\frac{x^2}{a^2}+\frac{y^2}{b^2}=1$$

6.11 楕円の方程式［II］（縦長の楕円）

楕円の方程式 $\dfrac{x^2}{a^2}+\dfrac{y^2}{b^2}=1$（$b>a>0$）

(1) 長軸の長さは $2b$, 短軸の長さは $2a$

(2) 焦点は $\mathrm{F}(0,c)$, $\mathrm{F}'(0,-c)$,
ただし $b^2=a^2+c^2$

(3) 2つの焦点からの距離の和が $2b$ である点の軌跡

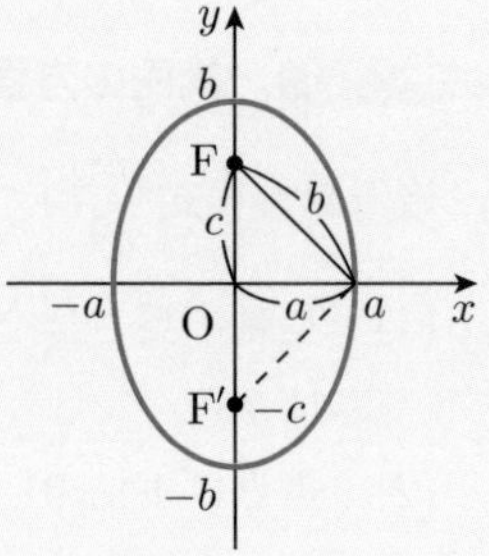

例 6.9 楕円 $\dfrac{x^2}{4}+\dfrac{y^2}{16}=1$ について, $a=2$, $b=4$ より

・長軸の長さは $2\cdot4=8$

・短軸の長さは $2\cdot2=4$

・焦点の座標は $\sqrt{16-4}=2\sqrt{3}$ より $(0,\pm2\sqrt{3})$ ■

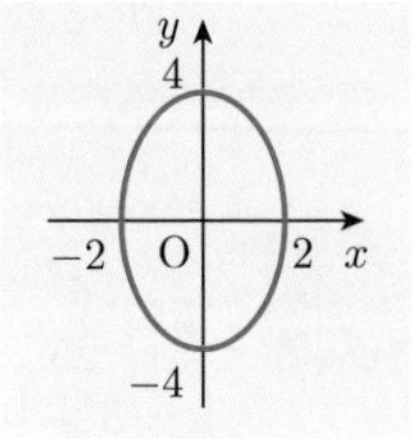

Let's TRY

問 6.18 次の楕円について，長軸の長さ，短軸の長さ，および焦点の座標を求めよ．またその概形をかけ．

(1) $\dfrac{x^2}{9}+\dfrac{y^2}{25}=1$　(2) $\dfrac{x^2}{3}+\dfrac{y^2}{7}=1$　(3) $6x^2+3y^2=12$

問 6.19 2点 $(0,\sqrt{5})$, $(0,-\sqrt{5})$ を焦点として，2つの焦点からの距離の和が8である楕円の方程式を求めよ．

問 6.20 点 $\mathrm{A}(1,0)$ からの距離と直線 $x=4$ からの距離の比が $1:2$ であるような点 $\mathrm{P}(x,y)$ の軌跡を求めよ．

双曲線　下図のように F′ を中心に定規を回転できるようにし，F と定規の端点 E に糸を貼る．この糸を鉛筆等で定規に押し当て，糸がピンと張った状態にする．この状態で定規を回転させたとき，F′E に押し当てた鉛筆が図のような曲線を描く．ここで，2 点 F と E に貼る糸は F′E よりも短いものとする．このようにして描かれる図形を**双曲線**《そうきょくせん》といい，2 点 F, F′ を双曲線の**焦点**《しょうてん》という．この軌跡の方程式を求めてみよう．

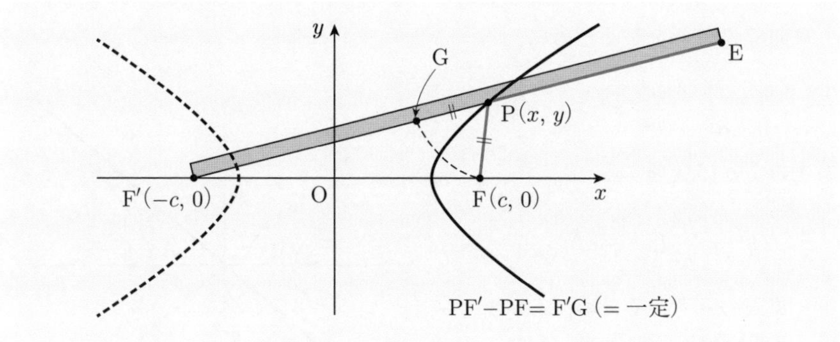

双曲線上の点を $\mathrm{P}(x, y)$ とし，2 つの焦点の座標を $\mathrm{F}(c, 0)$, $\mathrm{F}'(-c, 0)$ とおく $(c > 0)$．作図方法より，2 点 F, F′ からの距離の差が一定なので簡単のため

$$|\mathrm{PF} - \mathrm{PF}'| = 2a$$

とおくと先の下線部分の仮定から $c > a > 0$ である．ここで，6.1 から

$$\sqrt{(x-c)^2 + y^2} - \sqrt{(x+c)^2 + y^2} = \pm 2a \qquad ①$$

楕円の方程式を導いたときと同様の計算をすれば

$$a^2(x^2 + 2cx + c^2 + y^2) = a^4 + 2ca^2x + c^2x^2$$

これを整理すると

$$(c^2 - a^2)x^2 - a^2y^2 = a^2(c^2 - a^2)$$

$c > a > 0$ より $b = \sqrt{c^2 - a^2}$ とおき，これを代入すれば

$$b^2x^2 - a^2y^2 = a^2b^2$$

両辺を a^2b^2 で割ると

$$\frac{x^2}{a^2} - \frac{y^2}{b^2} = 1 \qquad ②$$

逆に，②を満たす点 $P(x, y)$ は条件①を満たし双曲線上の点である．これより，②は双曲線の軌跡の方程式である．②を双曲線の方程式の**標準形**《ひょうじゅんけい》という．

双曲線の標準形の②の方程式が表す曲線はどのようなものであろうか．まず，双曲線は x 軸および y 軸に対称な曲線が現れる．なぜなら双曲線の方程式を満たす点 (x, y) について，y 軸対称な点 $(-x, y)$ も x 軸対称な点 $(x, -y)$ も双曲線②の方程式を満たすからである（第3章 p.76 参照）．よって，双曲線グラフの概形は第1象限に現れる曲線の概形がわかれば，かくことができる．

双曲線の概形をかくために，

$$\frac{x^2}{a^2} - \frac{y^2}{b^2} = 1 \qquad ②$$

を次のように変形する．

$$y^2 = \frac{b^2}{a^2}(x^2 - a^2)$$

第1象限のみ考えるため，$x > 0$, $y > 0$ としてよい．このとき

$$y = \frac{b}{a}\sqrt{x^2 - a^2}$$

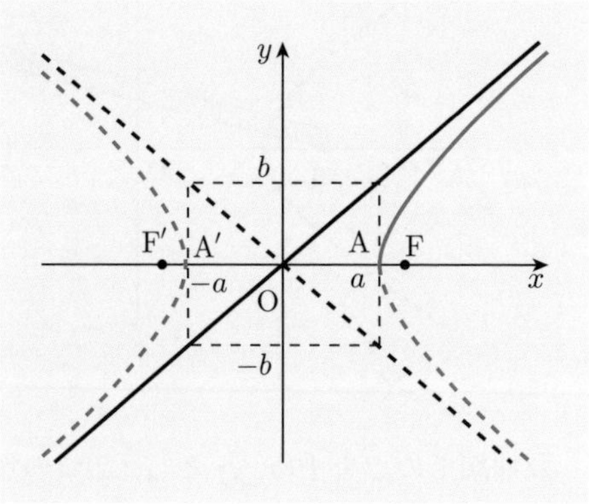

ここで例えば $\sqrt{100^2 - 1} \fallingdotseq 99.9949$ であり，約 100 である．さらに $\sqrt{10000^2 - 1} \fallingdotseq 9999.9995$ であり，約 10000 となる．一般に x が a に比べて十分に大きいとき（$x \gg a$ とかく），$\sqrt{x^2 - a^2} \fallingdotseq x$ となるので

$$y = \frac{b}{a}\sqrt{x^2 - a^2} \fallingdotseq \frac{b}{a}x \quad (x \gg a)$$

これより

$$\frac{b}{a}x = \frac{b}{a}\sqrt{x^2} > \frac{b}{a}\sqrt{x^2 - a^2} \fallingdotseq \frac{b}{a}x$$

よって，$y = \frac{b}{a}\sqrt{x^2 - a^2}$ のグラフは直線 $y = \frac{b}{a}x$ を漸近線としてもち，この漸近線より下側に現れる．また点 $A(a,0)$ を通るので第1象限に現れるグラフの概形は上図の実線（青色）部分のようになる．

この結果，双曲線は x 軸対称，および y 軸対称であることから下の曲線が双曲線の方程式②が表す図形の概形である．

$b=\sqrt{c^2-a^2}$ より $c=\sqrt{a^2+b^2}$ となる．これより焦点の座標は

$$\mathrm{F}(\sqrt{a^2+b^2},0),\quad \mathrm{F}'(-\sqrt{a^2+b^2},0)$$

ここで線分 FF′ を含む直線を**主軸**《しゅじく》といい，主軸と双曲線の交点 $\mathrm{A}(a,0)$, $\mathrm{A}'(-a,0)$ を**頂点**《ちょうてん》，線分 FF′ の中点を**中心**《ちゅうしん》という．双曲線は，x 軸，y 軸，原点に関して対称である．

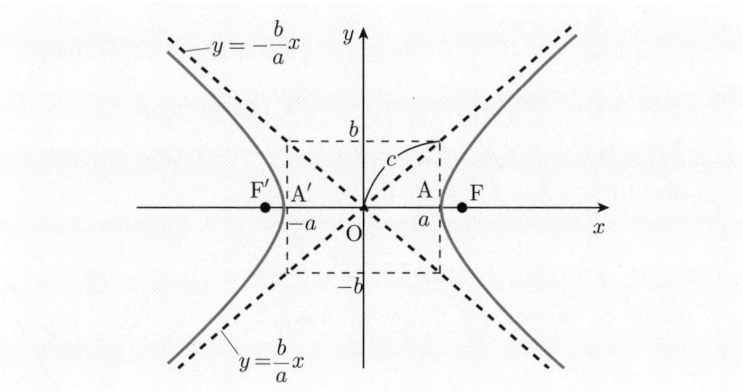

6.12 双曲線の方程式［I］（左右に現れる双曲線）

双曲線の方程式 $\dfrac{x^2}{a^2}-\dfrac{y^2}{b^2}=1$ $(a,b>0)$

(1)　焦点の座標は $\mathrm{F}(c,0)$, $\mathrm{F}'(-c,0)$
　ただし $c^2=a^2+b^2$

(2)　漸近線は $y=\pm\dfrac{b}{a}x$

(3)　2つの焦点からの距離の差が $2a$ である点の軌跡

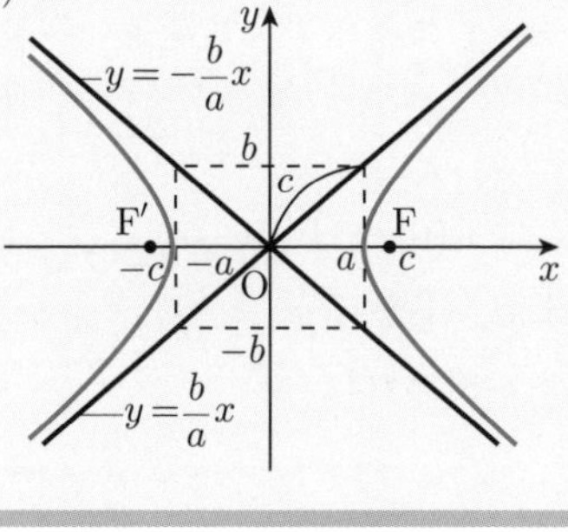

例 6.10 双曲線 $\dfrac{x^2}{16} - \dfrac{y^2}{9} = 1$ について

$a = 4,\ b = 3$ より

・焦点の座標は $\sqrt{16+9} = 5$ より $(\pm 5, 0)$

・漸近線は $y = \pm\dfrac{3}{4}x$ ■

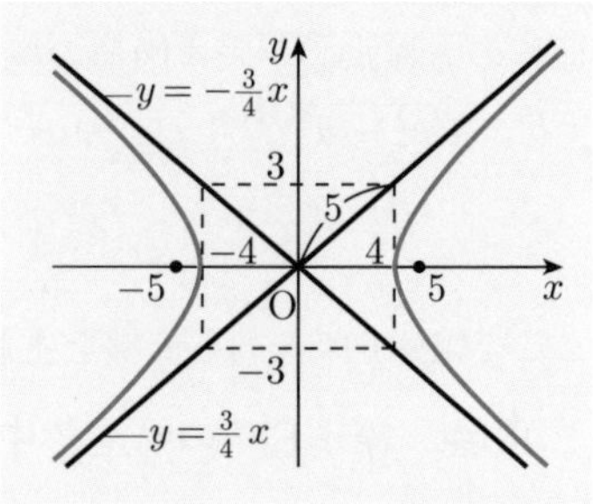

Let's TRY

問 6.21 次の双曲線について，焦点の座標と漸近線を求めよ．またその概形をかけ．

(1) $\dfrac{x^2}{9} - y^2 = 1$ (2) $x^2 - \dfrac{y^2}{4} = 1$ (3) $2x^2 - 4y^2 = 8$

問 6.22 2 点 $(2\sqrt{3}, 0)$, $(-2\sqrt{3}, 0)$ を焦点として，2 つの焦点からの距離の差が 6 である双曲線の方程式を求めよ．

焦点が $\mathrm{F}(c, 0)$, $\mathrm{F}'(-c, 0)$ $(c = \sqrt{a^2+b^2})$ で双曲線上の点から F, F′ までの距離の差が $2b$ である双曲線

$$\frac{x^2}{b^2} - \frac{y^2}{a^2} = 1$$

を反時計回りに $90°$ 回転させると上下に現れる曲線が得られる．この方程式は第3章の p.77 から $x \to y$, $y \to -x$ とおきかえればよいので

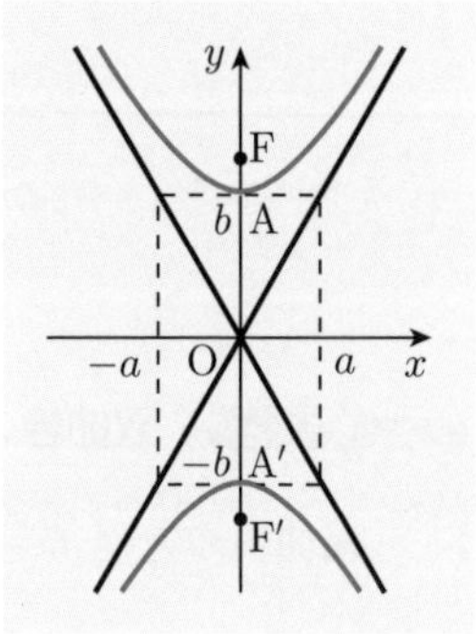

$$\frac{x^2}{a^2} - \frac{y^2}{b^2} = -1 \qquad ①$$

焦点は $\mathrm{F}(0, c)$, $\mathrm{F}'(0, -c)$ となる．ただし $c = \sqrt{a^2+b^2}$ である．

また，①から $y^2 = \frac{b^2}{a^2}(x^2 + a^2)$ であるので，漸近線は第 1 象限のところでは $x \gg a$ であれば

$$y = \frac{b}{a}\sqrt{x^2+a^2} \fallingdotseq \frac{b}{a}x \quad (x \gg a)$$

これより，双曲線の第 1 象限に現れる曲線 $y = \frac{b}{a}\sqrt{x^2+a^2}$ のグラフは直線 $y = \frac{b}{a}x$ を漸近線にもつ．

6.13　双曲線の方程式［II］（上下に現れる双曲線）

双曲線の方程式 $\dfrac{x^2}{a^2} - \dfrac{y^2}{b^2} = -1 \ (a, b > 0)$

(1)　焦点の座標は $\mathrm{F}(0, c)$, $\mathrm{F}'(0, -c)$
ただし $c^2 = a^2 + b^2$

(2)　漸近線は $y = \pm\dfrac{b}{a}x$

(3)　2つの焦点からの距離の差が $2b$ である点の軌跡

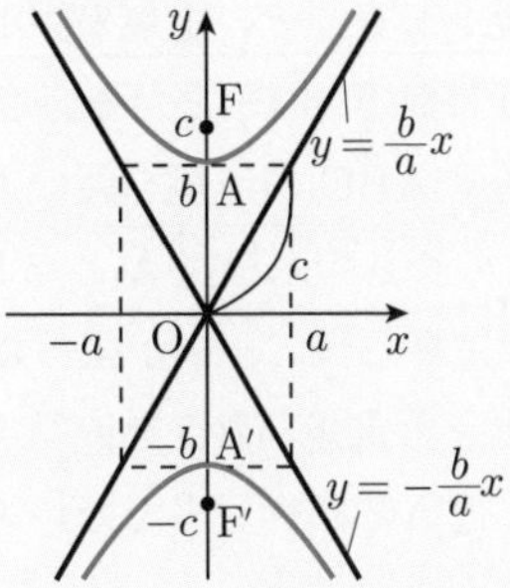

例 6.11　双曲線 $\dfrac{x^2}{9} - \dfrac{y^2}{16} = -1$ について，
$a = 3, b = 4$ より

・焦点の座標は $\sqrt{9 + 16} = 5$ より
$(0, \pm 5)$

・漸近線は $y = \pm\dfrac{4}{3}x$　■

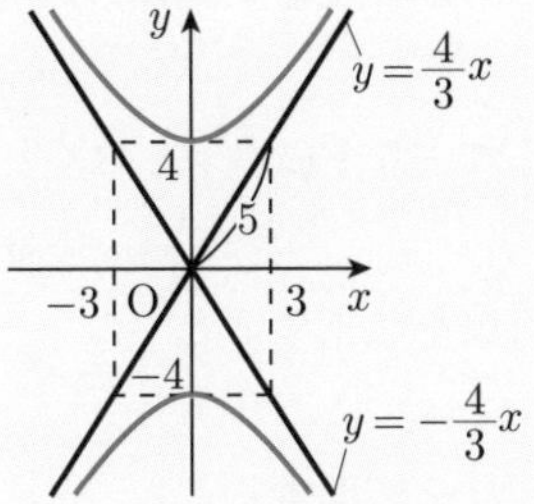

Let's TRY

問 6.23　次の双曲線について，焦点の座標と漸近線を求めよ．またその概形をかけ．

(1)　$\dfrac{x^2}{2} - y^2 = -1$　　(2)　$x^2 - \dfrac{y^2}{4} = -1$　　(3)　$6x^2 - 3y^2 = -18$

問 6.24　2点 $(0, 2\sqrt{5})$, $(0, -2\sqrt{5})$ を焦点として，2つの焦点からの距離の差が 8 である双曲線の方程式を求めよ．

問 6.25　点 $\mathrm{A}(4, 0)$ からの距離と直線 $x = 1$ からの距離の比が $2 : 1$ であるような点 $\mathrm{P}(x, y)$ の軌跡を求めよ．

放物線 図のように直線 $l: x=-p$ に沿って定規をおき，その定規の線上にない点として図のように点 $\mathrm{F}(p,0)$ をとる．さらにこの定規に直角三角形 ABC の定規を図のようにおく．このとき AC の長さの糸を点 A と点 F に固定し，鉛筆で辺 AC に押し当て，糸が張った状態にする．この状態で三角定規 ABC を直線 l に沿って滑らしたとき，辺 AC に押し当てた鉛筆が図のような曲線を描《えが》く．このように描かれる図形を**放物線**《ほうぶつせん》という．このとき，この曲線の方程式を求めてみよう．

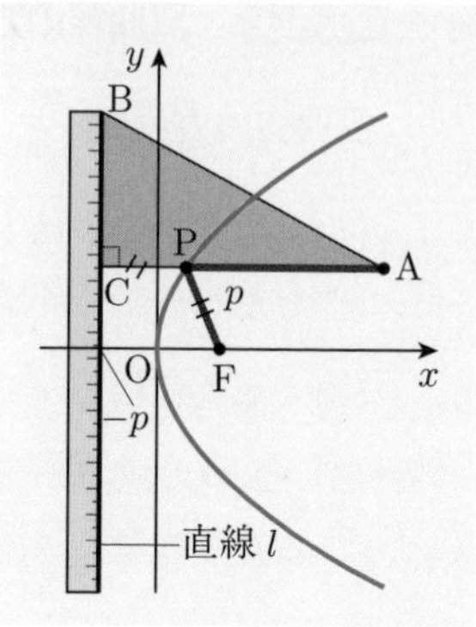

まず，$p \neq 0$ とし，直線 l が $x=-p$ であることに注意する．糸の長さが AC であることと上の作図の方法から

$$\mathrm{PC}=\mathrm{PF} \qquad ①$$

これより $\mathrm{P}(x,y)$ とおくと，①より

$$|x-(-p)|=\sqrt{(x-p)^2+y^2}$$

両辺を 2 乗すると

$$(x+p)^2=(x-p)^2+y^2$$

これを整理すると

$$y^2=4px \qquad ②$$

逆に，②を満たす点 $\mathrm{P}(x,y)$ は条件①を満たすので図でかいた軌跡の点である．このように放物線は定点 F と F を通らない直線 l から等距離にある点の軌跡である．点 F を放物線の**焦点**《しょうてん》，直線 l を**準線**《じゅんせん》という．②を放物線の方程式の**標準形**《ひょうじゅんけい》という．

焦点を通り，準線に垂直な直線を放物線の**軸**《じく》という．さらに軸と放物線との交点を放物線の**頂点**《ちょうてん》という．また，②を $x=\dfrac{1}{4p}y^2$ と変形すると，y 軸を横軸，x 軸を縦軸とみれば 2 次関数であることに注意すると放物線のグラフは簡単にかける．

実際，$p>0$ であれば放物線は xy 平面の右側に，$p<0$ であれば xy 平面の左側に現れる．

6.14　放物線の方程式［I］（左右に現れる放物線）

放物線の方程式 $y^2 = 4px$

(1)　焦点の座標は $(p, 0)$

(2)　準線は $x = -p$

(3)　x 軸に関して対称

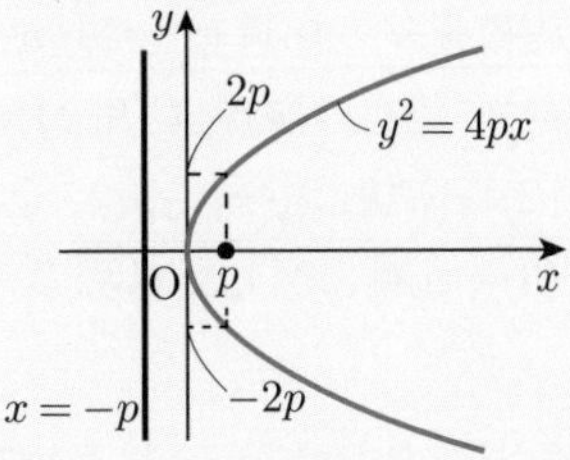

例 6.12　放物線 $y^2 = 4x$ について，$p = 1$ より

・焦点の座標は $(1, 0)$

・準線は $x = -1$　■

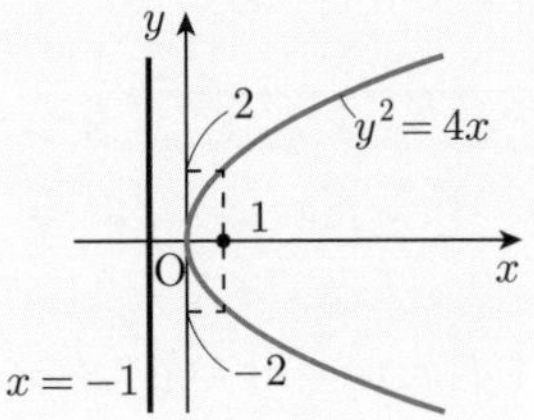

Let's TRY

問 6.26　次の放物線について，焦点の座標と準線を求めよ．またその概形をかけ．

(1)　$y^2 = x$　　(2)　$y^2 = -\dfrac{1}{2}x$　　(3)　$y^2 = 8x$

問 6.27　焦点が $\left(\dfrac{1}{2}, 0\right)$，準線が直線 $x = -\dfrac{1}{2}$ である放物線の方程式を求めよ．

問 6.28　焦点 $(4, 0)$ と直線 $x = -4$ への距離が等しい点 $\mathrm{P}(x, y)$ の軌跡を求めよ．

焦点が $\mathrm{F}(0, p)$，準線が $y = -p$ である放物線の軌跡の方程式を求めよう．これは先の計算で x と y を入れかえて同じ計算を行えばよいので，同様にして

$$x^2 = 4py \qquad ①$$

が得られる．この場合は 2 次関数が現れる．

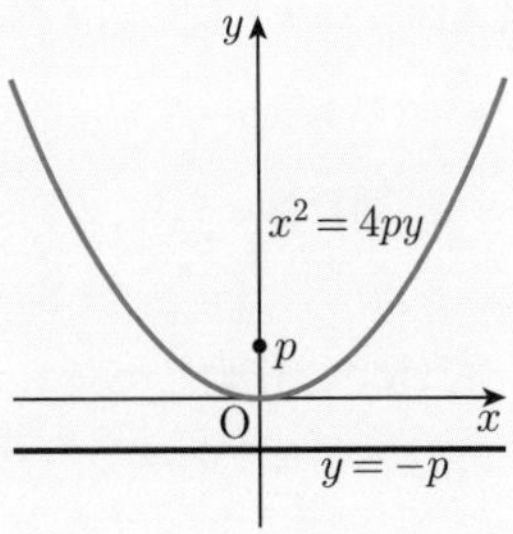

6.15 放物線の方程式［II］（上下に現れる放物線）

放物線の方程式 $x^2 = 4py$

(1) 焦点の座標は $(0, p)$

(2) 準線は $y = -p$

(3) y 軸に関して対称

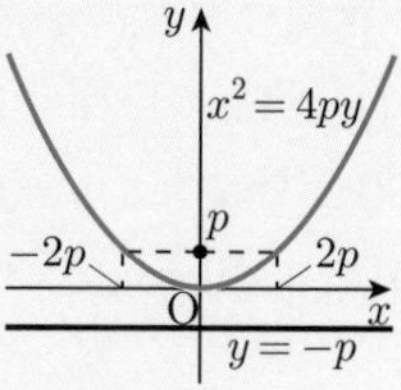

6.9 〜 6.15 でみてきたように円，楕円，双曲線，放物線は x, y の 2 次方程式で表されることから，これらの曲線をまとめて **2次《じ》曲《きょく》線《せん》**という．

2 次曲線の平行移動 一般に，x，y の式を $f(x, y)$ と表すことにする．これまでみてきたように，2 次曲線は $f(x, y) = 0$ の形で与えられる．

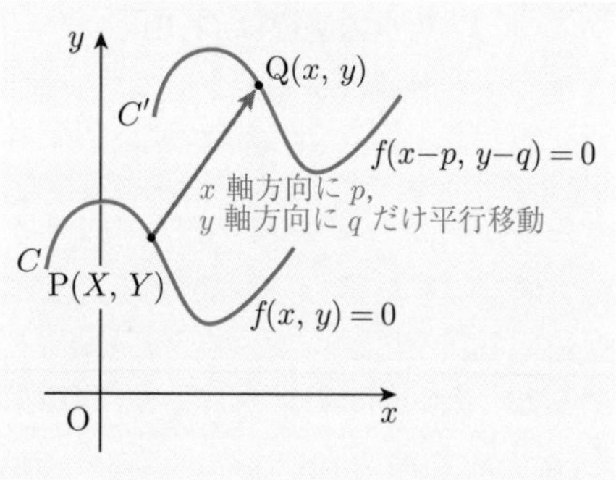

2 次曲線に限らず，一般的に方程式 $f(x, y) = 0$ で与えられる図形 C を x 軸方向へ p，y 軸方向へ q だけ平行移動して得られる図形 C' の表す方程式を求めてみよう．

図形 C 上の点 $\mathrm{P}(X, Y)$ を x 軸方向へ p，y 軸方向へ q だけ平行移動した点を $\mathrm{Q}(x, y)$ とおくと，次の関係式を満たす．

$$\begin{cases} x = X + p & ① \\ y = Y + q & ② \end{cases}$$

$\mathrm{P}(X, Y)$ は C 上の点より $f(X, Y) = 0$ を満たす．これに①, ②を代入すると

$$f(x - p, y - q) = 0$$

6.16 $f(x, y) = 0$ の平行移動

方程式 $f(x, y) = 0$ で与えられる図形 C を x 軸方向へ p，y 軸方向へ q だけ平行移動して得られる図形 C' の表す方程式は次式で与えられる．

$$f(x - p, y - q) = 0$$

例 6.13 楕円 $\dfrac{(x-2)^2}{25}+\dfrac{(y-1)^2}{9}=1$ は，楕円 $\dfrac{x^2}{25}+\dfrac{y^2}{9}=1$ を x 軸方向へ 2，y 軸方向へ 1 だけ平行移動したものである． ■

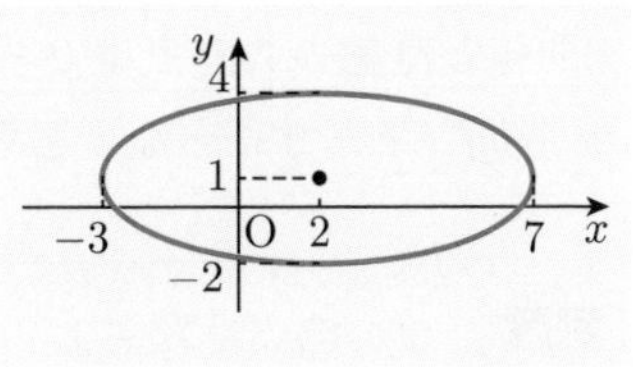

例 6.14 双曲線 $\dfrac{(x+2)^2}{16}-\dfrac{(y-3)^2}{9}=1$ は，双曲線 $\dfrac{x^2}{16}-\dfrac{y^2}{9}=1$ を x 軸方向へ -2，y 軸方向へ 3 だけ平行移動したものである．漸近線も同様に平行移動して，漸近線の方程式は $y-3=\pm\dfrac{3}{4}(x+2)$ ■

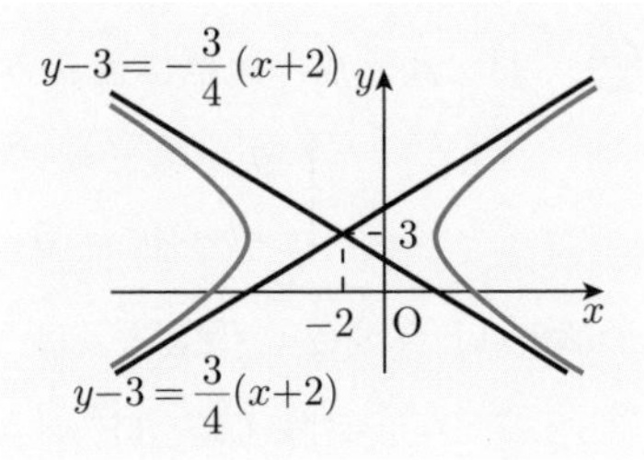

例 6.15 放物線 $(y-2)^2=4(x-3)$ は，放物線 $y^2=4x$ を x 軸方向へ 3，y 軸方向へ 2 だけ平行移動したものである．準線も同様に平行移動して，準線は直線 $x=2$ ■

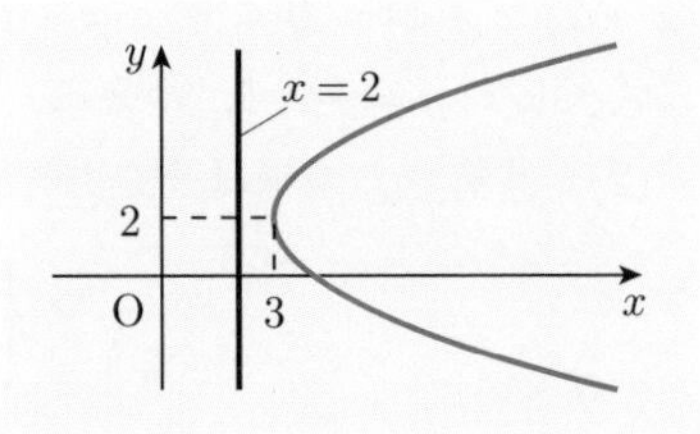

Let's TRY

問 6.29 次のように平行移動した式を求め，その概形をかけ．

(1) 楕円 $\dfrac{x^2}{4}+\dfrac{y^2}{9}=1$ を x 軸方向へ -1，y 軸方向へ 2

(2) 双曲線 $\dfrac{x^2}{9}-y^2=1$ を x 軸方向へ 1，y 軸方向へ -1

(3) 放物線 $y^2=4x$ を x 軸方向へ 2，y 軸方向へ -1

問 6.30 点 A$(1,0)$ からの距離と直線 $x=4$ からの距離の比が $2:1$ であるような点 P(x,y) の軌跡を求めよ．

2次曲線と直線 2次曲線と直線の共有点について考えてみよう．一般に，2次曲線と直線の共有点は2次曲線を現す方程式 $f(x,y)=0$ と直線の方程式 $ax+by+c=0$ からなる連立方程式を解くことで求めることができる．

例題 6.8 次の問いに答えよ．

(1) 直線 $y=x-1$ と円 $x^2+y^2=5$ との共有点の座標を求めよ．

(2) 直線 $y=-2x+5$ と円 $x^2+y^2=5$ との共有点の座標を求めよ．

解 (1) 共有点の座標は連立方程式

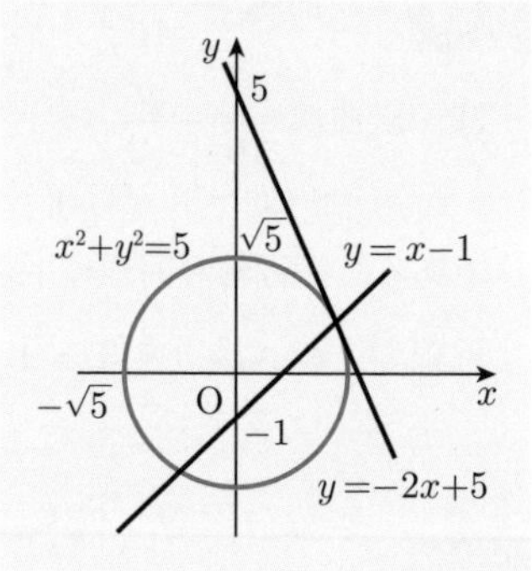

$$\begin{cases} y=x-1 & ① \\ x^2+y^2=5 & ② \end{cases}$$

の解より，①を②に代入すれば

$$x^2+(x-1)^2=5$$

これを整理すると

$$x^2-x-2=0 \qquad ③$$

$(x-2)(x+1)=0$ より $x=-1,2$ となる．①に代入して $y=-2,1$．ゆえに，共有点の座標は $(-1,-2)$, $(2,1)$

(2) 共有点の座標は連立方程式

$$\begin{cases} y=-2x+5 & ④ \\ x^2+y^2=5 & ⑤ \end{cases}$$

の解より，④を⑤に代入して整理すると

$$(x-2)^2=0$$

より $x=2$．④に代入して $y=1$．ゆえに，共有点の座標は $(2,1)$ ■

Let's TRY

問 6.31 次の2次曲線と直線の共有点の座標を求めよ．

(1) 楕円 $3x^2+4y^2=12$ と直線 $y=x-1$ の共有点

(2) 双曲線 $x^2-y^2=1$ と直線 $y=2x+2$ の共有点

(3) 放物線 $y^2=x$ と直線 $y=x-2$ の共有点

例題 6.9　直線 $y = x + k$ と円 $x^2 + y^2 = 2$ の共有点の個数を調べよ．

解　$\begin{cases} y = x + k & ① \\ x^2 + y^2 = 2 & ② \end{cases}$

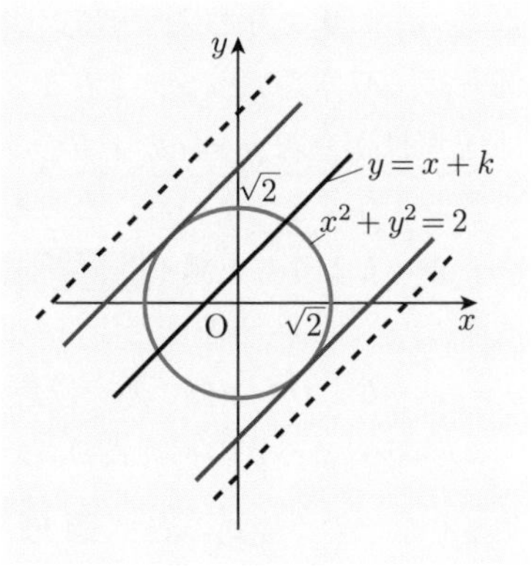

①を②に代入すれば

$$x^2 + (x + k)^2 = 2 \qquad ③$$

これを整理すると

$$2x^2 + 2kx + k^2 - 2 = 0 \qquad ④$$

ここで，④の 2 次方程式の実数解の個数と共有点の個数は一致するので，④の判別式を D とおくと

$$D = (2k)^2 - 4 \cdot 2(k^2 - 2) = -4k^2 + 16 = -4(k - 2)(k + 2)$$

これより①と②の共有点の個数は次のようになる．

- $D > 0$ のとき，すなわち，$-2 < k < 2$ であるとき共有点は 2 個
- $D = 0$ のとき，すなわち，$k = \pm 2$ であるとき共有点は 1 個
- $D < 0$ のとき，すなわち，$k < -2$, $k > 2$ であるとき共有点なし

■**注意**　④において $\dfrac{D}{4}$ を用いても同じ結果が得られる（第 2 章 **2.10** 参照）．■

上の例題で，$k = \pm 2$ のとき，④は重解をもち，直線①と円②はただ一つの共有点をもつ．一般に，2 次曲線と直線の方程式がただ 1 つの共有点をもつとき直線は曲線に**接《せっ》する**といい，その直線を**接線《せっせん》**，共有点を**接点《せってん》**という．

Let's TRY

問 6.32　直線 $y = x + k$ が円 $(x - 3)^2 + y^2 = 1$ と接するように定数 k の値を定めよ．

問 6.33　次の 2 次曲線と直線の共有点の個数を調べよ．

(1)　楕円 $4x^2 + y^2 = 4$ と直線 $y = -x + k$

(2)　双曲線 $(x - 1)^2 - 2y^2 = 2$ と直線 $y = x + k$

(3)　放物線 $y^2 = 2x$ と直線 $y = 2x + k$

6.4 不等式と領域

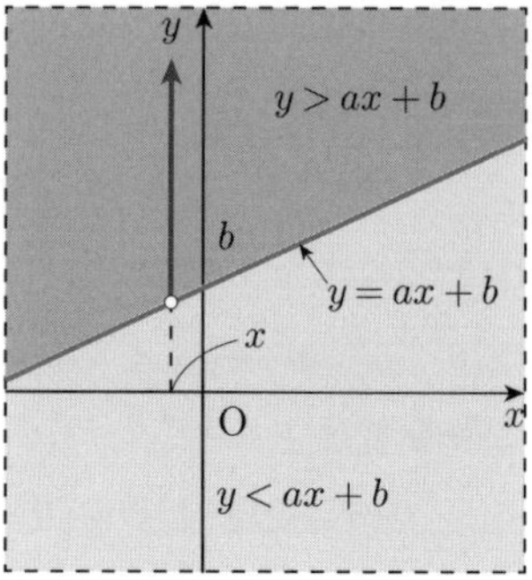

不等式の表す領域 ここでは不等式を満たす点 (x, y) の集まりの表す図形を考えてみよう．例えば，不等式 $y > ax + b$ を満たす点 (x, y) は，y 座標が直線 $y = ax + b$ の x に対応する y 座標よりも大きいということであるので，直線 $y = ax+b$ よりも上側（濃い灰色部分）となる．同様に，$y < ax+b$ を満たす点の集まりは，直線 $y = ax+b$ よりも下側（薄い灰色部分）となる．

このように x, y の不等式の満たす点 (x, y) の集まりをその不等式の表す**領域**《りょういき》という．また，領域の境界線の部分をその領域の**境界**《きょうかい》という．同様に次のことが成り立つ．

6.17 関数と領域

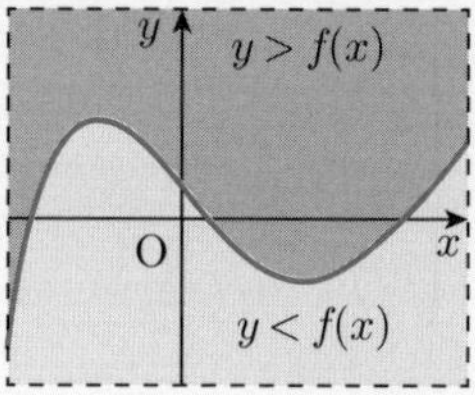

定義域が実数全体である関数 $y = f(x)$ に関して，次が成り立つ．

(1) 不等式 $y > f(x)$ が表す領域は曲線 $y = f(x)$ の上側の部分である．

(2) 不等式 $y < f(x)$ が表す領域は曲線 $y = f(x)$ の下側の部分である．

また，$y \geqq f(x)$ や $y \leqq f(x)$ が表す領域は $y = f(x)$ のグラフを境界として含む．

例 6.16 不等式 $y > \frac{1}{2}x + 2$ の表す領域は，直線 $y = \frac{1}{2}x + 2$ の上側で図の濃い灰色部分である．ただし境界は含まない． ■

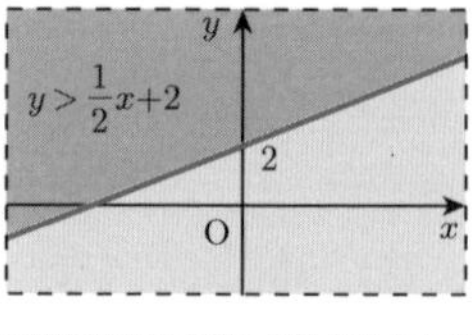

■**注意** 図示しただけでは境界を含むか否かがはっきりしないので，境界を含む，または境界は含まないという但し書きは必ず書かなければならない．

Let's TRY

問 **6.34**　次の不等式が表す領域を図示せよ．

(1)　$y > -\dfrac{1}{2}x + 1$　　(2)　$y \geqq x^2 - 4x + 3$　　(3)　$y \geqq 3$　　(4)　$x < -2$

例題 6.10　次の連立不等式が表す領域を図示せよ．

$$\begin{cases} y < 2x + 4 & ① \\ y > (x+2)^2 - 3 & ② \end{cases}$$

解く前に　直線 $y = 2x + 4$ と 2 次関数 $y = (x+2)^2 - 3$ の共有点の x 座標は，y を消去して 2 次方程式 $2x + 4 = (x+2)^2 - 3$ を解くと $x = -3, 1$

解　求める領域は①の不等式が表す領域と②の不等式が表す領域の共通な領域である．

①が表す領域は直線 $y = 2x+4$ の下側，②が表す領域は 2 次関数 $y = (x+2)^2 - 3$ の上側．

よって，求める領域は図の灰色部分で，境界は含まない．　■

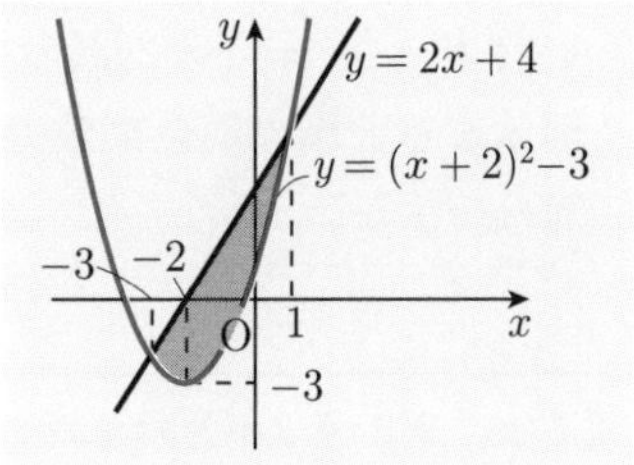

Let's TRY

問 **6.35**　次の連立不等式が表す領域を図示せよ．

(1)　$\begin{cases} y \geqq 0 \\ y \leqq x \end{cases}$　　(2)　$\begin{cases} y > x \\ y > -x^2 + 2 \end{cases}$　　(3)　$\begin{cases} y \leqq x^2 - 6x + 14 \\ y \geqq -x^2 - 2x + 2 \end{cases}$

中心 $\mathrm{P}(a, b)$，半径 $r > 0$ の円 C の方程式は

$$(x-a)^2 + (y-b)^2 = r^2$$

これは円 C 上の点を $\mathrm{Q}(x, y)$ とおくと，$\mathrm{PQ}^2 = r^2$ を表している．すなわち

$$\mathrm{PQ} = r$$

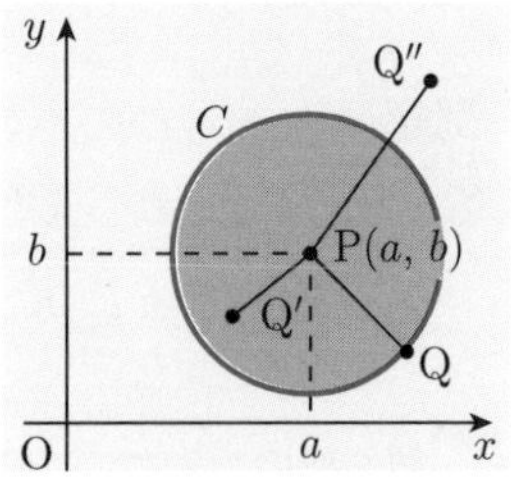

ここで平面上の点 Q′, Q″ について，次が成り立つ．

$$\mathrm{PQ'} < r \iff \mathrm{Q'} \text{ は円 } C \text{ の内部の点}$$

$$\mathrm{PQ''} > r \iff \mathrm{Q''} \text{ は円 } C \text{ の外部の点}$$

6.18 円と領域

円 $C : (x-a)^2+(y-b)^2=r^2$ について，次が成り立つ．

(1) 不等式 $(x-a)^2+(y-b)^2<r^2$ が表す領域は円 C の内部である．

(2) 不等式 $(x-a)^2+(y-b)^2>r^2$ が表す領域は円 C の外部である．

例 6.17 連立不等式

$$\begin{cases} y < x+1 \\ x^2+y^2<4 \end{cases}$$

が表す領域は直線 $y=x+1$ の下側の部分と円 $x^2+y^2=4$ の内部の共通部分であり，図示すると図の灰色部分である．ただし境界は含まない． ■

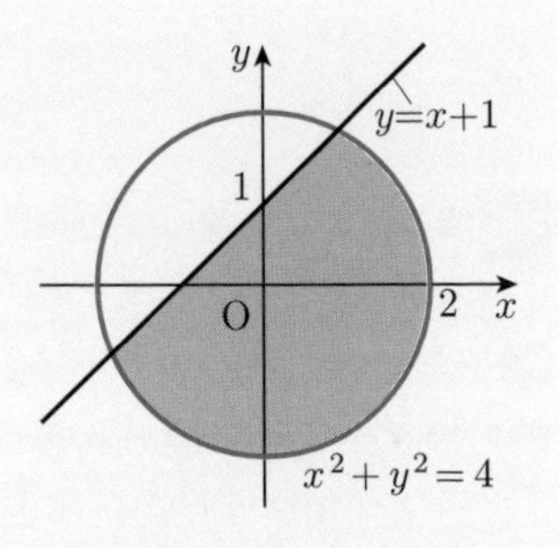

Let's TRY

問 **6.36** 次の連立不等式が表す領域を図示せよ．

(1) $\begin{cases} y > x-1 \\ x^2+y^2<9 \end{cases}$ (2) $\begin{cases} x^2+y^2>1 \\ (x-2)^2+y^2<4 \end{cases}$ (3) $\begin{cases} x^2+y^2 \geqq 4 \\ y \leqq -x^2 \end{cases}$

領域と線形計画法 変数 x, y がいくつかの1次不等式を満たすとき，1次式 $ax+by$ の最大値・最小値を求めることは応用上重要であり，**線形計画法**《せんけいけいかくほう》として知られている．

例題 6.11 次の4つの不等式を満たす x, y について，$x+y$ の最大値・最小値およびそれらを与える x, y の値を求めよ．

$$x \geqq 0, \quad y \geqq 0, \quad 5x+2y \leqq 14, \quad x+2y \leqq 6$$

解く前に

(1) 不等式が表す領域は直線 $y=-\frac{5}{2}x+7$ の下側部分と直線 $y=-\frac{1}{2}x+3$ の下側部分と第1象限（$x \geqq 0,\ y \geqq 0$）との共通部分で境界を含む．

(2) 2直線 $y=-\frac{5}{2}x+7$ と $y=-\frac{1}{2}x+3$ との交点の座標は $(x, y)=(2, 2)$

解　まず，4 つの不等式を満たす領域は図の灰色部分であり，境界を含むことに注意する．ここで

$$x + y = k$$

とおいたとき，k が最大および最小となる点 (x, y) を求めればよい．このとき

$$y = -x + k \qquad ①$$

より，①で表される直線が灰色部分の領域と重なっているとき，y 切片 k が最大・最小となるときを探せばよい．

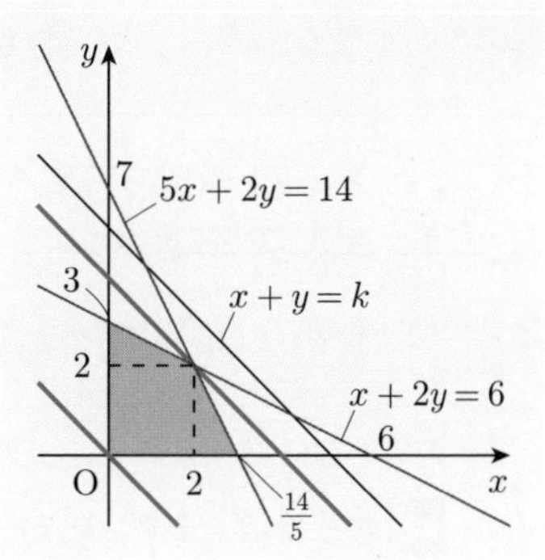

図より，y 切片 k は直線①が原点 $(0, 0)$ を通るとき最小であり

$$5x + 2y = 14, \quad x + 2y = 6$$

の交点 $(2, 2)$ を通るとき最大となる．これより $x + y$ の最大値・最小値は

$$\text{最小値}\ 0 \quad (x = y = 0)$$
$$\text{最大値}\ 4 \quad (x = y = 2)$$

■

■**注意**　上の例題を線形計画法の一例としてかけば次のようになる．ある工場の製品 A, B を 1 kg 生産するのに必要な原料 P, Q の量と製品 A, B それぞれの 1 kg あたりの利益は表にしたがう．工場へ 1 日に供給できる原料 P が 14 kg，原料 Q が 6 kg であるとき，工場で 1 日に生産される製品 A, B の総利益を最大にするには A, B をそれぞれ 1 日何 kg ずつ生産すればよいか．上の例題から，A, B ともに 2 kg ずつ生産すると最大総利益が 4 万円となる．

	原料 P	原料 Q	利益
A	5 kg	1 kg	1 万円
B	2 kg	2 kg	1 万円

Let's TRY

問 6.37　次の 4 つの不等式を満たす x, y について，$2x + y$ の最大値・最小値およびそれらを与える x, y の値を求めよ．

$$x \geqq 0, \quad y \geqq 0, \quad 4x + 5y \leqq 20, \quad x + 2y \leqq 6$$

第6章 演習問題A

1 2点 $\mathrm{A}(a, b)$, $\mathrm{B}(3, 5)$ を結ぶ線分を $3:2$ の比に内分する点が $\mathrm{P}(1, -1)$ であるとき，点Aの座標を求めよ．

2 3点 $\mathrm{A}(x_1, y_1)$, $\mathrm{B}(x_2, y_2)$, $\mathrm{C}(x_3, y_3)$ を頂点とする $\triangle\mathrm{ABC}$ の辺AB, BC, CAを $m:n$ に内分する点をそれぞれP, Q, Rとする．このとき，$\triangle\mathrm{ABC}$ と $\triangle\mathrm{PQR}$ の重心は一致することを証明せよ．ただし $m > 0$, $n > 0$ とする．

解く前に まず，P, Q, Rの座標を求める．次に，$\triangle\mathrm{PQR}$ の重心の座標を計算すると $\triangle\mathrm{ABC}$ の重心の座標に一致することを示せばよい．

3 3直線 $x + y = 1$, $4x - 2y = 6$, $kx + y = 2$ が1点で交わるように定数 k の値を定めよ．

4 2点 $\mathrm{A}(-3, 2)$, $\mathrm{B}(5, 1)$ を結ぶ線分を $2:1$ の比に内分する点を通り，この線分に垂直な直線の方程式を求めよ．

5 次の性質を満たす円の方程式を求めよ．

(1) 原点を中心とし，円 $x^2 + y^2 - 8x - 4y + 19 = 0$ と接する円

(2) 点 $\mathrm{C}(2, 0)$ を中心とし，直線 $y = 3x + 1$ に接する円

6 点 $\mathrm{P}(0, 4)$ を通り，円 $x^2 + y^2 = 4$ に接する接線の方程式を求めよ．

7 点 $\mathrm{A}(-2, 0)$ から放物線 $y^2 = x$ に引いた接線の方程式を求めよ．

8 点 $\mathrm{A}(9, 0)$ と円 $x^2 + y^2 = 9$ 上の動点Qを結ぶ線分AQの中点Pの軌跡を求めよ．

9 次の不等式あるいは連立不等式が表す領域を図示せよ．

(1) $\begin{cases} -2 \leqq x + y \leqq 2 \\ -2 \leqq x - y \leqq 2 \end{cases}$ (2) $(x + y)(x - y + 2) > 0$

10 次の連立不等式を満たすときの $2x + y$ の最大値・最小値およびそれらを与える x, y の値を求めよ．

$$x \geqq 0, \quad y \geqq 0, \quad x^2 + y^2 \leqq 1$$

第6章　演習問題B

11 点Aから直線 l に下ろした垂線と直線 l との交点をHとするとき，線分AHの長さを点Aと直線 l の**距離**《きょり》という．このとき次の問いに答えよ．

(1) 原点Oと直線 $l: ax+by+c=0$ との距離 d が次で与えられることを証明せよ．

$$d = \frac{|c|}{\sqrt{a^2+b^2}}$$

(2) (1)の結果を用いて，点 $\mathrm{A}(x_0, y_0)$ と直線 $l: ax+by+c=0$ との距離 d が次で与えられることを証明せよ．

$$d = \frac{|ax_0+by_0+c|}{\sqrt{a^2+b^2}}$$

12 $(2+2k)x+(1-k)y-3+k=0$ は定数 k の値とは無関係に定点を通る．このときその定点の座標を求めよ．

13 円 $(x-2)^2+(y+3)^2=25$ 上の点 $\mathrm{P}(5,1)$ における円の接線の方程式を求めよ．

14 放物線 $y^2=4px$ 上の点 $\mathrm{P}(x_0, y_0)$ における接線の方程式を求めよ．

解く前に　接線の方程式を $y-y_0=m(x-x_0)$ $(x_0 \neq 0)$ とおき，$y^2=4px$ に代入して得られる2次方程式の判別式を D とする．$D=0$ を満たすよう m を定め，(x_0, y_0) は $y_0^2=4px_0$ を満たすことを利用する．

15 直線 $y=2x+k$ が双曲線 $x^2-y^2=1$ によって切り取られる線分の中点の x 座標が -2 であるとき，定数 k の値を求めよ．

解く前に　双曲線によって切り取られる線分の中点の x 座標は，$y=2x+k$ を $x^2-y^2=1$ に代入して得られる2次方程式 $x^2-(2x+k)^2=1$ の解を α, β とおくと $\dfrac{\alpha+\beta}{2}$ である．また，解と係数の関係を利用する．

16 長さ7の線分ABの端点Aは x 軸上，端点Bは y 軸上を動くとき，線分ABを $5:2$ の比に内分する点Pの軌跡を求めよ．

解く前に　$\mathrm{A}(a,0)$, $\mathrm{B}(0,b)$ とおくと $\mathrm{AB}=7$ より $a^2+b^2=49$，ABを $5:2$ に内分する点 $\mathrm{P}(x,y)$ の座標が $\left(\frac{2}{7}a, \frac{5}{7}b\right)$ となることを利用する．

17 次の連立不等式を満たすときの $x+y$ の最大値・最小値の値およびそれらを与える x, y の値を求めよ．

$$x^2+y^2 \leqq 1, \quad (x-1)^2+(y-1)^2 \leqq 1$$

7 場合の数

ある事柄の起こり方の総数のことを**場合《ばあい》の数《かず》**という．場合の数は「漏れなく」，「重複なく」数え上げなくてはならない．場合の数は，起こり得る場合すべてを一つ一つ書き下していけば，原理的には求められるが，場合分けが多いときは，とても困難である．

この章では中学で学んだ知識をもとに，いろいろな場合の数を求めていく．

7.1 数え上げの原理

樹形図 場合の数の数え方として中学では**樹形図《じゅけいず》**を学んだ．例えば1円玉と10円玉を投げたとき，表と裏の出方は図のように4通りある．

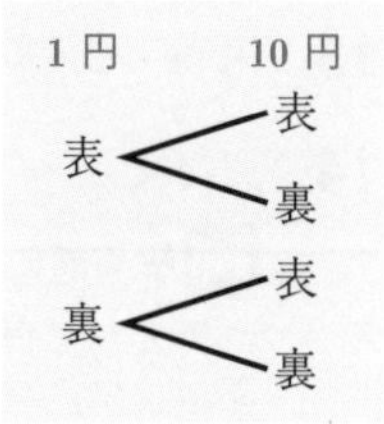

もう少し複雑な例として，次の例題を考えよう．

例題 7.1 a, b, c の3つの文字を一列に並べる方法は全部で何通りか．

解 樹形図は次のようになる．よって全部で6通り． ■

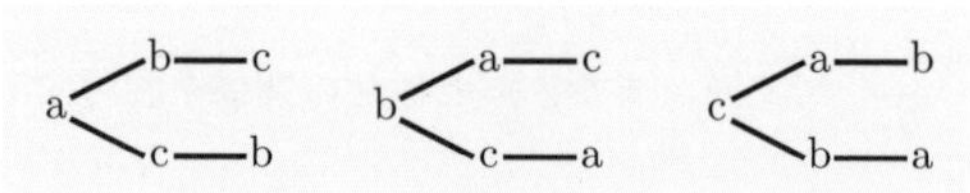

Let's TRY

問 7.1 1, 1, 2, 3 の4つの数字から3つを選んで3桁の数を作る方法は全部で何通りか．

樹形図は便利であるが，場合の数が増えてくると図が煩雑になり，数え上げが難しくなってくる．

そこで数え上げの原理を整理し，効率的な計算方法を考える．

和の法則と積の法則　まずは簡単な例を使って，数え上げの法則を確認しよう．

例題 7.2　大，小 2 つのさいころを投げるとき，次の場合の数を求めよ．

(1)　出た目の和が 6 または 7 となる．

(2)　大きいさいころの目が偶数で，小さいさいころの目が 5 以上となる．

解　(1)　表より目の和が 6 になる場合は 5 通り，目の和が 7 になる場合は 6 通り．これらが同時に起こることはないから，求める場合の数は $5+6=11$ 通りである．

目の和が 6

大	1	2	3	4	5
小	5	4	3	2	1

目の和が 7

大	1	2	3	4	5	6
小	6	5	4	3	2	1

(2)　大きいさいころの目が偶数になるのは 2, 4, 6 の 3 通り，そのそれぞれの場合について，小さいさいころの目が 5 以上になるのは 5, 6 の 2 通りある．よって求める場合の数は $3 \times 2 = 6$ 通りである．　■

一般に，場合の数について次の性質が知られている．

7.1　和の法則・積の法則

(**和《わ》の法則《ほうそく》**)　事柄 A, B は同時には起こらないものとする．事柄 A の起こり方が m 通り，事柄 B の起こり方が n 通りあるとき，A または B のどちらかが起こる場合は $m+n$ 通りである．

(**積《せき》の法則《ほうそく》**)　事柄 A の起こり方が m 通りあり，そのそれぞれの場合について事柄 B の起こり方が n 通りあるとき，A と B がともに起こる場合は mn 通りである．

次の例題で和の法則や積の法則にある前提条件の重要性を確認してほしい.

例題 7.3 1つのさいころを投げるとき，出た目が奇数または3以上となる場合の数を求めよ.

解 出た目が奇数または3以上となるのは 1, 3, 4, 5, 6 の5通り.

■注意 出た目が奇数である事柄を A，3以上である事柄を B とすると，出た目が3または5であるとき A, B が同時に起こっており，和の法則の前提条件を満たしていない. ■

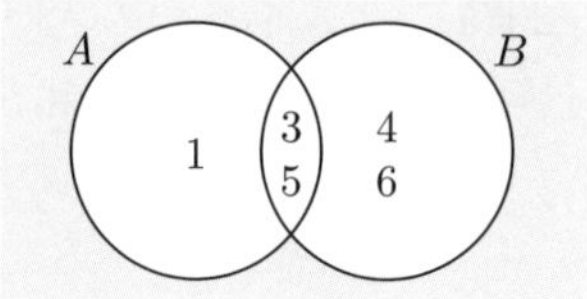

和の法則と積の法則を両方用いる，次の例題を考えてみよう.

例題 7.4 都市 A, B, C, D が図のように道路で結ばれているとする. A から D への経路は何通りあるか. ただし1度通った都市には戻らないものとする.

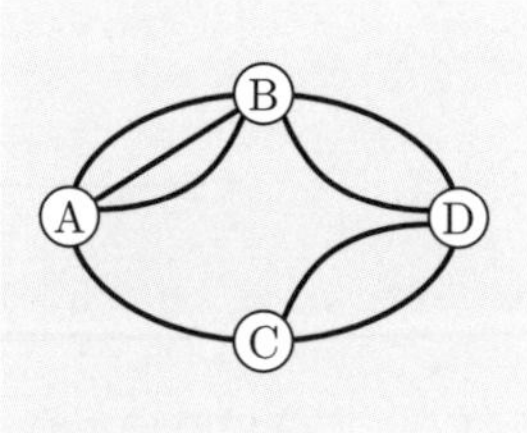

解 A から B を通って D へ進む経路は，積の法則より $3 \times 2 = 6$ 通り.

A から C を通って D へ進む経路は，積の法則より $1 \times 2 = 2$ 通り.

これらの進み方は同時には起こらないから和の法則より $6 + 2 = 8$ 通り. ■

Let's TRY

問 7.2 都市 A, B, C, D, E が図のように道路で結ばれているとき，A から E への経路は何通りあるか. ただし1度通った都市には戻らないとする.

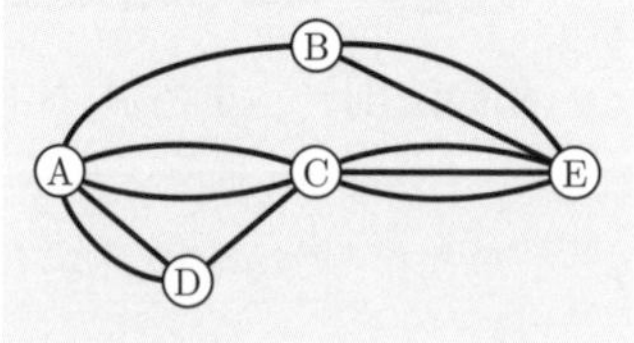

7.2 順列と組合せ

階乗 n を自然数とするとき，n 個の数の積 $n \cdot (n-1) \cdot (n-2) \cdots 3 \cdot 2 \cdot 1$ を n の**階乗**《かいじょう》といい，記号 $\boldsymbol{n!}$ で表す．なお，特別に $0! = 1$ と定める．

例 7.1 $1! = 1, \quad 2! = 2 \cdot 1 = 2,$

$3! = 3 \cdot 2 \cdot 1 = 6, \quad 4! = 4 \cdot 3 \cdot 2 \cdot 1 = 24$ ■

Let's TRY

問 **7.3** 5!, 6!, 7!, 8!, 9!, 10! を計算せよ．

解く前に 例えば 7! を計算するとき，6! がわかっていれば $7! = 7 \cdot 6!$ と計算できる．一般に $n! = n \cdot (n-1)!$ という関係が成り立つことに注意しよう．

例題 7.5 (1) $\dfrac{10!}{7!\,3!}$ を計算せよ．

(2) 自然数 r, n（ただし $r \leqq n$）について，次の等式が成り立つことを示せ．

$$\frac{n!}{(n-r)!} = n(n-1)\cdots(n-r+1)$$

解 (1) $10! = 10 \cdot 9 \cdot 8 \cdot 7!$ だから「7! が 1 つの数」に注意し約分する．

$$\frac{10!}{7!\,3!} = \frac{10 \cdot 9 \cdot 8 \cdot 7!}{7!\,3!} = \frac{10 \cdot 9 \cdot 8}{3 \cdot 2 \cdot 1} = 120$$

(2) $n! = n(n-1)\cdots(n-r+1)\,(n-r)(n-r-1)\cdots 2 \cdot 1$

$= n(n-1)\cdots(n-r+1)\,(n-r)!$

だから

$$\frac{n!}{(n-r)!} = \frac{n(n-1)\cdots(n-r+1)\,(n-r)!}{(n-r)!}$$

$$= n(n-1)\cdots(n-r+1)$$ ■

■**注意** $2!\,3! = (2 \times 3)! = 6! = 720$ や $(5-3)! = 5! - 3! = 114$ と間違えて計算しないように．正しくは $2!\,3! = (2 \cdot 1)\,(3 \cdot 2 \cdot 1) = 12$ と $(5-3)! = 2! = 2$ である．

Let's TRY

問 7.4 次の式を計算せよ．文字式は簡単にせよ．

(1) $(2+4)!-2!-4!$ (2) $6!\,3!$ (3) $4!\,4!$

(4) $\dfrac{7!}{4!\,3!}$ (5) $\dfrac{100!}{99!}$ (6) $\dfrac{n!}{(n-2)!}$

例 7.2 52枚のトランプを一列に並べる並べ方の総数を，階乗の記号を使って表現しよう．1枚目のカードの選び方は52通り．そのそれぞれについて2枚目のカードの選び方は，1枚目で選んだカードを除いた $52-1=51$ 通り．3枚目も同様に $52-2=50$ 通り．以下，r 枚目のカードの選び方は $52-(r-1)$ 通りある．よって積の法則より，トランプを一列に並べる方法は

$$52\times51\times50\times\cdots\times3\times2\times1=52!\text{ 通り}$$

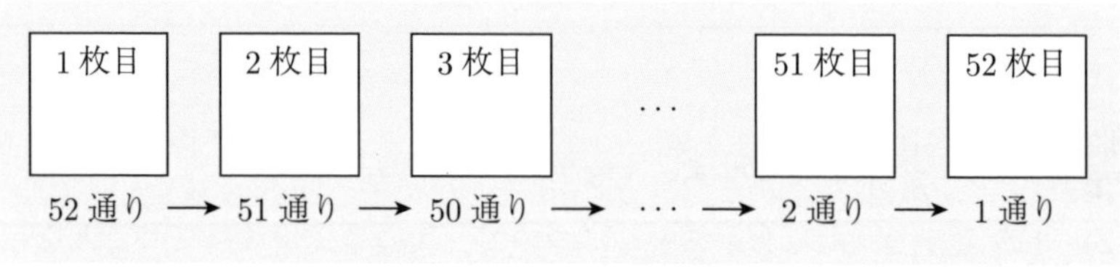

このように，相異なる n 個のものを一列に並べる並べ方の総数は $n!$ 通りである．

Let's TRY

問 7.5 20軒の家に郵便物を配達する．配達の順番は全部で何通りか，階乗の記号を用いて表せ．また計算機を用いて10進数で何桁の数かを求めよ．

順列と組合せ 相異なる n 個のものから r 個のものをとり出し，順序をつけて一列に並べたものを，n 個のものから r 個とった**順列《じゅんれつ》**といい，その総数を ${}_n\mathrm{P}_r$ とかく．

また，相異なる n 個のものから r 個のものをとり出し，順序を考えずに一組としたものを，n 個のものから r 個とった**組合《くみあわ》せ**といい，その総数を ${}_n\mathrm{C}_r$ とかく．

■**注意** P, C はそれぞれ permutation, combination の頭文字．

例題 7.6　a, b, c, d, e とかかれた 5 枚のカードがある．次の場合の数を求めよ．

(1)　3 枚を選んで一列に並べる順列の総数

(2)　3 枚を選んで一組とする組合せの総数

解　(1)　最初のカードの選び方は a, b, c, d, e の 5 通り．次のカードの選び方は，最初に選んだカードを除く 4 通り．最後のカードの選び方は，1 番目と 2 番目に選んだカードを除く 3 通り．よって積の法則より ${}_5\mathrm{P}_3 = 5 \times 4 \times 3 = 60$.

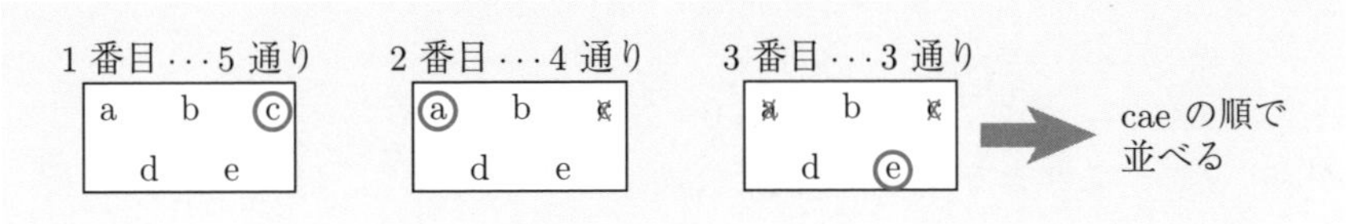

(2)　1 つの組，例えば a, b, c の 3 つの文字からなる組を考える．この 3 つの文字を並べてできる順列は全部で ${}_3\mathrm{P}_3 = 3! = 6$ 通り．他の 3 つの文字の組についても同様に考えると，5 つのものから 3 つとった順列の総数 ${}_5\mathrm{P}_3$ と，組合せの総数 ${}_5\mathrm{C}_3$ について，${}_5\mathrm{P}_3 = {}_5\mathrm{C}_3 \times 3!$ が成り立つ．よって

$$
{}_5\mathrm{C}_3 = \frac{{}_5\mathrm{P}_3}{3!} = \frac{5 \cdot 4 \cdot 3}{3 \cdot 2 \cdot 1} = 10
$$

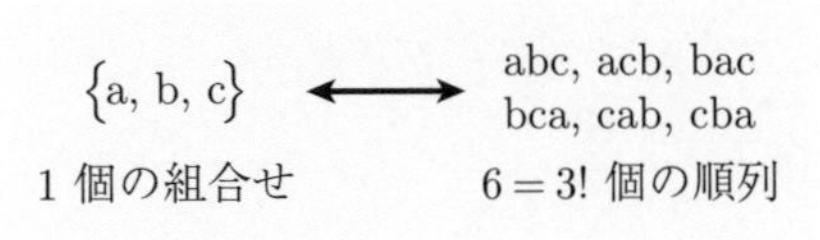

■

一般の場合を考えよう．n 個のものから r 個をとり出して一列に並べるとき，1 番目は n 通り，2 番目は $n-1$ 通り，$\cdots$，r 番目は $\{n-(r-1)\} = (n-r+1)$ 通り，選び方がある．よって積の法則より，順列の総数 ${}_n\mathrm{P}_r$ は

$$
{}_n\mathrm{P}_r = \underbrace{n(n-1)(n-2)\cdots(n-r+1)}_{r\ \text{個の数の積}} = \frac{n!}{(n-r)!}
$$

となる．特に，次が成り立つ．

$$
{}_n\mathrm{P}_n = \frac{n!}{(n-n)!} = \frac{n!}{0!} = \frac{n!}{1} = n!
$$

$$
{}_n\mathrm{P}_0 = \frac{n!}{(n-0)!} = \frac{n!}{n!} = 1
$$

次に組合せの総数 ${}_n\mathrm{C}_r$ を求める．r 個のものを順序をつけて並べる並べ方の総数は $r!$ 通りだから，n 個から r 個とったそれぞれの組合せについて $r!$ 通りの順列が作れる．よって ${}_n\mathrm{P}_r = {}_n\mathrm{C}_r \times r!$ だから

$$ {}_n\mathrm{C}_r = \frac{{}_n\mathrm{P}_r}{r!} = \frac{n!}{(n-r)!\, r!} $$

となる．特に，

$$ {}_n\mathrm{C}_n = \frac{n!}{(n-n)!\, n!} = \frac{n!}{0!\, n!} = \frac{n!}{1\, n!} = 1 $$

$$ {}_n\mathrm{C}_0 = \frac{n!}{(n-0)!\, 0!} = \frac{n!}{n!\, 1} = 1 $$

が成り立つ．これまでの関係を図と公式にまとめよう．

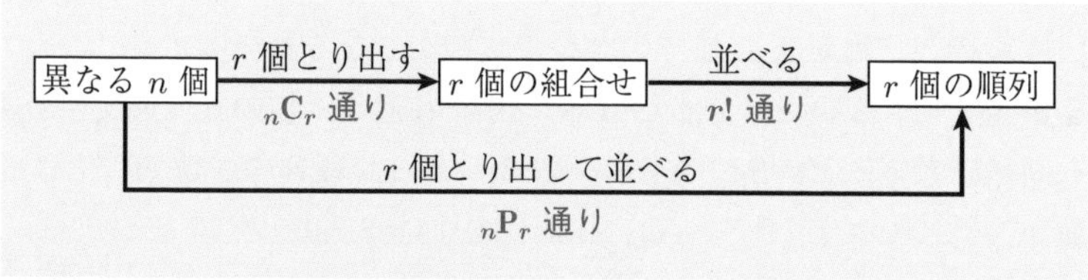

7.2 順列，組合せの総数

相異なる n 個のものから r 個とるとき

順列の総数は $\quad {}_n\mathrm{P}_r = \dfrac{n!}{(n-r)!}$

組合せの総数は $\quad {}_n\mathrm{C}_r = \dfrac{n!}{(n-r)!\, r!}$

例 7.3

$$ {}_7\mathrm{P}_4 = 7 \cdot 6 \cdot 5 \cdot 4 = 840 $$

$$ {}_7\mathrm{C}_4 = \frac{7!}{3!\, 4!} = \frac{7 \cdot 6 \cdot 5 \cdot 4!}{3!\, 4!} = \frac{7 \cdot 6 \cdot 5}{3 \cdot 2 \cdot 1} = 35 $$

■

Let's TRY

問 **7.6**　次を計算せよ．

(1)　${}_6\mathrm{P}_4$　(2)　${}_5\mathrm{P}_5$　(3)　${}_{10}\mathrm{P}_2$　(4)　${}_7\mathrm{C}_2$

(5)　${}_7\mathrm{C}_5$　(6)　${}_6\mathrm{C}_0$　(7)　${}_3\mathrm{C}_3$　(8)　${}_n\mathrm{P}_3$

(9)　${}_n\mathrm{P}_5$　(10)　${}_n\mathrm{P}_{n-1}$　(11)　${}_n\mathrm{C}_1$　(12)　${}_n\mathrm{C}_2$

例題 7.7　男子 5 人，女子 5 人の計 10 人がいる．次の選び方は何通りか．

(1)　議長，記録係，発表者の 3 人を選ぶ．

(2)　代表者 3 人を選ぶ．

(3)　男子 1 人，女子 2 人を選ぶ．

解　(1)　10 人の中から 3 人を選んで，議長，記録係，発表者の順に並べる順列の総数だから ${}_{10}\mathrm{P}_3 = 10 \cdot 9 \cdot 8 = 720$ 通り．

(2)　10 人の中から 3 人を順番をつけずに選ぶ組合せの総数だから

$$ {}_{10}\mathrm{C}_3 = \frac{10!}{7!\,3!} = \frac{10 \cdot 9 \cdot 8 \cdot 7!}{7!\,3!} = \frac{10 \cdot 9 \cdot 8}{3 \cdot 2 \cdot 1} = 120 \text{ 通り} $$

(3)　男子の選び方は，${}_5\mathrm{C}_1$ 通り．そのそれぞれについて，女子の選び方は ${}_5\mathrm{C}_2$ 通り．よって，積の法則より

$$ {}_5\mathrm{C}_1 \times {}_5\mathrm{C}_2 = \frac{5!}{4!\,1!} \times \frac{5!}{3!\,2!} = 5 \times \frac{5 \cdot 4}{2} = 50 \text{ 通り} $$

■

Let's TRY

問 **7.7**　次の問いに答えよ．

(1)　男子 3 人と女子 3 人が一列に並ぶ方法は何通りか．また，男女が交互に並ぶ方法は何通りか．

(2)　男子 6 人，女子 7 人の中から，4 人の代表を選ぶ選び方は何通りか．また，男女それぞれ 2 人ずつ選ぶ方法は何通りか．

7.3 二項定理

$(a+b)^4$ を展開すると，a^4, a^3b, a^2b^2, ab^3, b^4 をそれぞれ何倍かしたものの和になる．組合せの考え方を利用して，これらの係数を求めよう．

ab^3 の項は

$$(a+b)^4 = (a+b)(a+b)(a+b)(a+b)$$

において，4 つの因数 $(a+b)$ のうち 3 つから b を，残る 1 つから a をとって掛けるとできる．このような因数の選び方は ${}_4\mathrm{C}_3$ 通りあるから，ab^3 の係数は ${}_4\mathrm{C}_3$ である．他の項も同様に係数を求めると，展開式は

$$\begin{aligned}(a+b)^4 &= {}_4\mathrm{C}_0a^4 + {}_4\mathrm{C}_1a^3b + {}_4\mathrm{C}_2a^2b^2 + {}_4\mathrm{C}_3ab^3 + {}_4\mathrm{C}_4b^4 \\ &= a^4 + 4a^3b + 6a^2b^2 + 4ab^3 + b^4\end{aligned}$$

となる．

一般に $(a+b)^n$ を展開したときの $a^{n-r}b^r$ の係数は，n 個の因数のうち，r 個から b を，$n-r$ 個から a をとる組合せの総数に等しいから ${}_n\mathrm{C}_r$ である．

7.3 二項定理《にこうていり》

$$(a+b)^n = {}_n\mathrm{C}_0a^n + {}_n\mathrm{C}_1a^{n-1}b + \cdots + {}_n\mathrm{C}_ra^{n-r}b^r + \cdots + {}_n\mathrm{C}_nb^n$$

展開式の右辺は，単項式 ${}_n\mathrm{C}_ra^{n-r}b^r$（ただし $r = 0, 1, 2, \ldots, n$）の和になっている（ただし $a^0 = 1$, $b^0 = 1$ である．4.1 節「指数が 0 や負の整数の場合」の項参照）．そこで ${}_n\mathrm{C}_ra^{n-r}b^r$ を $(a+b)^n$ の展開式の**一般項**《いっぱんこう》という．また，二項定理に現れる係数ということで，${}_n\mathrm{C}_r$ のことを**二項係数**《にこうけいすう》ともよぶ．

例題 7.8 二項定理を用いて $(a+b)^5$ を展開せよ．

解

$$\begin{aligned}(a+b)^5 &= {}_5\mathrm{C}_0a^5 + {}_5\mathrm{C}_1a^4b + {}_5\mathrm{C}_2a^3b^2 + {}_5\mathrm{C}_3a^2b^3 + {}_5\mathrm{C}_4ab^4 + {}_5\mathrm{C}_5b^5 \\ &= a^5 + 5a^4b + 10a^3b^2 + 10a^2b^3 + 5ab^4 + b^5\end{aligned}$$

■

例題 7.9 $(2x^2-3y)^5$ を展開したときの x^4y^3 の係数を求めよ．

解 二項定理より，$(2x^2-3y)^5$ を展開したときの一般項は

$$
\begin{aligned}
{}_5\mathrm{C}_r(2x^2)^{5-r}(-3y)^r &= {}_5\mathrm{C}_r 2^{5-r}(x^2)^{5-r}(-3)^r y^r \\
&= {}_5\mathrm{C}_r 2^{5-r}(-3)^r\, x^{10-2r}y^r
\end{aligned}
$$

である．$x^{10-2r}y^r = x^4y^3$ となるのは $r=3$ のときだから，求める係数は

$$
{}_5\mathrm{C}_3 2^2(-3)^3 = \frac{5!}{2!\,3!}\cdot 4\cdot(-27) = \frac{5\cdot 4}{2}\cdot 4\cdot(-27) = -1080
$$

■**注意** x^4y^3 の項にだけ注目すればいいので $(2x^2-3y)^5$ の展開式全部をかかず，一般項を使っている． ■

Let's TRY

問 7.8 次の式を展開したとき，[ ] 内に指定された項の係数を求めよ．

(1) $(3x+2)^5$ $[x^4]$　(2) $(2-x)^{10}$ $[x^5]$　(3) $(4x+y)^8$ $[x^2y^6]$

二項定理を使って式を展開するとき，たくさんの二項係数を計算しなくてはいけない．そこで効率的に求める方法を考えよう．ポイントは ${}_n\mathrm{C}_0,\ldots,{}_n\mathrm{C}_n$ を ${}_{n-1}\mathrm{C}_0,\ldots,{}_{n-1}\mathrm{C}_{n-1}$ の式で表すことである．

例 7.4 $(a+b)^4$ の展開式を，$(a+b)^3$ の展開式を使って表すと

$$
\begin{aligned}
&(a+b)^3(a+b) \\
&= ({}_3\mathrm{C}_0a^3 + {}_3\mathrm{C}_1a^2b + {}_3\mathrm{C}_2ab^2 + {}_3\mathrm{C}_3b^3)(a+b) \\
&= {}_3\mathrm{C}_0a^4 + {}_3\mathrm{C}_1a^3b + {}_3\mathrm{C}_2a^2b^2 + {}_3\mathrm{C}_3ab^3 \\
&\qquad + {}_3\mathrm{C}_0a^3b + {}_3\mathrm{C}_1a^2b^2 + {}_3\mathrm{C}_2ab^3 + {}_3\mathrm{C}_3b^4 \\
&= {}_3\mathrm{C}_0a^4 + ({}_3\mathrm{C}_1+{}_3\mathrm{C}_0)a^3b + ({}_3\mathrm{C}_2+{}_3\mathrm{C}_1)a^2b^2 + ({}_3\mathrm{C}_3+{}_3\mathrm{C}_2)ab^3 + {}_3\mathrm{C}_3b^4
\end{aligned}
$$

となる．これと $(a+b)^4$ の展開式を比較すると，次の係数の等式を得る．

$$
\begin{aligned}
&{}_4\mathrm{C}_0 = {}_3\mathrm{C}_0, \quad {}_4\mathrm{C}_1 = {}_3\mathrm{C}_0 + {}_3\mathrm{C}_1, \quad {}_4\mathrm{C}_2 = {}_3\mathrm{C}_1 + {}_3\mathrm{C}_2, \\
&{}_4\mathrm{C}_3 = {}_3\mathrm{C}_2 + {}_3\mathrm{C}_3, \quad {}_4\mathrm{C}_4 = {}_3\mathrm{C}_3
\end{aligned}
$$

$$
\begin{array}{ccccccccc}
 & {}_3\mathrm{C}_0 & & {}_3\mathrm{C}_1 & & {}_3\mathrm{C}_2 & & {}_3\mathrm{C}_3 & \\
 // & & \diagdown\ \diagup & & \diagdown\ \diagup & & \diagdown\ \diagup & & \diagdown\!\diagdown \\
{}_4\mathrm{C}_0 & & {}_4\mathrm{C}_1 & & {}_4\mathrm{C}_2 & & {}_4\mathrm{C}_3 & & {}_4\mathrm{C}_4
\end{array}
$$

■

この例 7.4 のように $(a+b)^n$ の展開式から

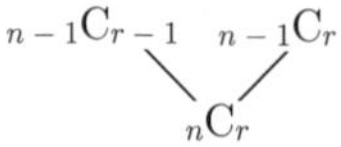

$$
\begin{aligned}
{}_nC_0 &= {}_{n-1}C_0 \\
{}_nC_r &= {}_{n-1}C_{r-1} + {}_{n-1}C_r \quad (r = 1, 2, \ldots, n-1) \\
{}_nC_n &= {}_{n-1}C_{n-1}
\end{aligned}
$$

という関係式を得る．

$a+b \neq 0$ のとき $(a+b)^0 = 1$ であり，また ${}_0C_0 = \dfrac{0!}{0!\,0!} = 1$ なので $n=0$ のときも二項定理が成り立っていると考えられる．これを含め，二項係数の関係を図式化したものを**パスカルの三角形《さんかくけい》**という．

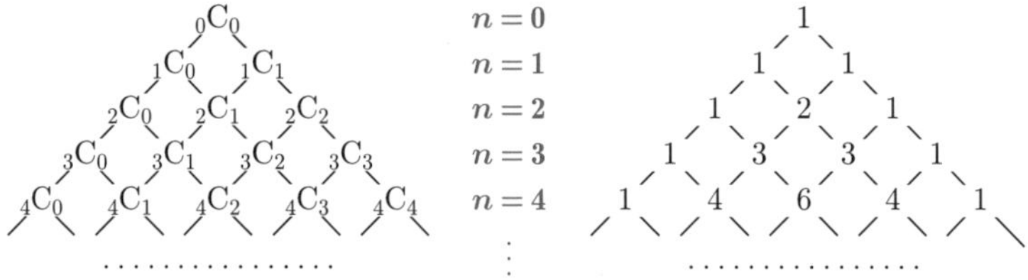

Let's TRY

問 7.9　パスカルの三角形を $n=10$ まで計算して作れ．

問 7.10　パスカルの三角形を使って $(a+b)^6, (a+b)^7$ をそれぞれ展開せよ．

例題 7.10　$(2x-1)^4$ を展開せよ．

解く前に　二項定理 **7.3** で $a=2x, b=-1$ の場合である．

解

$$
\begin{aligned}
(2x-1)^4 &= (2x)^4 + 4\cdot(2x)^3(-1) + 6\cdot(2x)^2(-1)^2 + 4\cdot(2x)(-1)^3 + (-1)^4 \\
&= 2^4x^4 - 4\cdot 2^3x^3 + 6\cdot 2^2x^2 - 4\cdot 2x + 1 \\
&= 16x^4 - 32x^3 + 24x^2 - 8x + 1
\end{aligned}
$$

■

Let's TRY

問 7.11　$(2x+3y)^5$ を展開せよ．

7.4 いろいろな問題

ここではやや複雑な問題を扱う．

例題 7.11　6 人の中の 4 人が 4 人掛けの円卓に座る方法は何通りか．ただし，イスを回転させると一致する並び方は同じものとする．

解　6 人から 4 人とった順列の総数は ${}_6P_4$ 通り．ここで例えば a, b, c, d の図のような座り方は回転すると一致するから，同一のものと考える．すると 1 つの座り方について 4 つの順列が対応する．他の場合も同様だから，求める総数を N とすると $N \times 4 = {}_6P_4$．よって $N = \dfrac{{}_6P_4}{4} = 90$ 通り．

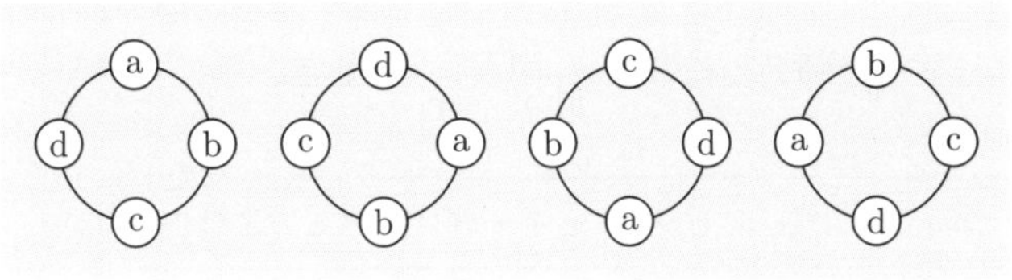

■

一般に，いくつかのものを円形に並べたものを**円順列**《えんじゅんれつ》という．例題のように，n 個のものから r 個とって並べる円順列の総数は $\dfrac{{}_nP_r}{r}$ である．

Let's TRY

問 7.12　5 人が円形に並ぶ方法は全部で何通りか．

例題 7.12　2 つの文字 a, b を，同じものを繰り返し何回選んで並べてもよいとして並べるとき，文字を 8 つ並べる方法は何通りか．

解　1 文字目から 8 文字目まで，それぞれ選び方は a, b の 2 通り．よって積の法則より $2 \times 2 \times 2 \times 2 \times 2 \times 2 \times 2 \times 2 = 2^8 = 256$ 通り．■

一般に，n 個のものから重複を許して r 個とって並べたものを**重複順列**《ちょうふくじゅんれつ》という．n 個のものから r 個とった重複順列の総数は n^r である．

Let's TRY

問 7.13　5つの数字 1, 2, 3, 4, 5 を繰り返し使うことを許して，3桁の数を作る方法は何通りか．

例 7.5　6つの文字 a, a, a, b, b, c を一列に並べる方法は何通りか求める．文字を並べる6つの場所から a の入る場所を選ぶ方法は ${}_6C_3$ 通り，残る3つの場所から b の入る場所を選ぶ方法は ${}_3C_2$ 通り，残る1ヵ所から c の入る場所を選ぶ方法は ${}_1C_1$ 通り．よって積の法則より

$$ {}_6C_3 \times {}_3C_2 \times {}_1C_1 = \frac{6!}{3!\,3!} \times \frac{3!}{1!\,2!} \times \frac{1!}{0!\,1!} = \frac{6!}{3!\,2!\,1!} = 60 \text{ 通り} $$ ■

n 個のもののうち，p 個，q 個，$\cdots$，r 個がそれぞれ同じものであるとき，それらを一列に並べた順列の総数は $\dfrac{n!}{p!\,q!\cdots r!}$ である．

Let's TRY

問 7.14　7つの文字 a, a, a, b, b, c, c を一列に並べる方法は何通りか．

例題 7.13　6人を次のように班にわける方法は何通りか．

(1)　A, B, C の班に2人ずつ　　(2)　3つの班に2人ずつ

解く前に　(1) では班に名前があるので「誰がどの班に所属するか」を考慮に入れる必要があり，(2) では「班自体には区別がない」ことに注意する．

解　(1)　6人の中から A 班になる2人を選ぶ方法は ${}_6C_2$ 通り，残る4人から B 班になる2人を選ぶ方法は ${}_4C_2$ 通り，残る2人は C 班になるから，積の法則より ${}_6C_2 \times {}_4C_2 \times 1 = 90$ 通り．

(2)　求める総数を N とする．区別のない3つの班1組について，A, B, C の名前をつける方法は全部で 3! 通りだから，6人を A, B, C の班に2人ずつわける方法は $N \times 3!$ 通り．(1) と比べると $N \times 3! = 90$ だから $N = \dfrac{90}{3!} = 15$ 通り．■

Let's TRY

問 7.15　9人を3つの3人グループにわける方法は何通りか．

第 7 章　演習問題 A

1　100 円，50 円，10 円の 3 種類の硬貨を使って 160 円を支払う方法は何通りか．ただしそれぞれの硬貨は十分たくさんあるとし，使わない硬貨があってもよいとする．

2　大，中，小 3 つのさいころを振るとき，次の場合の数を求めよ．

(1)　すべての目の出方　　(2)　目の和が 10 となる出方

3　ジョーカーを除いた 52 枚のトランプから同時に 3 枚のカードをとり出すとき，3 枚すべてが絵札である場合は何通りか．

4　男子 3 人と女子 2 人が一列に並ぶとき，女子が隣り合う並び方は何通りか．

5　1, 2, 3, 4 の 4 つの数を重複なく一列に並べて 4 桁の数を作るとき，次の数は何個あるか．

(1)　4 桁の数全部　　(2)　偶数　　(3)　奇数

6　等式 ${}_n\mathrm{C}_r = {}_{n-1}\mathrm{C}_{r-1} + {}_{n-1}\mathrm{C}_r$（$r = 1, 2, \ldots, n-1$）を証明せよ．

7　1 枚の硬貨を 10 回投げたとき，5 回裏が出る場合は何通りか．

第 7 章　演習問題 B

8　次の数について，正の約数の個数を求めよ．

(1)　144　　(2)　3500

9　0, 1, 2, 3, 4 の 5 つの数から異なる 4 つをとり出して 4 桁の数を作るとき，次の数は何個あるか．

(1)　4 桁の数全部　　(2)　両端が偶数

10　男子 10 人と女子 8 人の中から代表 7 人を選ぶとき，女子が少なくとも 1 人選ばれる選び方は何通りか．

11　図に含まれる四角形の総数を求めよ．

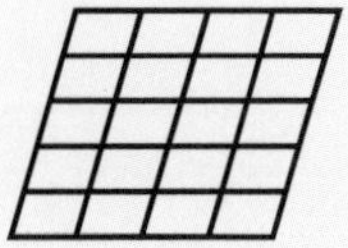

12　図について A から B に向かう最短経路の総数を求めよ．また点 P を必ず通る場合は何通りか．

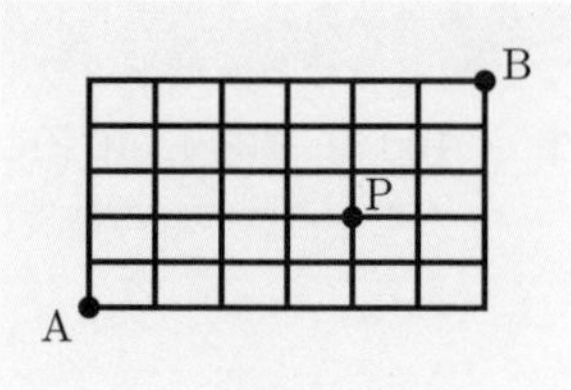

解く前に　まずは A から P までの経路と，P から B までの経路の数を求めよ．

13　男子 4 人と女子 4 人が輪になって座る．このとき次の場合の数を求めよ．

(1)　輪の作り方は全部で何通りか．

(2)　男女が交互に並ぶのは何通りか．

14　$x+y+z=12$ を満たす自然数の組 $(x,\ y,\ z)$ は何個か．

解く前に　一列に並ぶ 12 個の「○」と「○」の間に 2 個所の仕切り「｜」を入れて，12 個を 3 つに分ける方法の総数を考える．

15　$\left(x-\dfrac{2}{x}\right)^9$ について，x^5 の係数と，定数項を求めよ．

16　4 地区から 2 チームずつ代表が参加するトーナメント戦がある．

(1)　トーナメントの組み方は何通りか．

(2)　同地区のチームが決勝以外に対戦しない組み方は何通りか．

解く前に　4 チームずつ 2 つのグループに分け，それぞれのトーナメントの組み方を考える．

17　$(a+b+c)^n$ を展開したとき，$a^pb^qc^r$ の項の係数を求めよ．ただし $p+q+r=n$，$p \geqq 0,\ q \geqq 0,\ r \geqq 0$ とする．

解く前に　$(a+b+c)^n=\{(a+b)+c\}^n$ より c^r の項は係数が

$${}_n\mathrm{C}_{n-r}(a+b)^{n-r}c^r$$

となる．ここで $(a+b)^{n-r}$ を展開し，b^q の係数を求める．

問題解答

第 1 章

1.1 節　**1.1**　(1)　x^3+9x^2+6x+9　(2)　$12x^3-x^2+7x-2$　(3)　$14x^3+59x^2+53x+52$　**1.2**　(1)　$72a^{12}b^{16}$　(2)　$-72a^3b^5$　(3)　$10x^3+9x^2-29x+12$
1.3　(1)　$135x^{13}$　(2)　$9a^2+b^2+16c^2+6ab-8bc-24ca$　(3)　$a^3+6a^2b+12ab^2+8b^3$
(4)　$6x^2+x-35$　**1.4**　(1)　$(x+4)^2$　(2)　$(7x-12y)^2$　(3)　$10(2a+3b)(2a-3b)$
(4)　$(x+5)(x+3)$　(5)　$abc(a+2c)(a-2c)$　**1.5**　(1)　$(2x-3)(x+4)$
(2)　$(3x+2)(4x+3)$　(3)　$(3x-2y)(7x+6y)$　**1.6**　(1)　$(x-y+3)(x+y-1)$
(2)　$(x+y)^2(x-y)^2$　(3)　$(a+b+1)(a^2+2ab+b^2-a-b+1)$
(4)　$(a-c)(ab+bc+ca)$　(5)　$(x+3)(x-1)(x+1)^2$
1.7　(1)　商 $2x^2+x+2$，余り 6，$2x^3-3x^2+2=(x-2)(2x^2+x+2)+6$　(2)　商 $\frac{x}{2}+\frac{5}{4}$，余り $\frac{15}{4}$，$x^2+3x+5=(2x+1)\left(\frac{x}{2}+\frac{5}{4}\right)+\frac{15}{4}$　(3)　商 $-y-5$，余り $15y-8$，$y^3+2y^2+y-3=(-y^2+3y-1)(-y-5)+15y-8$　**1.8**　(1)　128　(2)　-52
1.9　(1)　$(x-1)(x+2)(x+3)$　(2)　$(x-2)(2x+1)(2x+3)$
(3)　$(x-1)(x+2)(x^2+1)$
1.10　(1)　最大公約数 $x-3$，最小公倍数 $(x-3)(x+1)(x^2+1)$
(2)　最大公約数 $bc(x-y)^2$，最小公倍数 $a^3b^3c^4(x-y)^4$

1.2 節　**1.11**　(1)　5　(2)　8　(3)　$\frac{1}{8}$　**1.12**　(1)　$5\sqrt{2}-10$　(2)　$30+12\sqrt{6}$
(3)　$2-\sqrt{3}$　**1.13**　(1)　$6\sqrt{3}$　(2)　$\frac{\sqrt{30}-\sqrt{10}}{4}$　(3)　$\frac{23+4\sqrt{15}}{17}$　(4)　$\frac{3+\sqrt{5}}{2}$
1.14　(1)　$\frac{2x-3}{x+1}$　(2)　$\frac{a+b}{a^2+ab+b^2}$　(3)　$\frac{2c^3}{3ab^2}$　**1.15**　(1)　$\frac{2}{x(x-1)}$　(2)　$\frac{-108}{x^4-81}$
(3)　$\frac{1}{x-3}$　(4)　$\frac{x+4}{(x+1)(x-2)}$　**1.16**　(1)　$\frac{x^3}{(x+y)^2}$　(2)　$\frac{x-3}{x-4}$　(3)　$\frac{a+2}{a-2}$
(4)　$\frac{(a-1)(a+2)}{a}$　**1.17**　(1)　$\frac{1}{x-2}$　(2)　$-\frac{y}{2x}$　(3)　$\frac{3(x+y)}{2(x^2+xy+y^2)}$　(4)　$\frac{x}{2}$

◆演習問題 A◆　**1**　(1)　$-2x^2+4xy-2y^2$　(2)　$6x^2+14xy-6y^2$
(3)　$-3x^3y+2x^2y^2-xy^3$　**2**　(1)　$64x^{10}$　(2)　$4a^2-4ab+b^2+12a-6b+9$
(3)　$125x^3+150x^2y+60xy^2+8y^3$
3　(1)　$(a+b+c)(a+b-c)(a-b+c)(a-b-c)$
(2)　$(3x+4)(2x-1)$　(3)　$xy(2x-y)(x-2y)$　(4)　$(3x+y+1)(2x-3y+5)$
(5)　$(3a-b)(3a^2+b^2)$　**4**　(1)　商 $x-4$，余り -3，$x^2-5x+1=(x-1)(x-4)+(-3)$
(2)　商 $2x-4$，余り $6x-4$，$2x^3-6x+4=(x^2+2x-2)(2x-4)+(6x-4)$
5　(1)　14　(2)　-2　**6**　(1)　$(x-2)(3x+1)(2x+5)$
(2)　$(x-1)(x+1)(x+2)(x+3)$　**7**　最大公約数，最小公倍数の順に示す．
(1)　$2x-1$, $(2x-1)(4x+3)(x+3)$　(2)　$x-3$, $(x-3)(x+2)(3x+1)(3x-2)$

(3) $(a+1)(b+1)b$, $(a+1)(b+1)(b-1)b^2$ **8** (1) $\frac{\sqrt{3}}{6}$ (2) 5

9 (1) $-\frac{x-y}{xy}$ (2) $\frac{2(x^4+y^4)}{x^4-y^4}$ (3) $\frac{a^2-ab+b^2}{a^2+ab+b^2}$ (4) $x-1$ (5) $\frac{a^2+b^2}{2ab}$

◆演習問題 B◆ **10** $64a^6-48a^4b^2+12a^2b^4-b^6$ **11** (1) $x^4(x+1)^2(x-1)$ (2) $(a+b)(b+c)(c+a)$ (3) $3(a+b)(b+c)(c+a)$ (4) $(x-1)(x+1)(x+2)(3x-2)$ **12** (1) 13 (2) $101x-150$ **13** $x+5$ **14** (1) $\mathrm{A}\left(-\frac{b}{a}\right)$ (2) $-\frac{27}{8}$ **15** $a=6$，最大公約数は $x+1$ **16** (1) $0.\dot{4}\dot{5}$ (2) $0.\dot{0}2\dot{7}$ (3) $\frac{74}{33}$ (4) $\frac{151}{1110}$ **17** (1) $\frac{-8}{x^8-1}$ (2) -5

第2章

2.1節 **2.1** (1) $x=\pm\sqrt{3}$ (2) $x=\frac{1}{3}$（重解） (3) $x=\frac{-1\pm\sqrt{5}}{2}$ (4) $x=\frac{3\pm\sqrt{17}}{4}$ (5) $x=2\pm\sqrt{3}$ (6) $x=-1,\ -\frac{1}{4}$ (7) $x=\frac{-3\pm\sqrt{14}}{5}$ (8) $x=\frac{-2\pm\sqrt{10}}{2}$ (9) $x=-5,\ 0$ **2.2** 実部，虚部，共役な複素数の順に示す．
(1) $4,\ 3,\ 4-3i$ (2) $0,\ \sqrt{7},\ -\sqrt{7}\,i$ (3) $1,\ -2,\ 1+2i$ (4) $-\frac{9}{5},\ \frac{\sqrt{6}}{5},\ \frac{-9-\sqrt{6}\,i}{5}$ (5) $5,\ 0,\ 5$ **2.3** (1) $a=-1,\ b=1$ (2) $a=b=2$ **2.4** (1) $18-i$ (2) $-2+11i$ (3) $\frac{3+11i}{26}$ (4) $1+\frac{3}{2}i$ **2.5** (1) $\sqrt{13}$ (2) 7 (3) 8
2.6 (1) $\sqrt{5}$ (2) 5 **2.7** (1) $x=\pm\sqrt{10}\,i$ (2) $x=\frac{1\pm\sqrt{3}\,i}{2}$ (3) $x=1\pm\sqrt{5}\,i$
2.8 (1) $m=\frac{5}{4},\ x=-\frac{3}{2}$ (2) $m=-3$ のとき $x=3$，$m=2$ のとき $x=-2$
2.9 (1) 1 (2) 3 (3) 与式 $=(\alpha+\beta)^2-4\alpha\beta=-3$ (4) 0
2.10 (1) $x^2+3x-10=0$ (2) $x^2+6x+10=0$ (3) $x^2-2\sqrt{5}\,x+4=0$
2.11 (1) $(x+1-\sqrt{2}\,i)(x+1+\sqrt{2}\,i)$ (2) $3\left(x-\frac{1-\sqrt{13}}{6}\right)\left(x-\frac{1+\sqrt{13}}{6}\right)$ (3) $2\left(x+\frac{1+\sqrt{7}}{2}\right)\left(x+\frac{1-\sqrt{7}}{2}\right)$ **2.12** (1) $x=-1,\ y=4,\ z=2$ (2) $\begin{cases}x=-1\\y=3\end{cases}$, $\begin{cases}x=3\\y=-1\end{cases}$ (3) $\begin{cases}x=-2\\y=3\end{cases}$, $\begin{cases}x=3\\y=-2\end{cases}$ **2.13** (1) $x=-1,\ -\frac{1}{5}$ (2) $x=2$

2.2節 **2.14** (1) $x>1$ (2) $x<-3$ (3) $x\leqq-\frac{16}{3}$ (4) $x\leqq\frac{13}{7}$ (5) $x\leqq 8$ (6) $x<\frac{3\sqrt{2}}{2}$ **2.15** (1) $-1<x<\frac{3}{4}$ (2) $x\geqq 3$ (3) $-\frac{25}{7}<x\leqq 2$
2.16 (1) $x<-3,\ x>2$ (2) $-4<x<-3$ (3) $x\leqq 0,\ x\geqq 3$ (4) $-\frac{1}{3}\leqq x\leqq 2$ **2.17** (1) $x=\pm 8$ (2) $x=2,\ -8$ (3) $x=-1,\ 2$ (4) $x\leqq-3,\ x\geqq 3$ (5) $-1<x<2$ (6) $x\leqq-2,\ x\geqq\frac{1}{2}$ **2.18** (3), (4)
2.19 (1) $a=3,\ b=-6$ (2) $a=2,\ b=-3$ **2.20** (1) $x=\pm 1,\ 4$ (2) $x=1,\ \pm\sqrt{3}$ (3) $x=-\frac{1}{2},\ \pm 2$ (4) $x=-1,\ \frac{1\pm\sqrt{3}\,i}{2}$ (5) $x=3,\ \frac{-3\pm 3\sqrt{3}\,i}{2}$ (6) $x=\pm i,\ \pm 1$ **2.21** (1) $x<-2,\ 1<x<5$ (2) $-2\leqq x\leqq-1,\ x\geqq 2$

(3) $x \leqq -1,\ \frac{1}{2} \leqq x \leqq 1$ (4) $x > 1$

2.3 節 **2.22** $A \cap B = \{1,3,6,9\} = B$, $A \cup B = \{1,2,3,4,5,6,7,8,9,10\} = A$, $A \cap C = \{2,4,8\}$, $A \cup C = \{1,2,3,4,5,6,7,8,9,10,16\}$, $B \cap C = \emptyset$, $B \cup C = \{1,2,3,4,6,8,9,16\}$ **2.23** (1) $\{8,10\}$ (2) $\{2,3,4,5,6,8,10,11\}$ (3) $\{1,3,5,7,9,11,12\}$ (4) $\{1,2,3,4,5,6,7,9,11,12\}$ (5) $\{1,7,9,12\}$

2.24 (1) 33 (2) 67 (3) 8 (4) 50 (5) 92 (6) 50

2.25 (1) $a = 3$ または $b = 5$ (2) $-1 \leqq x \leqq 4$ (3) x, y の少なくとも一方は虚数

2.26 (1) もとの命題と対偶 $\cdots$ 真，逆と裏 $\cdots$ 偽，反例：$x = 2$ (2) もとの命題と対偶 $\cdots$ 真，逆と裏 $\cdots$ 偽，反例：$a = 2$ (3) すべて真

2.27 (1) 必要 (2) 必要 (3) 必要十分 (4) 十分

2.4 節 **2.28** 証明略 ヒント：(1) 例えば，左辺と右辺をそれぞれ展開し整理する．(2) $\frac{a}{b} = \frac{c}{d} = k$ とおく． **2.29** 証明略 ヒント：(1) (左辺) − (右辺) を変形し，$(\quad)^2$ を作る．(2) (左辺) − (右辺) を通分する． **2.30** 相加平均・相乗平均の関係を用いる．

◆演習問題 A◆ **1** (1) $x = -2, 1$ (重解) (2) $x = \pm 1, \pm 2$ (3) $x = 2, y = 1, z = 4$ (4) $\begin{cases} x = 5 \\ y = 2 \end{cases}$, $\begin{cases} x = 4 \\ y = \frac{5}{2} \end{cases}$ (5) 解なし (6) $x < -1 - \sqrt{6},\ x > -1 + \sqrt{6}$ (7) $2 < x < 6$ (8) $-1 < x \leqq 2$ **2** $m \leqq 4$ **3** (1) $x^2 - x + 8 = 0$ (2) $4x^2 - x + 2 = 0$ (3) $4x^2 + 15x + 16 = 0$ **4** (1) 例えば，$x = 1, 0, 2$ を代入すると $a = 2,\ b = -1,\ c = 1$ (2) 両辺の分母を払う．$a = 2,\ b = 5$

5 「解く前に」と周の長さが 30 cm より $x + y + z = 30,\ x^2 + y^2 = z^2$ である．これより $x + y = 17 \cdots$①．一方，面積が 30 cm^2 だから $\frac{1}{2}xy = 30 \cdots$②である．連立方程式①，②を解いて 5 cm, 12 cm, 13 cm **6** 48 人

◆演習問題 B◆ **7** (1) (左辺) $= (x-2)(x^2+x+3) = 0$ $\therefore$ $x = 2,\ \frac{-1 \pm \sqrt{11}\, i}{2}$

(2) (左辺) $= (x^2 - x + 1)(x^2 + x + 1) = 0$ $\therefore$ $x = \frac{\pm 1 \pm \sqrt{3}\, i}{2}$ (複号任意)

※複号任意とは，全部の符号の組合せ $++,\ +-,\ -+,\ --$ をとることを意味する．

(3) (左辺) $= (x^2-4)(x^2-9) = (x+2)(x-2)(x+3)(x-3) > 0$ $\therefore$ $x < -3,\ -2 < x < 2,\ x > 3$ (4) (左辺) $= (x^2+1)(x^2-1) = (x^2+1)(x+1)(x-1) < 0$．常に $x^2 + 1 > 0$ だから $-1 < x < 1$ (5) (左辺) $= (x-2)^2(x+1)(x-3) \leqq 0$．常に $(x-2)^2 \geqq 0$ だから $-1 \leqq x \leqq 3$ (6) (左辺) $= (x^2+4)(x^2-5) = (x^2+4)(x+\sqrt{5})(x-\sqrt{5}) > 0$．常に $x^2 + 4 > 0$ だから $x < -\sqrt{5},\ x > \sqrt{5}$ **8** (1) 証明略 ヒント：実際に $x^3 - 1 = 0$ の解を求めて確かめる．(2) 1024 **9** 3 次不等式 $x(x-1)(x+2) \leqq 8$ を解けばよい．$x > 1$ に注意して $1 < x \leqq 2$ **10** 与式 $\Longleftrightarrow (x-a)(x-1) < 0$ である．$a = 1$ のとき解なし，$a > 1$ のとき $1 < x < a$，$a < 1$ のとき $a < x < 1$ **11** 残りの解を α とすると，条件より $x^3 - px^2 + 3x - q = (x-\alpha)(x-1)(x+2)$ とおける．これは x についての恒等式

だから係数を比較すると $\alpha=-5, p=-6, q=10$　**12**　証明略　ヒント：例題 2.25 参照
13　(1)〜(4)　証明略　ヒント：(4)　相加平均・相乗平均の関係 **2.25** を用いる．

第3章

3.1 節　**3.1**　(1) $y=x+3$　(2) $y=-2x-3$　(3) $y=\frac{x}{c}+d^2$　**3.2**　(1) $f(2)=5$　(2) $g(a)=-2a-3$　(3) $p(-cd^2)=0$　**3.3**　(1) $f(x)=x+3$　(2) $f(x)=-2x-3$　(3) $f(x)=\frac{x}{c}+d^2$　**3.4**　グラフは略．(1) $y=x-1$　(2) $z=-x+1$　(3) $s=-t-1$　(4) ②, ③　**3.5**　$y=-3x-1$
3.6　(1) $y=-x+2$　(2) $x+2y-1=0$　(3) $x=-3y-1$　(4) $y=-3$　(5) $x=2$　**3.7**　(1) $3x+y-1=0$　(2) $3x+y+1=0$　(3) $3x-y+1=0$　(4) $x-3y+1=0$　(5) $x+3y-1=0$　(6) $-6x+y+1=0$　**3.8**　最大値，最小値，値域の順に示す．(1) 5 $(x=-1)$，1 $(x=1)$，$1\leqq y\leqq 5$　(2) 12 $(x=5)$，なし，$3<f(x)\leqq 12$　(3) 5 $(t=-1)$，なし，$1<s\leqq 5$　(4) なし，なし，実数全体
3.9　(1) $f^{-1}(x)=-\frac{1}{2}x+\frac{7}{2}$　(2) $f^{-1}(x)=-x+5$　(3) $f^{-1}(x)=2x-4$

3.2 節　**3.10**　(1) $(x+2)^2-4$　(2) $(x-2)^2-4$　(3) $\left(x+\frac{3}{2}\right)^2-\frac{9}{4}$　(4) $\left(x-\frac{1}{2}\right)^2-\frac{1}{4}$　**3.11**　(1) $y=(x-1)^2-1$　(2) $y=-(x+1)^2+2$　(3) $y=-2\left(x+\frac{3}{4}\right)^2+\frac{17}{8}$ (図は最後に掲載)　**3.12**　(1) $k=-\frac{1}{8}$　(2) $k<-\frac{1}{8}$　(3) $k>-\frac{1}{8}$　**3.13**　(1) $-1<x<2$　(2) $x\leqq -1,\ x\geqq 2$　(3) $-2\leqq x\leqq 2$　(4) $x=2$　(5) $x<2, x>2$ $(x\neq 2)$　(6) すべての実数　**3.14**　(1) $k<-1$　(2) $k\leqq -1$　(3) $k>1$　(4) $k<-9$　**3.15**　最大値，最小値，値域の順に示す．(1) 2 $(x=2)$, $-\frac{1}{4}$ $\left(x=\frac{1}{2}\right)$, $-\frac{1}{4}\leqq y\leqq 2$　(2) -1 $(x=2)$，なし，$-9<f(x)\leqq -1$　(3) なし，1 $(t=0)$, $1\leqq s$　(4) なし，$\frac{7}{8}$ $\left(x=-\frac{1}{4}\right)$, $\frac{7}{8}\leqq g(x)$

3.3 節　**3.16**　(1) $x\geqq -1, y\geqq -1$　(2) $x\leqq -1, y\geqq 1$　(3) $x\geqq -1, y\leqq 1$　(4) $x\leqq -1, y\leqq 1$ (図は最後に掲載)　**3.17**　(図は最後に掲載)　**3.18**　(図は最後に掲載)　**3.19**　(1) 偶関数　(2) 奇関数　(3) 奇関数

◆演習問題 A◆　**1**　(1) 証明略　ヒント：**3.1** 参照　(2) $y=2x-3$
2　(1) $y=-x^2+2x$　(2) $y=x^2-2x$　(3) $y=-x^2+4x-3$　(4) $y=4x^2-4x+1$　(5) $y=x^2-x-2$　(6) $y=-2x^2+4x-2$　**3**　(1) $y=x^2+4$　(2) $y=-x^2+2x-3$　(3) $y=\frac{1}{4}x^2-x+3$　(4) $x=y^2+2y+3$ $(y=\pm\sqrt{x-2}-1)$　**4**　(1) $a=-1, b=1, q=1$ より $y=-\sqrt{-x+1}+1$　(2) $a=-4, b=8, q=-1$ より $y=\sqrt{-4x+8}-1$　(3) $a=p=q=1$ より $y=\frac{1}{x-1}+1$
5　(1) $y=\sqrt{2x-1}+2,\ y=\frac{5x-3}{2x-1}$ $\left(=\frac{-1}{4}\frac{1}{x-\frac{1}{2}}+\frac{5}{2}\right)$
(2) $y=-\sqrt{-2x+1},\ y=\frac{-x}{2x-1}$ $\left(\frac{-1}{4}\frac{1}{x-\frac{1}{2}}-\frac{1}{2}\right)$　(3) $y=\sqrt{-x+1},\ y=\frac{x}{2x-2}$

$(= \frac{1}{2}\frac{1}{x-1} + \frac{1}{2})$　(4)　$y = \frac{1}{2}x^2 - \frac{1}{2}$ $(x \geqq 0)$, $y = \frac{-x}{2x-1}$ $(= \frac{-1}{4}\frac{1}{x-\frac{1}{2}} - \frac{1}{2})$

◆演習問題 B◆　**6**　(1), (2)　証明略　ヒント：p.77 表の⑤および **3.1** 参照

(3)　$y = -\frac{1}{2}x - \frac{5}{2}$　**7**　(1)　1　(2)　-1　**8**　$y = 4x - 4$, $y = -4x - 4$

9　$a < -2, a > 2$　**10**　証明略　ヒント：左辺を平方完成する．

11　(1)　$y = f(x) = (x-1)^2 - 1$ とおくと $(x-1)^2 = y+1$ より $x-1 = \pm\sqrt{y+1}$．ここで定義域に注意すると $x-1 \leqq 0$ だから，$x-1 = -\sqrt{y+1}$．最後に，x と y をいれかえて $y = -\sqrt{x+1}+1$ より $f^{-1}(x) = -\sqrt{x+1}+1$　(2)　$y = f(x) = x^2+2x = (x+1)^2-1$ とおくと $(x+1)^2 = y+1$ より $x+1 = \pm\sqrt{y+1}$．ここで定義域に注意すると $x+1 \geqq 0$ だから，$x+1 = \sqrt{y+1}$．最後に，x と y をいれかえて $y = \sqrt{x+1} - 1$ より $f^{-1}(x) = \sqrt{x+1} - 1$

12　(1)　$y = (x-1)^2 + 1$ $(x \leqq 1)$　(2)　$y = \frac{-x+2}{2x-1}$

13　(1)（図は最後に掲載）　(2)　$x = 4$　(3)　$x - 2 \leqq \sqrt{x}$ の解 $0 \leqq x \leqq 4$, $x - 2 > \sqrt{x}$ の解 $x > 4$　**14**　(1)（図は最後に掲載）　(2)　$x = \pm 1$　(3)　$x \leqq \frac{1}{x}$ の解 $x \leqq -1$, $0 < x \leqq 1$, $x > \frac{1}{x}$ の解 $-1 < x < 0$, $x > 1$

第 4 章

4.1 節　**4.1**　(1)　a^3　(2)　3　(3)　$\frac{a^6}{b^4}$　(4)　$\frac{b^3}{a^3}$　(5)　100　(6)　a^2

4.2　(1)　5　(2)　2　(3)　0.1　**4.3**　(1)　2　(2)　6　(3)　13　(4)　$\sqrt{5}$

4.4　(1)　27　(2)　4　(3)　$\frac{1}{125}$　(4)　6　(5)　$\frac{1}{64}$　(6)　$\frac{4}{3}$　(7)　3　(8)　3

4.2 節　**4.5**（グラフ略）　(1)　グラフは 2 点 $(0,1)$, $(1, \frac{3}{2})$ を通り，x 軸を漸近線に持ち，単調増加．　(2)　グラフは 2 点 $(0,1)$, $(1, \frac{2}{3})$ を通り，x 軸を漸近線に持ち，単調減少．変形すると $y = \left(\frac{3}{2}\right)^{-x}$ より，(1) のグラフと y 軸対称．　(3)　$y = \left(\frac{3}{2}\right)^{x+1}$ より，(1) のグラフを x 軸方向に -1 だけ平行移動したもの．　(4)　(1) のグラフを x 軸対称に移してから，y 軸方向に $\frac{3}{2}$ だけ平行移動したもの．　**4.6**　(1)　$\sqrt[7]{81} = 3^{\frac{4}{7}}$, $\sqrt[3]{9} = 3^{\frac{2}{3}}$, $\sqrt{3} = 3^{\frac{1}{2}}$ より，$\sqrt{3} < \sqrt[7]{81} < \sqrt[3]{9}$　(2)　$\sqrt[3]{0.5} = (0.5)^{\frac{1}{3}}$, $\frac{1}{2} = (0.5)^1$, $\sqrt[4]{0.25} = (0.5)^{\frac{1}{2}}$ より，$\frac{1}{2} < \sqrt[4]{0.25} < \sqrt[3]{0.5}$　**4.7**　(1)　$x = 3$　(2)　$x = 3$　(3)　$x = \frac{3}{2}$　(4)　$x = -1$

4.8　(1)　$x > 1$　(2)　$x < 6$　(3)　$x < \frac{5}{2}$　(4)　$x > \frac{3}{4}$

4.3 節　**4.9**　(1)　$\frac{1}{3} = \log_8 2$　(2)　$-2 = \log_{10} \frac{1}{100}$　(3)　$0 = \log_5 1$

4.10　(1)　2　(2)　3　(3)　$\frac{1}{2}$　(4)　-3

4.11　(1)　2　(2)　-2　(3)　$\frac{3}{2}$　(4)　-1　(5)　3

4.12　(1)　2　(2)　$\frac{9}{2}$　(3)　$\frac{3}{2}$　(4)　$\frac{1}{4}$　(5)　$\frac{3}{4}$　(6)　$-\frac{3}{2}$　(7)　12

4.4 節　**4.13**（グラフ略）　(1)　$y = \log_2 x$ のグラフを y 軸対称に移したもの．定義域は $x > 0$, 漸近線は y 軸，2 点 $(-1, 0)$, $(-2, 1)$ を通り，単調減少．　(2)　$y = \log_{\frac{1}{2}} x$ のグラフを

x 軸方向に -2 だけ平行移動したもの．定義域は $x > -2$, 漸近線は直線 $x = -2$, 2 点 $(-1, 0)$, $(-\frac{3}{2}, 1)$ を通り，単調減少．　(3)　$y = \log_3 x$ のグラフを x 軸方向に -3, y 軸方向に -2 だけ平行移動したもの．定義域は $x > -3$, 漸近線は直線 $x = -3$, 2 点 $(-2, -2)$, $(0, -1)$ を通り，単調増加．　**4.14**　(1)　$\frac{2}{3} < 1$, $1 < \log_2 3$, $1 < \log_4 7 = \frac{\log_2 7}{\log_2 4} = \frac{1}{2}\log_2 7 = \log_2 \sqrt{7} < \log_2 \sqrt{9} = \log_2 3$ より，$\frac{2}{3} < \log_4 7 < \log_2 3$　　(2)　$\log_9 5 = \log_3 \sqrt{5}$, $\frac{1}{2} = \log_3 \sqrt{3}$ より，$\frac{1}{2} < \log_3 2 < \log_9 5$　　**4.15**　(1)　$x = \left(\frac{1}{2}\right)^{-1} = 2$　　(2)　$x \geqq 9$　　(3)　$x > \frac{1}{9}$　　(4)　$x = 27$　　(5)　$-2 < x < 7$　　(6)　$2 < x < \frac{9}{4}$

4.16　(1)　$x = 5$　　(2)　$0 < x \leqq 1$　　(3)　$2 < x < 5$

4.5 節　**4.17**　$\log_{10}\left(\frac{1}{3}\right)^{20} = -20\log_{10} 3 = -20 \times 0.4771 = -9.542$. だから，$-10 < \log_{10}\left(\frac{1}{3}\right)^{20} < -9$, すなわち $10^{-10} < \left(\frac{1}{3}\right)^{20} < 10^{-9}$ である．したがって $\left(\frac{1}{3}\right)^{20}$ を小数表記したとき，小数第 10 位にはじめて 0 でない数が出てくる．

◆演習問題 A◆　**1**　(1)　6　　(2)　a^2　　(3)　3　　(4)　$\frac{1}{6}$　　(5)　2　　(6)　$\frac{5}{6}$

2　(1)　$\sqrt[3]{4} = 2^{\frac{2}{3}}$, $\sqrt{2} = 2^{\frac{1}{2}}$, $\sqrt[9]{16} = 2^{\frac{4}{9}}$ より，$\sqrt[9]{16} < \sqrt{2} < \sqrt[3]{4}$　　(2)　$2 = \log_2 4$, $\log_4 10 = \log_2 \sqrt{10}$ より，$\log_2 3 < \log_4 10 < 2$　　**3**　(1)　$x = 3$　　(2)　$x = -1$　　(3)　$-5 < x < -1$　　(4)　$x < 1$　　(5)　$x > 0$ より $x = 2$　　(6)　$x > 0$ より $x = \frac{1}{2}$　　(7)　$x < 2$ より $-7 \leqq x < 2$　　(8)　$-2 < x < -1$, $-\frac{1}{2} < x < \frac{1}{2}$　　**4**　$x = -2$ のとき最大値 $y = \frac{19}{27}$，$x = 2$ のとき最小値 $y = -\frac{1}{2}$ をとる．　**5**　$x = \frac{1}{4}$ のとき最大値 $y = 2$, $x = 1$ のとき最小値 $y = 0$ をとる．　**6**　(1)　$y = 3^x$ のグラフと x 軸対称

(2)　$y = 3^x$ のグラフと y 軸対称　　(3)　$y = 3^x$ のグラフと原点対称

7　(1)　$y = \log_3 x$ のグラフを y 軸方向に 1 だけ平行移動したもの．　(2)　$y = \log_3 x$ のグラフを y 軸方向に -2 だけ平行移動したもの．　(3)　$y = \log_3 x$ のグラフと x 軸対称

◆演習問題 B◆　**8**　指数を $\frac{1}{6}$ にそろえると，$2^{\frac{1}{2}} = (2^3)^{\frac{1}{6}} = 8^{\frac{1}{6}}$，$3^{\frac{1}{3}} = (3^2)^{\frac{1}{6}} = 9^{\frac{1}{6}}$ だから底の大小を比較して $7^{\frac{1}{6}} < 2^{\frac{1}{2}} < 3^{\frac{1}{3}}$ となる．　**9**　(1)　2　　(2)　100　　(3)　$\frac{1}{\sqrt{2}}$　　(4)　3　　(5)　1　　(6)　5　　**10**　(1)　7　　(2)　18　　**11**　(1)　$t^2 - t - 1$

(2)　相加平均・相乗平均の関係 **2.25** より，$t = 2^x + 2^{-x} \geqq 2\sqrt{2^x \cdot 2^{-x}} = 2$. ただし，等号は $2^x = 2^{-x}$ すなわち $x = 0$ のときに成立する．　(3)　$y = \left(t - \frac{1}{2}\right)^2 - \frac{5}{4}$ より，$t \geqq 2$ の範囲では $t = 2$ のときに最小値 $y = 1$ をとる．このとき $x = 0$ である．

12　(1)　$x \leqq -1$　　(2)　$x > 2$　　(3)　$\frac{1}{16} < x < \frac{1}{2}$　　(4)　$1 < x < 5$　　(5)　$x \geqq 1$

13　(1)　$y = -(2^x)^2 + 4 \cdot 2^x + 2 = -t^2 + 4t + 2$　　(2)　$2^{-1} \leqq 2^x \leqq 2^3$，すなわち $\frac{1}{2} \leqq t \leqq 8$　　(3)　$x = 1$ のとき最大値 $y = 6$ をとり，$x = 3$ のとき最小値 $y = -30$ をとる．

第5章

5.1節 **5.1** $\sin\alpha, \cos\alpha, \tan\alpha$ の順に示す． (1) $\frac{3}{\sqrt{34}}, \frac{5}{\sqrt{34}}, \frac{3}{5}$ (2) $\frac{3}{4}, \frac{\sqrt{7}}{4}, \frac{3}{\sqrt{7}}$ (3) $\frac{1}{3}, \frac{2\sqrt{2}}{3}, \frac{\sqrt{2}}{4}$ **5.2** 水平方向 190.2 m，鉛直方向 61.8 m **5.3** $100\tan 66^\circ = 224.6$ m **5.4** (1) $h = \frac{\tan\alpha\tan\beta}{\tan\beta - \tan\alpha}a$ (2) $h = 5(1+\sqrt{3})$ ヒント：(1) $\mathrm{BD} = x$ とおくと $(a+x)\tan\alpha = h, x\tan\beta = h$．これより x を消去． **5.5** (1) $\cos 25^\circ$ (2) $\sin 20^\circ$ (3) $\frac{1}{\tan 2^\circ}$ **5.6** $\sin\theta, \cos\theta, \tan\theta$ の順に示す． (1) $\frac{\sqrt{3}}{2}, -\frac{1}{2}, -\sqrt{3}$ (2) $\frac{1}{\sqrt{2}}, -\frac{1}{\sqrt{2}}, -1$ (3) $-\frac{1}{2}, \frac{\sqrt{3}}{2}, -\frac{1}{\sqrt{3}}$ (4) $-1, 0,$ 定義されない **5.7** (1) -1 (2) -1 **5.8** (1) $\cos\theta = -\frac{3}{4}, \tan\theta = -\frac{\sqrt{7}}{3}$ (2) $\sin\theta = \frac{2\sqrt{2}}{3}, \tan\theta = -2\sqrt{2}$ **5.9** $\sin\theta = \frac{1}{\sqrt{10}}, \cos\theta = \frac{3}{\sqrt{10}}$

5.2節 **5.10** (1) $a = 5\sqrt{6}, R = 5\sqrt{2}$ (2) $c = 3\sqrt{6}, R = 3\sqrt{2}$ **5.11** $B = 30^\circ, R = 4$ **5.12** $a = b$ の二等辺三角形 ヒント：正弦定理より $a \cdot \frac{a}{2R} = b \cdot \frac{b}{2R}$ **5.13** (1) $a = \sqrt{21}$ (2) $c = 2\sqrt{13}$ **5.14** (1) $B = 120^\circ$ (2) $C = 45^\circ$ **5.15** (1) 20 (2) $\frac{5}{2}$ **5.16** $6\sqrt{3}$ **5.17** (1) $\cos A = \frac{5}{6}$ (2) $\sin A = \frac{\sqrt{11}}{6}$ (3) $S = \frac{21}{4}\sqrt{11}$ (4) $R = \frac{15}{11}\sqrt{11}$ **5.18** $\frac{12}{7}$ ヒント：$\mathrm{AD} = x$ とおき，面積の等式として $\triangle\mathrm{ABD} + \triangle\mathrm{ACD} = \triangle\mathrm{ABC}$ を利用． **5.19** (1) $6\sqrt{11}$ (2) $\frac{21}{4}\sqrt{15}$

5.3節 **5.20** (1) $\frac{\pi}{2}$ (2) $\frac{\pi}{4}$ (3) $\frac{\pi}{12}$ (4) $\frac{\pi}{5}$ (5) $-\frac{3}{4}\pi$ (6) 540° (7) $\frac{180^\circ}{\pi}$ (8) 315° (9) -75° (10) 930° **5.21** (1) $l = \frac{4}{3}\pi, S = \frac{8}{3}\pi$ (2) $l = \frac{3}{2}\pi, S = 9\pi$ **5.22** $S = 24\pi, V = 12\pi$ **5.23** $\sin\theta, \cos\theta, \tan\theta$ の順に示す． (1) $-\frac{\sqrt{3}}{2}, \frac{1}{2}, -\sqrt{3}$ (2) $-\frac{1}{\sqrt{2}}, -\frac{1}{\sqrt{2}}, 1$ (3) $\frac{1}{2}, -\frac{\sqrt{3}}{2}, -\frac{1}{\sqrt{3}}$ (4) $1, 0,$ 定義されない (5) $0, -1, 0$ **5.24** $\cos\theta = \frac{3}{5}, \tan\theta = -\frac{4}{3}$ **5.25** $\sin\theta = -\frac{3}{\sqrt{10}}, \cos\theta = -\frac{1}{\sqrt{10}}$ **5.26** (1) $\frac{3}{8}$ (2) $\frac{11}{16}$ (3) $\frac{8}{3}$ **5.27** 略証 ヒント：(1) 左辺 $= (\sin^2\theta + \cos^2\theta)(\sin^2\theta - \cos^2\theta) = 1 \cdot \{\sin^2\theta - (1 - \sin^2\theta)\} =$ 右辺 (2) $\tan\theta = \frac{\sin\theta}{\cos\theta}$ と通分． **5.28** (1) $-\frac{\sqrt{3}}{2}$ (2) $\frac{\sqrt{3}}{2}$ (3) -1 (4) $\frac{1}{2}$ **5.29** -1 **5.30** (1) 周期 2π，値域 $-\frac{1}{2} \leqq y \leqq \frac{1}{2}$ (2) 周期 2π，値域 $-3 \leqq y \leqq 3$（図は最後に掲載） **5.31** (1) 周期 4π，値域 $-1 \leqq y \leqq 1$ (2) 周期 $\frac{2}{3}\pi$，値域 $-1 \leqq y \leqq 1$（図は最後に掲載） **5.32** (1) 周期 2π，値域 $-1 \leqq y \leqq 1$ (2) 周期 2π，値域 $-2 \leqq y \leqq 2$（図は最後に掲載） **5.33** (1) 周期 π，値域 $-1 \leqq y \leqq 1$ (2) 周期 4π，値域 $-4 \leqq y \leqq 4$（図は最後に掲載） **5.34** (1) 周期 $\frac{\pi}{2}$，値域：実数全体 (2) 周期 3π，値域：実数全体 **5.35** (1) $\frac{5}{4}\pi, \frac{7}{4}\pi$ (2) $\frac{\pi}{3}, \frac{5}{3}\pi$ (3) $\frac{2}{3}\pi, \frac{5}{3}\pi$ **5.36** (1) $0 \leqq \theta \leqq \frac{4}{3}\pi, \frac{5}{3}\pi \leqq \theta < 2\pi$ (2) $\frac{\pi}{2} \leqq \theta < \frac{2}{3}\pi, \frac{4}{3}\pi < \theta \leqq \frac{3}{2}\pi$

(3) $0 \leqq \theta < \frac{\pi}{2}$, $\frac{3}{4}\pi \leqq \theta < \frac{3}{2}\pi$, $\frac{7}{4}\pi \leqq \theta < 2\pi$ **5.37** (1) $0 \leqq \theta < \frac{\pi}{2}$, $\frac{7}{6}\pi < \theta < 2\pi$
(2) $\frac{\pi}{3} \leqq \theta \leqq \frac{\pi}{2}$, $\frac{3}{2}\pi \leqq \theta \leqq \frac{5}{3}\pi$

5.4 節 **5.38** (1) $\frac{\sqrt{6}-\sqrt{2}}{4}$ (2) $-\frac{\sqrt{6}+\sqrt{2}}{4}$ (3) $2-\sqrt{3}$ **5.39** $\frac{\pi}{3}$
5.40 (1) $\sin 2\alpha = -\frac{\sqrt{15}}{8}$, $\cos 2\alpha = \frac{7}{8}$, $\tan 2\alpha = -\frac{\sqrt{15}}{7}$ (2) $\sin 2\alpha = \frac{3}{5}$, $\cos 2\alpha = -\frac{4}{5}$, $\tan 2\alpha = -\frac{3}{4}$ **5.41** (1) $\tan\theta = \frac{2t}{1-t^2}$ (2) $\cos\theta = \frac{1-t^2}{1+t^2}$
(3) $\sin\theta = \frac{2t}{1+t^2}$ ヒント：$\frac{\theta}{2} = \alpha$ とおくと $\theta = 2\alpha$．2 倍角の公式.

5.42 (1) $\frac{\sqrt{2-\sqrt{2}}}{2}$ (2) $\sqrt{2}-1$ (3) $-\frac{\sqrt{2-\sqrt{2}}}{2}$ **5.43** (1) $-\frac{2\sqrt{5}}{5}$ (2) $-\frac{\sqrt{5}}{5}$
(3) $\frac{1}{2}$ **5.44** (1) $2\sqrt{2}\sin\left(\theta+\frac{\pi}{6}\right)$ (2) $\sqrt{2}\sin\left(\theta+\frac{3}{4}\pi\right)$ **5.45** (1) $x = \frac{11}{12}\pi$, $\frac{17}{12}\pi$ (2) $\frac{19}{12}\pi \leqq x \leqq \frac{23}{12}\pi$ **5.46** (1) $-\sqrt{13} \leqq y \leqq \sqrt{13}$ (2) $-4 \leqq y \leqq 4$
5.47 (1) $\frac{2+\sqrt{3}}{4}$ (2) $\frac{\sqrt{2}-1}{4}$ **5.48** (1) $2\sin 5\theta\cos 2\theta$ (2) $-2\sin\frac{5\theta}{2}\sin\frac{3\theta}{2}$
5.49 (1) $\frac{\sqrt{2}}{2}$ (2) 0

◆演習問題 A◆ **1** $\cos\theta = \frac{1}{\sqrt{5}}$, $\sin\theta = -\frac{2}{\sqrt{5}}$ **2** (1) $\cos C = \frac{1}{7}$
(2) $\sin C = \frac{4\sqrt{3}}{7}$ (3) $S = 10\sqrt{3}$ (4) $R = \frac{7\sqrt{3}}{3}$ (5) $r = \sqrt{3}$
(6) $\mathrm{AM} = \frac{\sqrt{201}}{2}$ ヒント：(5) $S = \frac{a+b+c}{2}r$ **3** $y = 2x$ と $y = -\frac{1}{2}x$
4 (1) $\theta = \frac{4}{3}\pi$, $\frac{5}{3}\pi$ (2) $\theta = \frac{\pi}{6}$, $\frac{5}{6}\pi$, $\frac{7}{6}\pi$, $\frac{11}{6}\pi$ (3) $\theta = \frac{5}{6}\pi$, $\frac{11}{6}\pi$
5 (1) $0 \leqq \theta \leqq \frac{2}{3}\pi$, $\frac{4}{3}\pi \leqq \theta < 2\pi$ (2) $0 \leqq \theta < \frac{\pi}{2}$, $\frac{2}{3}\pi \leqq \theta < \frac{3}{2}\pi$, $\frac{5}{3}\pi \leqq \theta < 2\pi$
(3) $0 \leqq \theta < \frac{\pi}{6}$, $\frac{5}{6}\pi < \theta < \frac{3}{2}\pi$, $\frac{3}{2}\pi < \theta < 2\pi$ ヒント：(3) 2 倍角の公式.
6 (1) $\sin\theta\cos\theta = \frac{5}{18}$, $\sin^3\theta - \cos^3\theta = \frac{23}{27}$ (2) 10 (3) 2 ヒント：(3) $\cos^2\theta = \sin\theta$ が成立. **7** (1) $B = 90°$ の直角三角形 (2) $a = b$ の二等辺三角形，または，$C = 90°$ の直角三角形 ヒント：辺の長さに関する等式にする．(1) $\frac{a}{2R} = \frac{b}{2R}\cdot\frac{a^2+b^2-c^2}{2ab}$
(2) $a\cdot\frac{b^2+c^2-a^2}{2bc} = b\cdot\frac{c^2+a^2-b^2}{2ca} \iff (a^2-b^2)\{c^2-(a^2+b^2)\} = 0$
8 π ヒント：$\tan(\alpha+\beta+\gamma)$ を求める．$\frac{\pi}{4} \leqq \alpha < \beta < \gamma < \frac{\pi}{2}$ より，$\frac{3}{4}\pi < \alpha+\beta+\gamma < \frac{3}{2}\pi$
9 (1) $-\frac{4\sqrt{2}}{9}$ (2) $-\frac{7}{9}$ (3) $\frac{4\sqrt{2}}{7}$ (4) $\frac{23}{27}$ ヒント：(4) $3\alpha = 2\alpha + \alpha$ と考える.

◆演習問題 B◆ **10** (1) $-\frac{1}{2}$ (2) $-\frac{2}{\sqrt{5}}$ (3) $\frac{1}{\sqrt{5}}$ ヒント：(1) 解と係数の関係．(2) $\frac{\pi}{2} < \alpha+\beta < \frac{3}{2}\pi$ より，$\cos(\alpha+\beta) < 0$ **11** (1) 最大値 7，最小値 -7 (2) 最大値 $\frac{9}{4}$，最小値 0 (3) 最大値 $-1+\sqrt{17}$，最小値 $-1-\sqrt{17}$ ヒント：(2) $\cos x = t$ とおくと $-1 \leqq t \leqq 1$ で $y = -t^2+t+2$ (3) $y = \sqrt{17}\sin(2x+\alpha)-1$
12 (1) 最大値 $\sqrt{3}$（$x = \frac{\pi}{3}$ のとき），最小値 $\frac{\sqrt{3}}{2}$（$x = 0$ のとき） (2) 最大値 $\sqrt{2}$（$x = \frac{\pi}{8}$ のとき），最小値 -1（$x = \frac{\pi}{2}$ のとき） ヒント：(1) 和積の公式（または加法定理と合成）を用いる．$y = \sqrt{3}\sin\left(x+\frac{\pi}{6}\right)$．$0 \leqq x \leqq \frac{\pi}{2}$ より，$\frac{\pi}{6} \leqq x+\frac{\pi}{6} \leqq \frac{2}{3}\pi$ であるから

$\frac{1}{2} \leqq \sin\left(x+\frac{\pi}{6}\right) \leqq 1$ (2) 合成. **13** (1) $\theta = \frac{\pi}{2}, \frac{7}{6}\pi, \frac{3}{2}\pi, \frac{11}{6}\pi$ (2) $\theta = \frac{\pi}{4}, \frac{\pi}{2}, \frac{3}{4}\pi, \frac{5}{4}\pi, \frac{3}{2}\pi, \frac{7}{4}\pi$ ヒント：(2) 和積の公式. **14** (1) $0 < \theta < \frac{2}{3}\pi, \frac{4}{3}\pi < \theta < 2\pi$ (2) $0 \leqq \theta \leqq \frac{3}{2}\pi, \frac{11}{6}\pi \leqq \theta < 2\pi$ **15** 証明略 ヒント：加法定理で展開. 2 倍角の公式と $\sin^2\theta + \cos^2\theta = 1$ を利用. **16** (1) $\sqrt{7}$ (2) 1 (3) $2\sqrt{3}$

17 (1) $y = t^2 + t$ (2) $-\sqrt{2} \leqq t \leqq \sqrt{2}$ (3) $-\frac{1}{4} \leqq y \leqq 2 + \sqrt{2}$

ヒント：(2) 合成. (3) 平方完成

第 6 章

6.1 節 **6.1** (1) $\mathrm{AB} = \sqrt{13}$ (2) $\mathrm{CD} = 2\sqrt{2}$ (3) $\mathrm{OE} = \sqrt{5}$ **6.2** $(0, 6)$

6.3 (1) $\mathrm{P}\left(\frac{1}{4}\right)$ (2) $\mathrm{Q}\left(\frac{3}{2}\right)$ (3) $\mathrm{R}\left(-\frac{7}{2}\right)$ (4) $\mathrm{S}\left(\frac{22}{3}\right)$（図は最後に掲載）

6.4 (1) $\mathrm{P}\left(\frac{1}{4}, \frac{11}{4}\right)$ (2) $\mathrm{Q}\left(\frac{3}{2}, \frac{5}{2}\right)$ (3) $\mathrm{R}\left(-\frac{7}{2}, \frac{7}{2}\right)$ (4) $\mathrm{S}\left(\frac{22}{3}, \frac{4}{3}\right)$

6.5 $\mathrm{Q}\left(\frac{17}{2}, \frac{9}{2}\right)$ **6.6** $\mathrm{G}(-2, 2)$

6.2 節 **6.7** (1) $y = 2x + 5$ (2) $x = -3$ (3) $y = \frac{3}{2}x + \frac{7}{2}$ (4) $y = 1$ **6.8** $y = -\frac{3}{4}x + \frac{1}{4}$ **6.9** 平行な直線, 垂直な直線の順で示す. (1) $y = -3x - 5$, $y = \frac{1}{3}x - \frac{5}{3}$ (2) $y = -\frac{1}{2}x - \frac{5}{2}$, $y = 2x$ (3) $y = -2$, $x = -1$ (4) $x = -1$, $y = -2$ **6.10** $y = -\frac{5}{4}x + \frac{29}{8}$

6.3 節 **6.11** $4x + 2y - 11 = 0$ **6.12** (1) $(x+1)^2 + (y-3)^2 = 5$ (2) $(x+2)^2 + y^2 = 18$ (3) $(x-2)^2 + \left(y - \frac{7}{2}\right)^2 = \frac{13}{4}$ **6.13** (1) 中心 $(4, -1)$, 半径 4 の円 (2) 中心 $\left(-\frac{3}{2}, \frac{1}{2}\right)$, 半径 $\frac{\sqrt{6}}{2}$ の円 (3) 点 $(-2, -1)$ (4) 表す図形なし **6.14** (1) $x^2 + y^2 - 4x - 1 = 0$, 中心 $(2, 0)$, 半径 $\sqrt{5}$ (2) $(x+2)^2 + y^2 = 10$, 中心 $(-2, 0)$, 半径 $\sqrt{10}$ **6.15** 中心 $\left(0, \frac{11}{8}\right)$, 半径 $\frac{9}{8}$ の円 **6.16** 長軸, 短軸の長さ, 焦点の順に示す. (1) $6, 2, (\pm 2\sqrt{2}, 0)$ (2) $8, 2\sqrt{5}, (\pm\sqrt{11}, 0)$ (3) $2\sqrt{5}, 2\sqrt{2}, (\pm\sqrt{3}, 0)$（図は最後に掲載） **6.17** $\frac{x^2}{9} + \frac{y^2}{7} = 1$ **6.18** 長軸, 短軸の長さ, 焦点の順に示す. (1) $10, 6, (0, \pm 4)$ (2) $2\sqrt{7}, 2\sqrt{3}, (0, \pm 2)$ (3) $4, 2\sqrt{2}, (0, \pm\sqrt{2})$（図は最後に掲載） **6.19** $\frac{x^2}{11} + \frac{y^2}{16} = 1$ **6.20** 楕円 $\frac{x^2}{4} + \frac{y^2}{3} = 1$ **6.21** 焦点, 漸近線の順に示す. (1) $(\pm\sqrt{10}, 0)$, $y = \pm\frac{1}{3}x$ (2) $(\pm\sqrt{5}, 0)$, $y = \pm 2x$ (3) $(\pm\sqrt{6}, 0)$, $y = \pm\frac{1}{\sqrt{2}}x$（図は最後に掲載） **6.22** $\frac{x^2}{9} - \frac{y^2}{3} = 1$ **6.23** 焦点, 漸近線の順に示す. (1) $(0, \pm\sqrt{3})$, $y = \pm\frac{1}{\sqrt{2}}x$ (2) $(0, \pm\sqrt{5})$, $y = \pm 2x$ (3) $(0, \pm 3)$, $y = \pm\sqrt{2}\,x$（図は最後に掲載）

6.24 $\frac{x^2}{4} - \frac{y^2}{16} = -1$ **6.25** 双曲線 $\frac{x^2}{4} - \frac{y^2}{12} = 1$ **6.26** 焦点, 準線の順に示す. (1) $\left(\frac{1}{4}, 0\right)$, $x = -\frac{1}{4}$ (2) $\left(-\frac{1}{8}, 0\right)$, $x = \frac{1}{8}$ (3) $(2, 0)$, $x = -2$（図は最後に掲載）

6.27 $y^2 = 2x$ **6.28** 放物線 $y^2 = 16x$ **6.29** (1) $\frac{(x+1)^2}{4} + \frac{(y-2)^2}{9} = 1$ (2) $\frac{(x-1)^2}{9} - (y+1)^2 = 1$ (3) $(y+1)^2 = 4(x-2)$（図は最後に掲載）

6.30 双曲線 $\frac{(x-5)^2}{4} - \frac{y^2}{12} = 1$ **6.31** (1) $\left(\frac{4\pm6\sqrt{2}}{7}, \frac{-3\pm6\sqrt{2}}{7}\right)$（複号同順）

(2) $(-1,0)$，$\left(-\frac{5}{3}, -\frac{4}{3}\right)$ (3) $(1,-1)$, $(4,2)$ **6.32** $k = -3 \pm \sqrt{2}$

6.33 (1) $\begin{cases} -\sqrt{5} < k < \sqrt{5} \text{ であるとき共有点は 2 個} \\ k = \pm\sqrt{5} \text{ であるとき共有点は 1 個} \\ k < -\sqrt{5},\ k > \sqrt{5} \text{ であるとき共有点なし} \end{cases}$

(2) $\begin{cases} k < -2,\ k > 0 \text{ であるとき共有点は 2 個} \\ k = 0,\ 2 \text{ であるとき共有点は 1 個} \\ -2 < k < 0 \text{ であるとき共有点はなし} \end{cases}$ (3) $\begin{cases} k < \frac{1}{4} \text{ であるとき共有点は 2 個} \\ k = \frac{1}{4} \text{ であるとき共有点は 1 個} \\ k > \frac{1}{4} \text{ であるとき共有点なし} \end{cases}$

6.4 節 **6.34**，**6.35**，**6.36**（図は最後に掲載）

6.37 $x = y = 0$ のとき最小値 0，$x = 5$, $y = 0$ のとき最大値 10

◆演習問題 A◆ **1** A$(-2,-10)$ **2** 証明略 ヒント：「解く前に」を参照

3 $k = \frac{7}{4}$ **4** $24x - 3y - 52 = 0$ **5** (1) $x^2 + y^2 = (2\sqrt{5}-1)^2$, $x^2 + y^2 = (2\sqrt{5}+1)^2$ (2) $(x-2)^2 + y^2 = \frac{49}{10}$ **6** $y = \pm\sqrt{3}\,x + 4$

7 $y = \pm\frac{1}{2\sqrt{2}}(x+2)$ **8** 中心 $\left(\frac{9}{2}, 0\right)$，半径 $\frac{3}{2}$ の円 **9**（図は最後に掲載）

10 $x = y = 0$ のとき最小値 0，$x = \frac{2\sqrt{5}}{5}$, $y = \frac{\sqrt{5}}{5}$ のとき最大値 $\sqrt{5}$

◆演習問題 B◆ **11** (1) 証明略 ヒント：原点を通り l と垂直な直線 l' を求め，l と l' との交点の座標 H を求める．このとき，OH を計算すればよい． (2) 証明略 ヒント：A を原点に移動し，l は x 軸方向 $-x_0$，y 軸方向 $-y_0$ だけ平行移動した直線を l' とすると l' は $a(x+x_0) + b(y+y_0) + c = 0$ とかける．このとき，原点から l' の距離を (1) の結果より求めれば，これが求める距離 d である． **12** $\left(\frac{1}{2}, 2\right)$ **13** $y = -\frac{3}{4}x + \frac{19}{4}$

14 $y_0 y = 2p(x + x_0)$ **15** $k = 3$ **16** 楕円 $\frac{x^2}{4} + \frac{y^2}{25} = 1$

17 $x = y = 1 - \frac{1}{\sqrt{2}}$ のとき最小値 $2 - \sqrt{2}$，$x = y = \frac{1}{\sqrt{2}}$ のとき最大値 $\sqrt{2}$

第 7 章

7.1 節 **7.1** 12 通り **7.2** 14 通り

7.2 節 **7.3** 120, 720, 5040, 40320, 362880, 3628800 **7.4** (1) 694 (2) 4320 (3) 576 (4) 35 (5) 100 (6) $n(n-1)$ **7.5** 20! 通り，10 進数で 19 桁

7.6 (1) 360 (2) 120 (3) 90 (4) 21 (5) 21 (6) 1 (7) 1 (8) $n(n-1)(n-2)$ (9) $n(n-1)(n-2)(n-3)(n-4)$ (10) $n!$ (11) n (12) $\frac{n(n-1)}{2}$ **7.7** (1) 720 通り，72 通り (2) 715 通り，315 通り

7.3 節 **7.8** (1) 810 (2) -8064 (3) 448 **7.9** 解答略 **7.10** $a^6 +$

$6a^5b+15a^4b^2+20a^3b^3+15a^2b^4+6ab^5+b^6$, $a^7+7a^6b+21a^5b^2+35a^4b^3+35a^3b^4+21a^2b^5+7ab^6+b^7$ **7.11** $32x^5+240x^4y+720x^3y^2+1080x^2y^3+810xy^4+243y^5$

7.4 節 **7.12** 24 通り **7.13** 125 通り **7.14** 210 通り **7.15** 280 通り

◆演習問題 A◆ **1** 6 通り **2** (1) 216 通り (2) 27 通り **3** 220 通り
4 48 通り **5** (1) 24 個 (2) 12 個 (3) 12 個 **6** 証明略 ヒント：(右辺) = $\frac{(n-1)!}{\{n-1-(r-1)\}!\,(r-1)!}+\frac{(n-1)!}{(n-1-r)!\,r!}$ の分母を通分して計算せよ．
7 252 通り

◆演習問題 B◆ **8** (1) 15 個 (2) 24 個 **9** (1) 96 個 (2) 24 個
10 31704 通り **11** 150 個 **12** 462 通り，150 通り
13 (1) 5040 通り (2) 144 通り **14** 55 個 **15** それぞれ 144, 0
16 (1) 315 通り (2) 72 通り **17** $\frac{n!}{p!\,q!\,r!}$

図 一 覧

第3章

3.11 の図

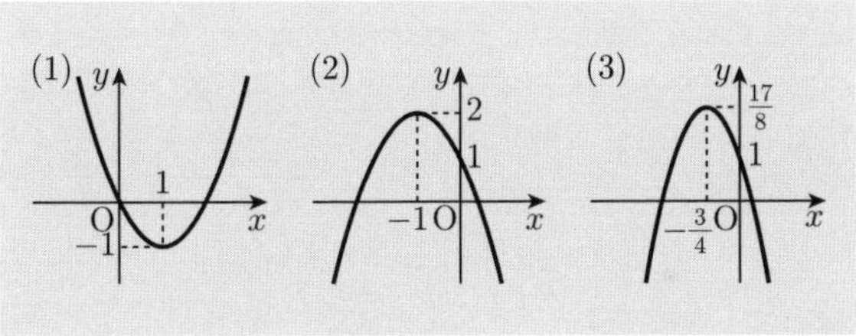

3.16 の図

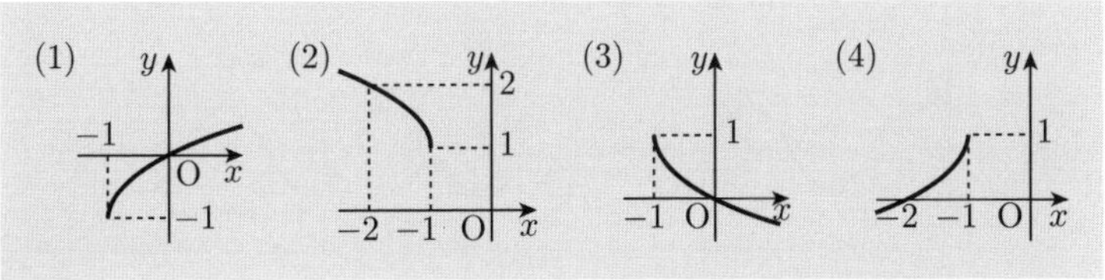

3.17 の図

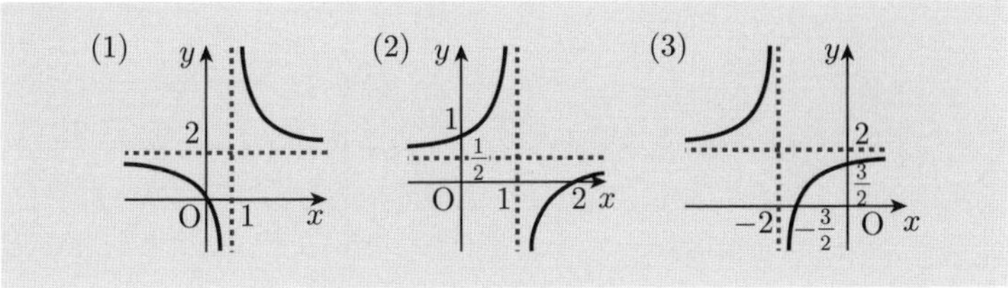

3.18の図

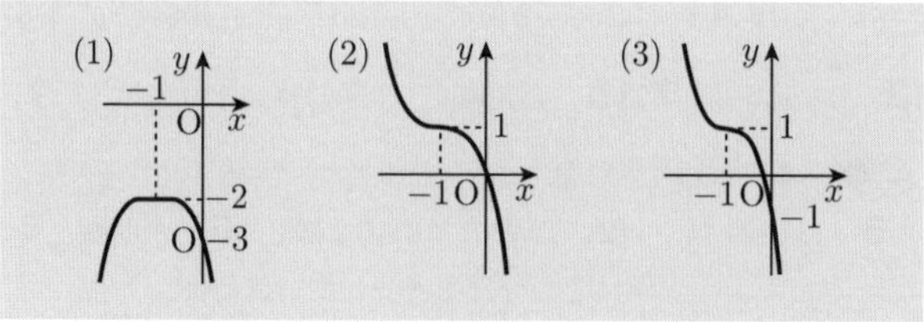

13と14の図

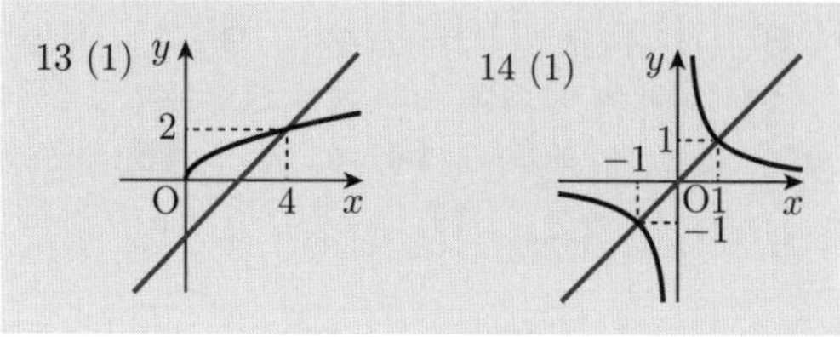

第5章

5.30の図

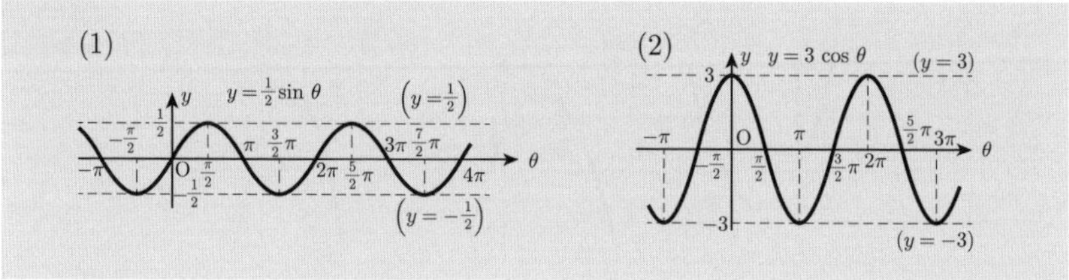

5.31の図

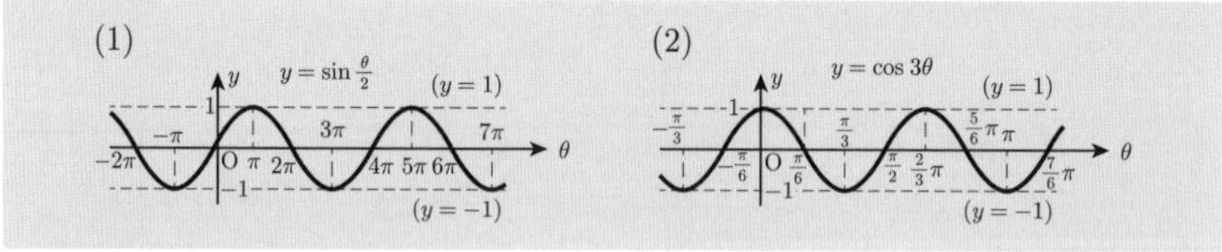

5.32の図

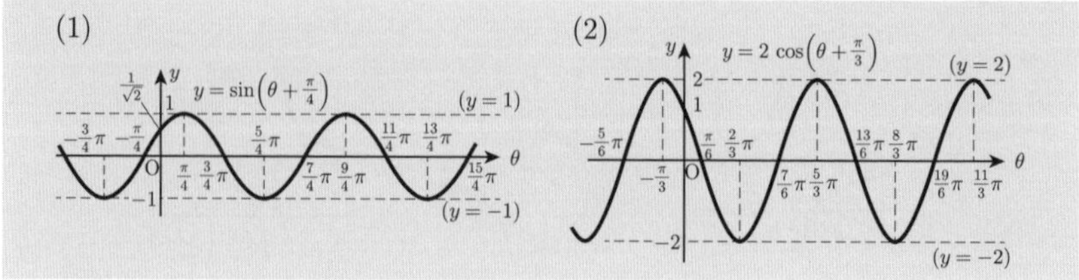

5.33の図

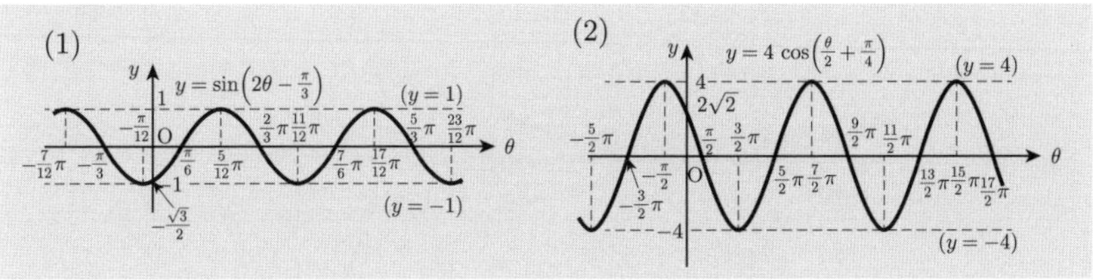

第 6 章

6.3の図

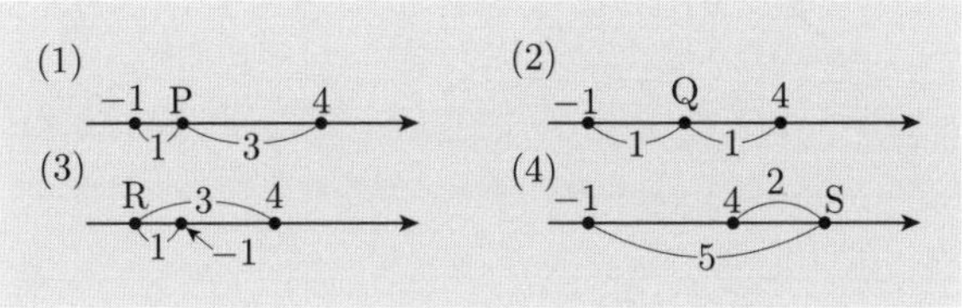

6.16の図

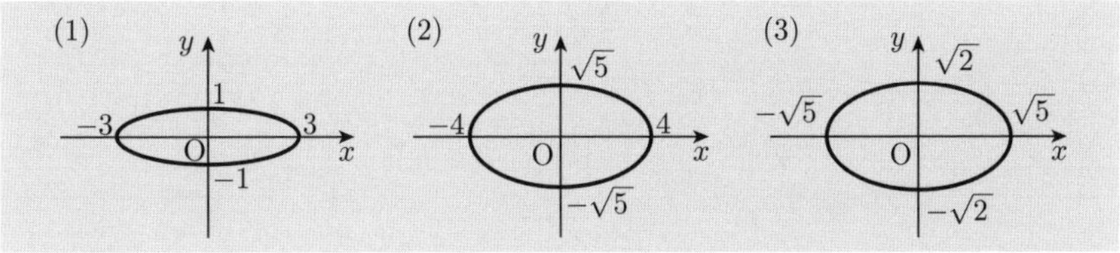

6.18の図

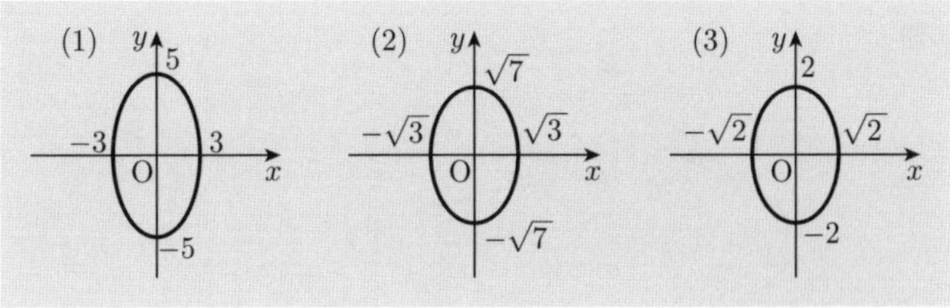

6.21の図

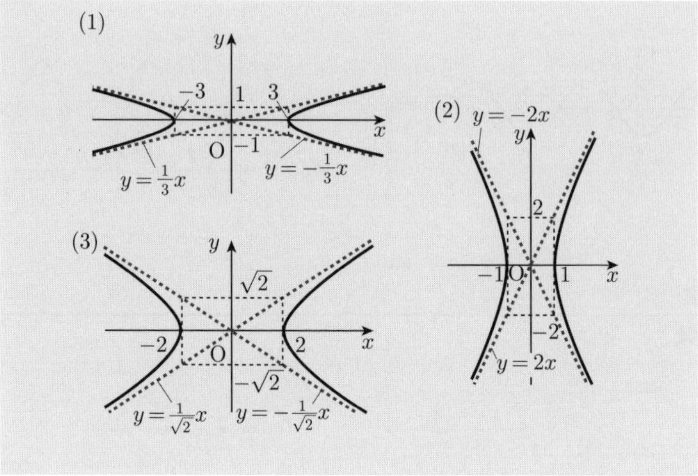

6.23の図

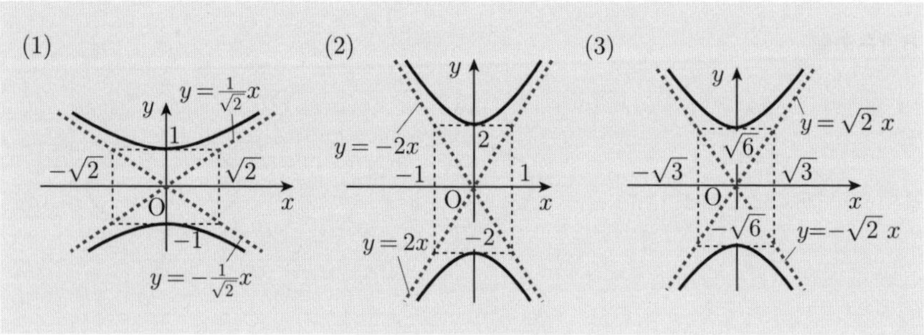

6.26の図

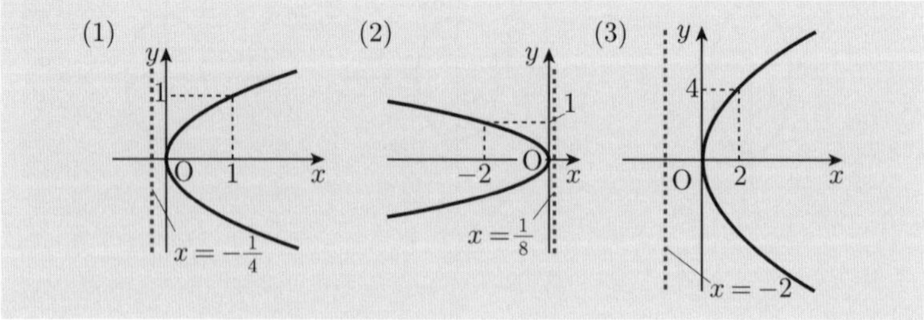

6.29の図

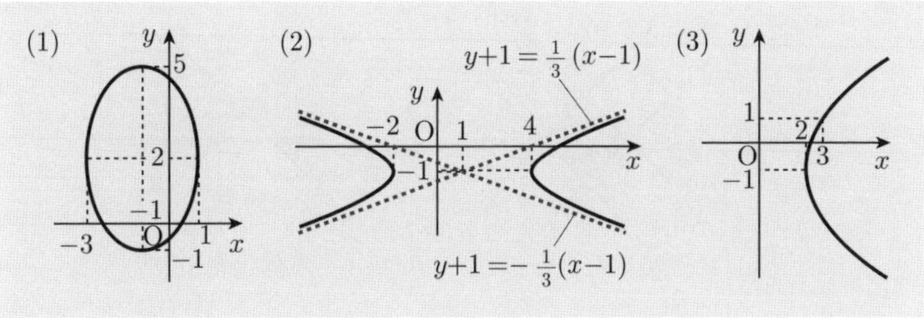

6.34の図

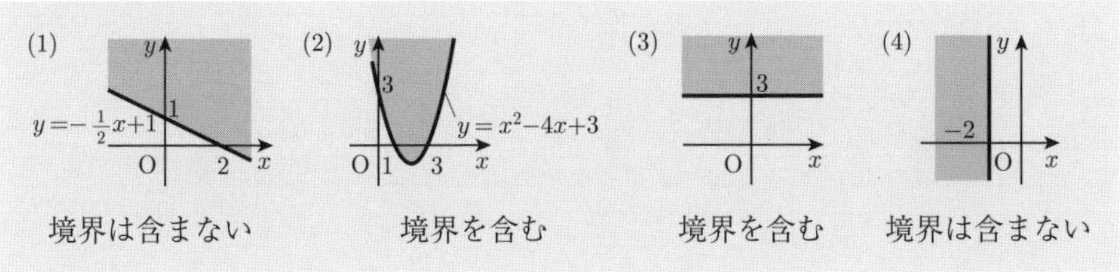

6.35の図

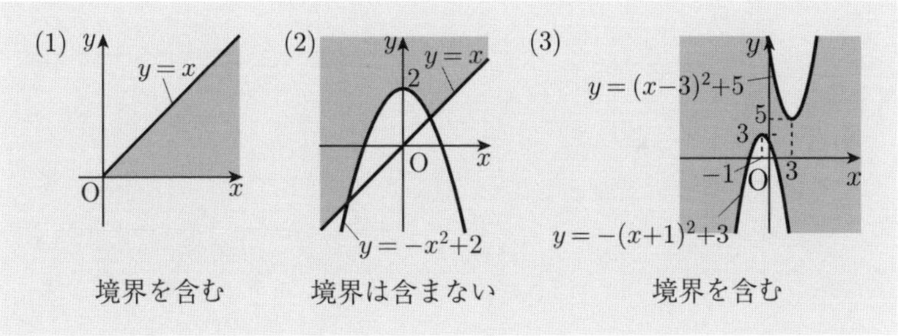

6.36の図

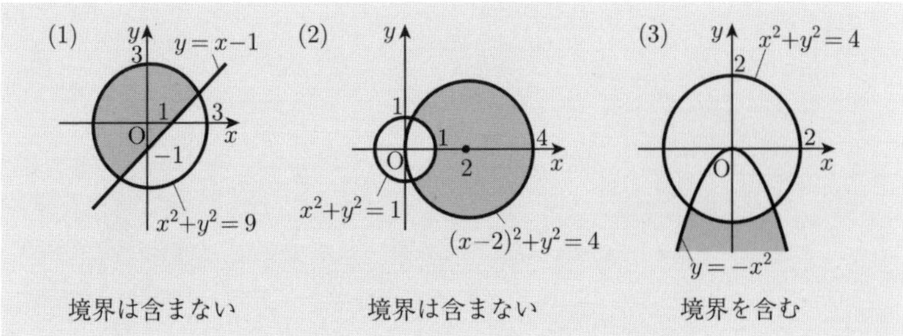

9の図

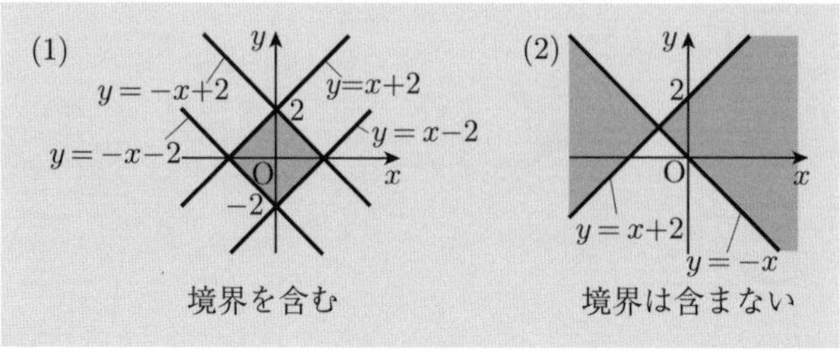

(1) 境界を含む　(2) 境界は含まない

付　録

三角関数表

角度	sin	cos	tan	角度	sin	cos	tan
0°	0.0000	1.0000	0.0000	45°	0.7071	0.7071	1.0000
1°	0.0175	0.9998	0.0175	46°	0.7193	0.6947	1.0355
2°	0.0349	0.9994	0.0349	47°	0.7314	0.6820	1.0724
3°	0.0523	0.9986	0.0524	48°	0.7431	0.6691	1.1106
4°	0.0698	0.9976	0.0699	49°	0.7547	0.6561	1.1504
5°	0.0872	0.9962	0.0875	50°	0.7660	0.6428	1.1918
6°	0.1045	0.9945	0.1051	51°	0.7771	0.6293	1.2349
7°	0.1219	0.9925	0.1228	52°	0.7880	0.6157	1.2799
8°	0.1392	0.9903	0.1405	53°	0.7986	0.6018	1.3270
9°	0.1564	0.9877	0.1584	54°	0.8090	0.5878	1.3764
10°	0.1736	0.9848	0.1763	55°	0.8192	0.5736	1.4281
11°	0.1908	0.9816	0.1944	56°	0.8290	0.5592	1.4826
12°	0.2079	0.9781	0.2126	57°	0.8387	0.5446	1.5399
13°	0.2250	0.9744	0.2309	58°	0.8480	0.5299	1.6003
14°	0.2419	0.9703	0.2493	59°	0.8572	0.5150	1.6643
15°	0.2588	0.9659	0.2679	60°	0.8660	0.5000	1.7321
16°	0.2756	0.9613	0.2867	61°	0.8746	0.4848	1.8040
17°	0.2924	0.9563	0.3057	62°	0.8829	0.4695	1.8807
18°	0.3090	0.9511	0.3249	63°	0.8910	0.4540	1.9626
19°	0.3256	0.9455	0.3443	64°	0.8988	0.4384	2.0503
20°	0.3420	0.9397	0.3640	65°	0.9063	0.4226	2.1445
21°	0.3584	0.9336	0.3839	66°	0.9135	0.4067	2.2460
22°	0.3746	0.9272	0.4040	67°	0.9205	0.3907	2.3559
23°	0.3907	0.9205	0.4245	68°	0.9272	0.3746	2.4751
24°	0.4067	0.9135	0.4452	69°	0.9336	0.3584	2.6051
25°	0.4226	0.9063	0.4663	70°	0.9397	0.3420	2.7475
26°	0.4384	0.8988	0.4877	71°	0.9455	0.3256	2.9042
27°	0.4540	0.8910	0.5095	72°	0.9511	0.3090	3.0777
28°	0.4695	0.8829	0.5317	73°	0.9563	0.2924	3.2709
29°	0.4848	0.8746	0.5543	74°	0.9613	0.2756	3.4874
30°	0.5000	0.8660	0.5774	75°	0.9659	0.2588	3.7321
31°	0.5150	0.8572	0.6009	76°	0.9703	0.2419	4.0108
32°	0.5299	0.8480	0.6249	77°	0.9744	0.2250	4.3315
33°	0.5446	0.8387	0.6494	78°	0.9781	0.2079	4.7046
34°	0.5592	0.8290	0.6745	79°	0.9816	0.1908	5.1446
35°	0.5736	0.8192	0.7002	80°	0.9848	0.1736	5.6713
36°	0.5878	0.8090	0.7265	81°	0.9877	0.1564	6.3138
37°	0.6018	0.7986	0.7536	82°	0.9903	0.1392	7.1154
38°	0.6157	0.7880	0.7813	83°	0.9925	0.1219	8.1443
39°	0.6293	0.7771	0.8098	84°	0.9945	0.1045	9.5144
40°	0.6428	0.7660	0.8391	85°	0.9962	0.0872	11.4301
41°	0.6561	0.7547	0.8693	86°	0.9976	0.0698	14.3007
42°	0.6691	0.7431	0.9004	87°	0.9986	0.0523	19.0811
43°	0.6820	0.7314	0.9325	88°	0.9994	0.0349	28.6363
44°	0.6947	0.7193	0.9657	89°	0.9998	0.0175	57.2900
45°	0.7071	0.7071	1.0000	90°	1.0000	0.0000	——

常用対数表 (1)

数	0	1	2	3	4	5	6	7	8	9
1.0	.0000	.0043	.0086	.0128	.0170	.0212	.0253	.0294	.0334	.0374
1.1	.0414	.0453	.0492	.0531	.0569	.0607	.0645	.0682	.0719	.0755
1.2	.0792	.0828	.0864	.0899	.0934	.0969	.1004	.1038	.1072	.1106
1.3	.1139	.1173	.1206	.1239	.1271	.1303	.1335	.1367	.1399	.1430
1.4	.1461	.1492	.1523	.1553	.1584	.1614	.1644	.1673	.1703	.1732
1.5	.1761	.1790	.1818	.1847	.1875	.1903	.1931	.1959	.1987	.2014
1.6	.2041	.2068	.2095	.2122	.2148	.2175	.2201	.2227	.2253	.2279
1.7	.2304	.2330	.2355	.2380	.2405	.2430	.2455	.2480	.2504	.2529
1.8	.2553	.2577	.2601	.2625	.2648	.2672	.2695	.2718	.2742	.2765
1.9	.2788	.2810	.2833	.2856	.2878	.2900	.2923	.2945	.2967	.2989
2.0	.3010	.3032	.3054	.3075	.3096	.3118	.3139	.3160	.3181	.3201
2.1	.3222	.3243	.3263	.3284	.3304	.3324	.3345	.3365	.3385	.3404
2.2	.3424	.3444	.3464	.3483	.3502	.3522	.3541	.3560	.3579	.3598
2.3	.3617	.3636	.3655	.3674	.3692	.3711	.3729	.3747	.3766	.3784
2.4	.3802	.3820	.3838	.3856	.3874	.3892	.3909	.3927	.3945	.3962
2.5	.3979	.3997	.4014	.4031	.4048	.4065	.4082	.4099	.4116	.4133
2.6	.4150	.4166	.4183	.4200	.4216	.4232	.4249	.4265	.4281	.4298
2.7	.4314	.4330	.4346	.4362	.4378	.4393	.4409	.4425	.4440	.4456
2.8	.4472	.4487	.4502	.4518	.4533	.4548	.4564	.4579	.4594	.4609
2.9	.4624	.4639	.4654	.4669	.4683	.4698	.4713	.4728	.4742	.4757
3.0	.4771	.4786	.4800	.4814	.4829	.4843	.4857	.4871	.4886	.4900
3.1	.4914	.4928	.4942	.4955	.4969	.4983	.4997	.5011	.5024	.5038
3.2	.5051	.5065	.5079	.5092	.5105	.5119	.5132	.5145	.5159	.5172
3.3	.5185	.5198	.5211	.5224	.5237	.5250	.5263	.5276	.5289	.5302
3.4	.5315	.5328	.5340	.5353	.5366	.5378	.5391	.5403	.5416	.5428
3.5	.5441	.5453	.5465	.5478	.5490	.5502	.5514	.5527	.5539	.5551
3.6	.5563	.5575	.5587	.5599	.5611	.5623	.5635	.5647	.5658	.5670
3.7	.5682	.5694	.5705	.5717	.5729	.5740	.5752	.5763	.5775	.5786
3.8	.5798	.5809	.5821	.5832	.5843	.5855	.5866	.5877	.5888	.5899
3.9	.5911	.5922	.5933	.5944	.5955	.5966	.5977	.5988	.5999	.6010
4.0	.6021	.6031	.6042	.6053	.6064	.6075	.6085	.6096	.6107	.6117
4.1	.6128	.6138	.6149	.6160	.6170	.6180	.6191	.6201	.6212	.6222
4.2	.6232	.6243	.6253	.6263	.6274	.6284	.6294	.6304	.6314	.6325
4.3	.6335	.6345	.6355	.6365	.6375	.6385	.6395	.6405	.6415	.6425
4.4	.6435	.6444	.6454	.6464	.6474	.6484	.6493	.6503	.6513	.6522
4.5	.6532	.6542	.6551	.6561	.6571	.6580	.6590	.6599	.6609	.6618
4.6	.6628	.6637	.6646	.6656	.6665	.6675	.6684	.6693	.6702	.6712
4.7	.6721	.6730	.6739	.6749	.6758	.6767	.6776	.6785	.6794	.6803
4.8	.6812	.6821	.6830	.6839	.6848	.6857	.6866	.6875	.6884	.6893
4.9	.6902	.6911	.6920	.6928	.6937	.6946	.6955	.6964	.6972	.6981
5.0	.6990	.6998	.7007	.7016	.7024	.7033	.7042	.7050	.7059	.7067
5.1	.7076	.7084	.7093	.7101	.7110	.7118	.7126	.7135	.7143	.7152
5.2	.7160	.7168	.7177	.7185	.7193	.7202	.7210	.7218	.7226	.7235
5.3	.7243	.7251	.7259	.7267	.7275	.7284	.7292	.7300	.7308	.7316
5.4	.7324	.7332	.7340	.7348	.7356	.7364	.7372	.7380	.7388	.7396

常用対数表 (2)

数	0	1	2	3	4	5	6	7	8	9
5.5	.7404	.7412	.7419	.7427	.7435	.7443	.7451	.7459	.7466	.7474
5.6	.7482	.7490	.7497	.7505	.7513	.7520	.7528	.7536	.7543	.7551
5.7	.7559	.7566	.7574	.7582	.7589	.7597	.7604	.7612	.7619	.7627
5.8	.7634	.7642	.7649	.7657	.7664	.7672	.7679	.7686	.7694	.7701
5.9	.7709	.7716	.7723	.7731	.7738	.7745	.7752	.7760	.7767	.7774
6.0	.7782	.7789	.7796	.7803	.7810	.7818	.7825	.7832	.7839	.7846
6.1	.7853	.7860	.7868	.7875	.7882	.7889	.7896	.7903	.7910	.7917
6.2	.7924	.7931	.7938	.7945	.7952	.7959	.7966	.7973	.7980	.7987
6.3	.7993	.8000	.8007	.8014	.8021	.8028	.8035	.8041	.8048	.8055
6.4	.8062	.8069	.8075	.8082	.8089	.8096	.8102	.8109	.8116	.8122
6.5	.8129	.8136	.8142	.8149	.8156	.8162	.8169	.8176	.8182	.8189
6.6	.8195	.8202	.8209	.8215	.8222	.8228	.8235	.8241	.8248	.8254
6.7	.8261	.8267	.8274	.8280	.8287	.8293	.8299	.8306	.8312	.8319
6.8	.8325	.8331	.8338	.8344	.8351	.8357	.8363	.8370	.8376	.8382
6.9	.8388	.8395	.8401	.8407	.8414	.8420	.8426	.8432	.8439	.8445
7.0	.8451	.8457	.8463	.8470	.8476	.8482	.8488	.8494	.8500	.8506
7.1	.8513	.8519	.8525	.8531	.8537	.8543	.8549	.8555	.8561	.8567
7.2	.8573	.8579	.8585	.8591	.8597	.8603	.8609	.8615	.8621	.8627
7.3	.8633	.8639	.8645	.8651	.8657	.8663	.8669	.8675	.8681	.8686
7.4	.8692	.8698	.8704	.8710	.8716	.8722	.8727	.8733	.8739	.8745
7.5	.8751	.8756	.8762	.8768	.8774	.8779	.8785	.8791	.8797	.8802
7.6	.8808	.8814	.8820	.8825	.8831	.8837	.8842	.8848	.8854	.8859
7.7	.8865	.8871	.8876	.8882	.8887	.8893	.8899	.8904	.8910	.8915
7.8	.8921	.8927	.8932	.8938	.8943	.8949	.8954	.8960	.8965	.8971
7.9	.8976	.8982	.8987	.8993	.8998	.9004	.9009	.9015	.9020	.9025
8.0	.9031	.9036	.9042	.9047	.9053	.9058	.9063	.9069	.9074	.9079
8.1	.9085	.9090	.9096	.9101	.9106	.9112	.9117	.9122	.9128	.9133
8.2	.9138	.9143	.9149	.9154	.9159	.9165	.9170	.9175	.9180	.9186
8.3	.9191	.9196	.9201	.9206	.9212	.9217	.9222	.9227	.9232	.9238
8.4	.9243	.9248	.9253	.9258	.9263	.9269	.9274	.9279	.9284	.9289
8.5	.9294	.9299	.9304	.9309	.9315	.9320	.9325	.9330	.9335	.9340
8.6	.9345	.9350	.9355	.9360	.9365	.9370	.9375	.9380	.9385	.9390
8.7	.9395	.9400	.9405	.9410	.9415	.9420	.9425	.9430	.9435	.9440
8.8	.9445	.9450	.9455	.9460	.9465	.9469	.9474	.9479	.9484	.9489
8.9	.9494	.9499	.9504	.9509	.9513	.9518	.9523	.9528	.9533	.9538
9.0	.9542	.9547	.9552	.9557	.9562	.9566	.9571	.9576	.9581	.9586
9.1	.9590	.9595	.9600	.9605	.9609	.9614	.9619	.9624	.9628	.9633
9.2	.9638	.9643	.9647	.9652	.9657	.9661	.9666	.9671	.9675	.9680
9.3	.9685	.9689	.9694	.9699	.9703	.9708	.9713	.9717	.9722	.9727
9.4	.9731	.9736	.9741	.9745	.9750	.9754	.9759	.9763	.9768	.9773
9.5	.9777	.9782	.9786	.9791	.9795	.9800	.9805	.9809	.9814	.9818
9.6	.9823	.9827	.9832	.9836	.9841	.9845	.9850	.9854	.9859	.9863
9.7	.9868	.9872	.9877	.9881	.9886	.9890	.9894	.9899	.9903	.9908
9.8	.9912	.9917	.9921	.9926	.9930	.9934	.9939	.9943	.9948	.9952
9.9	.9956	.9961	.9965	.9969	.9974	.9978	.9983	.9987	.9991	.9996

索　　引

あ　行

か　行

さ 行

た 行

な 行

は 行

執筆者（五十音順）

新井《あらい》　達也《たつや》　筑波技術大学准教授

五十川《いそがわ》　読《さとる》　熊本高等専門学校教授

上松《うえまつ》　和弘《かずひろ》　鶴岡工業高等専門学校教授

奥村《おくむら》　昌司《しょうじ》　舞鶴工業高等専門学校教授

友安《ともやす》　一夫《かずお》　都城工業高等専門学校教授

中村《なかむら》　元《げん》　松江工業高等専門学校教授

西川《にしかわ》　雅堂《まさたか》　鳥羽商船高等専門学校准教授

濵田《はまだ》さやか　熊本高等専門学校准教授

南《みなみ》　貴之《たかゆき》　香川高等専門学校教授

終わりに，次の先生方にはこの本の編集にあたり，有益なご意見や，周到なご校閲をいただいた．深く謝意を表したい．

校閲者（五十音順）

赤池　祐次　呉工業高等専門学校

川崎　雄貴　広島商船高等専門学校

佐野　照和　木更津工業高等専門学校

長尾　秀人　明石工業高等専門学校

松田　一秀　新居浜工業高等専門学校

向江　頼士　都城工業高等専門学校

カバー・表紙デザイン：KIS・小林　哲哉

監修者

河東《かわひがし》 泰之《やすゆき》　東京大学大学院数理科学研究科教授　Ph.D.

編著者

佐々木《ささき》良勝《よしかつ》　近畿大学工学部准教授　博士（数理科学）

鈴木《すずき》 香織《かおり》　横浜国立大学経営学部准教授　博士（数理科学）

竹縄《たけなわ》 知之《ともゆき》　東京海洋大学学術研究院教授　博士（数理科学）

LIBRARY 工学基礎 & 高専 TEXT = CKM–T1

基礎数学［第2版］

2012年11月10日© 初版発行
2020年4月25日 初版第6刷発行
2021年12月10日© 第2版第1刷発行

監修者 河東泰之
編著者 佐々木良勝
鈴木香織
竹縄知之

発行者 矢沢和俊
印刷者 小宮山恒敏

【発行】 株式会社 数理工学社
〒151–0051 東京都渋谷区千駄ヶ谷1丁目3番25号
☎（03）5474–8661（代） サイエンスビル

【発売】 株式会社 サイエンス社
〒151–0051 東京都渋谷区千駄ヶ谷1丁目3番25号
営業☎（03）5474–8500（代） 振替 00170–7–2387
FAX☎（03）5474–8900

印刷・製本 小宮山印刷工業（株）

≪検印省略≫

ISBN978–4–86481–078–4

PRINTED IN JAPAN

サイエンス社・数理工学社の
ホームページのご案内
https://www.saiensu.co.jp
ご意見・ご要望は
suuri@saiensu.co.jp まで．